Hilal Sezgin

Landleben Von einer, die raus zog

DUMONT

Von Hilal Sezgin ist im DuMont Buchverlag außerdem erschienen:
Mihriban pfeift auf Gott

Zweite Auflage 2013
DuMont Buchverlag, Köln
Alle Rechte vorbehalten
© 2011 DuMont Buchverlag, Köln
Umschlag: Zero, München
Umschlagabbildung: Jupiterimages / © Getty Images; FinePic®, München
Satz: Fagott, Ffm
Gesetzt aus der Stempel Garamond und der DIN
Druck und Verarbeitung: CPI – Clausen & Bosse, Leck
Gedruckt auf säurefreiem und chlorfrei gebleichtem Papier
Printed in Germany
ISBN 978-3-8321-6190-3

www.dumont-buchverlag.de

Wir müssen von Zeit zu Zeit in Sümpfen waten,
wo Rohrdommel und Sumpfhuhn hausen, müssen
den Schrei der Schnepfe hören und das flüsternde
Schilf riechen, wo nur wildere, einsamere Vögel
ihre Nester bauen und die Sumpfotter dicht am
Boden bäuchlings kriecht. Wir streben ernsthaft
danach, all diese Dinge zu erforschen und kennenzulernen, und verlangen doch gleichzeitig, dass
alles geheimnisvoll und unerforschlich bleibe, dass
Land und Meer unendlich wild, ungesehen und
ungemessen bleiben, weil sie unermesslich sind.
Niemals können wir genug Natur bekommen.

Henry D. Thoreau

INHALT

Am häufigsten fiel das Stichwort Mut. Was ich da vorhätte, sei aber sehr mutig, kommentierten Freunde. *Den* Mut hätten sie nicht, erklärten Bekannte, als wir einander auf einer Silvesterparty von unseren Plänen fürs nächste Jahr erzählten. So oft war von meinem angeblichen Mut die Rede, dass das bisschen Mut, das ich tatsächlich besaß, immer weiter schwand.

Denn eigentlich bin ich ein Hasenfuß. In meiner Hausapotheke lagern Medikamente für sämtliche mir bekannte Krankheiten, und ich kenne viele, weil ängstliche Menschen wie ich die Apothekenrundschau lesen. Nachts liege ich oft wach und grübele über Dinge, die ich am Vortag vielleicht falsch gemacht habe, und bevor ich auf eine längere Reise gehe, kontrolliere ich, ob mein Testament auf dem neuesten Stand und für die Hinterbliebenen leicht auffindbar ist.

Also von Mut kann man wirklich nicht sprechen. Aber vielleicht hatte ich über die Risiken ausnahmsweise mal nicht nachgedacht. Fürs kommende Jahr hatte ich mir nämlich einen Umzug vorgenommen, von Frankfurt, wo ich fast mein gesamtes bisheriges Leben verbracht hatte, raus aufs Land. In ein typisch norddeutsches Haus aus rotem Backstein, am Rande eines 500-Seelen-Dorfs in der Lüneburger Heide. Wo ich keinen Menschen kannte.

Die anderen Partygäste schüttelten verwundert die Köpfe, als sie das hörten, und fragten, was denn der Grund für diesen Umzug sei. Nein, ich hatte mich nicht in einen Norddeutschen verliebt, ich würde alleine wohnen wie zuvor in Frankfurt auch. Und: Nein, ich hatte dort keinen Job, ich arbeite als freiberufliche Autorin, das geht dank Internet von überall.

Natürlich hatte ich diesen Umzug nicht als Mut- oder Charakterprobe geplant, und ich sah mein künftiges Landleben auch nicht vorrangig als Entbehrung. Obwohl viele Leute mit einem Leben außerhalb der Stadt vor allem Mangel zu verbinden scheinen: ein Leben ohne viele Menschen, ohne die Möglichkeit, mal eben ins Kino oder Theater zu gehen. Aber ich ging sowieso selten ins Kino und ins Theater, und diejenigen, die mich auf diese Entbehrungen hinwiesen, taten es genauso wenig. Überhaupt habe ich das städtische Leben nie als ausschließlich gesellig empfunden, jedenfalls nicht mehr seit dem Studium, als man noch mit Freunden von Vorlesung zu Vorlesung und von Café zu Café zog. Seitdem wir aber endgültig erwachsen geworden waren, Anstellungen mit festen Arbeitszeiten hatten, Lebenspartner und Familie, hatte die gemeinsame Geselligkeit immer mehr nachgelassen. Sie quetschte sich in die Wochenenden oder in die Abendstunden und wurde kompliziert telefonisch arrangiert. Selbst dann, wenn ein Treffen bereits arrangiert war, war es nicht verbindlich; wir alle fühlten uns von potentiellen Terminänderungen persönlicher oder beruflicher Art derart bedroht, dass jede Verabredung von den Worten begleitet wurde: »Bis Samstag dann. Aber wir sprechen vorher noch mal, ob und wann.«

Zweifellos enthält das Leben in der Stadt das Versprechen unendlicher Geselligkeit, aber in meinem Fall hatte sich dieses Versprechen nicht wirklich erfüllt. Und darum freute ich mich auf mein künftiges Leben auf dem Land nicht vorrangig auf ein Leben *ohne*, sondern auf ein Leben mit: ein Leben *mit* weitem Blick aus allen Fenstern, ein Leben mit den Jahreszeiten, ein Leben mit Schnee im Winter, Kuckucksrufen im Frühjahr,

Faulenzen im eigenen Garten im Sommer und Pilzsammel- und Einkochorgien im Herbst (was meinen künftigen Landfrauenhaushalt anbetraf, gab ich mich allerlei unrealistischen Visionen hin). Ich freute mich auf ein Leben mit Tieren, wobei ich irrigerweise vornehmlich an die Tiere anderer Leute dachte, an deren Gehege ich auf einem Spaziergang vorbeikommen und die ich im Vorübergehen streicheln würde. Und ich würde ja nicht wirklich ohne Menschen sein, sondern neue Leute kennenlernen – tatsächlich sind meine Nachbarn und Freunde hier im Dorf unterschiedlicher und vielfältiger, als mein Bekanntenkreis in der Stadt es je gewesen war.

Inzwischen lebe ich seit vier Jahren hier, lange genug, um sagen zu können: Ich habe hier viel Schönes erlebt, und einiges Schwere auch – hier bin ich zu Hause. In diesem Buch möchte ich zurückblicken und davon erzählen, wie es war, das perfekte Haus zu finden und es zu beziehen, und wie es ist, allein im letzten Haus am Waldrand zu leben, wenn es nachmittags um vier dunkel wird oder ein Jahrhundertgewitter über der Lüneburger Heide niedergeht. Ich möchte davon erzählen, wie man versucht, sich gegen die Übermacht von Brennnesseln, Mäusen und Spinnen zu behaupten, wie man Einkochen lernt, wie es ist, ein Landhaus voller Gäste und Gummistiefel zu haben, wie Hühner auf Biohöfen leben, wie man Schafe schert und Lämmer mit der Flasche aufzieht. Ich möchte fragen, wie ein Leben ohne allgegenwärtige Plakatwände, ohne samstägliches Shopping, ohne Verabredungen bei Starbucks aussieht – und wie weit es überhaupt möglich ist, aus der Konsummaschinerie auszusteigen. Einiges musste ich bei diesen Erzählungen weglassen, weil sie sonst zu umfangreich geworden wären, aber hinzugedichtet habe ich nichts.

Ich war 36 Jahre alt, als ich meine Kisten packte, hierherzog und meine Metamorphose von der Stadtpflanze zum Landei begann. Schon als Jugendliche hatte ich von diesem Leben *mit* Jahreszeiten, mit Tieren, mit Ausblick – von einem Leben auf dem Land geträumt. »Wenn ich groß bin«, sagt das Kind. Aber als Erwachsener macht man gern einen Alterswunsch daraus: »Wenn ich einmal 65 bin …« Doch ob wir mit 65 Jahren eine Rente bekommen werden, die das Verwirklichen von Träumen ermöglicht, ob wir dann noch den Schwung und die Bandscheiben haben, einen radikalen Wechsel zu vollziehen, steht in den Sternen. Und genau hierin – nicht in dem Äußeren, in dem Haus, in der Fremde, in der potentiellen Einsamkeit – liegt das eigentliche Risiko: in dem Verwirklichen eines Lebenstraums. Alles Erträumte ist anders, und meist schöner und glatter als die Realität. Etwas in die Realität umsetzen heißt auch das Traumbild verlieren. Bestenfalls würde alles so wunderbar werden wie erhofft. Wovon konnte man dann noch träumen? Und wenn es weniger schön werden, wenn sich das Erträumte als ebenso nüchtern wie der bisherige Alltag, wenn es sich gar als Albtraum erweisen würde …

Doch all das erkenne ich erst im Nachhinein. »Wer keine Ahnung hat, hat Mut«, besagt ein türkisches Sprichwort. *Jetzt* verstehe ich, was die anderen mit Mut meinten, aber damals fehlte mir jedes Gefühl für das Risiko, und rückblickend kann ich nur froh darüber sein. Wann genau meine Entscheidung fiel, könnte ich übrigens nicht einmal sagen. Ich weiß nur, dass ich zum Jahreswechsel 2006 beschloss, nach sieben Jahren bei der Frankfurter Rundschau zu kündigen, um freiberuflich tätig zu sein, und dass ich just in dem Moment, als ich das Gebäude verließ, auf dem Handy einen Anruf erhielt und eine halbjährige Vertretung bei der ZEIT in Hamburg angeboten bekam. Ich muss wohl generell in Aufbruchsstimmung gewesen sein. Kaum arbeitete ich in Hamburg, verbrachte ich meine freien Tage und Wochenenden damit, mich in der Umgebung nach Häusern umzusehen. Ich wollte raus aus der Stadt, ich sehnte mich nach Platz und Weite, hatte einen regelrechten Durst auf Grün. Jedes schöne alte Bauernhaus, das ich sah, weckte in mir sofort den Wunsch, es einzurichten und dort einzuziehen.

TRÄUME VON WEISSEM FACHWERK
AUF ROTEM GRUND

Seit Jahren schon hatte ich eine Freundin, Alex, die mit ihrer Familie zwischen Hamburg und Nordsee wohnte. Wir hatten uns über den Journalismus kennengelernt, sie schien ständig im In- und Ausland unterwegs zu sein, lebte dazwischen aber irgendwo auf dem flachen Land. Mir war, von Frankfurt aus, immer rätselhaft gewesen, wie so ein Leben funktioniert. Mehrmals hatte sie mich zu sich eingeladen. Aber so weit zu fahren, nur um jemanden auf einem restaurierten Bauernhof zu besuchen, schien mir absurd.

Von Hamburg aus nicht mehr. Ich wollte diesen ominösen Hof auf dem flachen Land endlich sehen. Mit einer nicht übertrieben schnellen Lokalbahn ging es von Hamburg aus in Richtung Cuxhaven. Zunächst kommt man an Buxtehude vorbei, das sprichwörtlich weit vom Schuss liegt und in dieser Eigenschaft sogar im *Räuber Hotzenplotz* auftaucht. Dann geht es durch das ebenfalls legendäre Alte Land, das ich mir immer wie das Heckenrosental aus Astrid Lindgrens *Brüder Löwenherz* vorgestellt hatte: verwinkelte alte Häuser, knorrige Apfelbäume, soweit das Auge reicht. Und tatsächlich: Sobald der Zug Hamburg verlässt, taucht er ein in ein Meer von Grün. Überwucherte Bahnböschungen, verwunschene Hecken, Obstbaumwiesen und Weiden bis zum Horizont. Die Balken der Fachwerkhäuser sind hier traditionell weiß gestrichen und mit rotem Backstein gefüllt. Auf der Stirnseite einiger Häuser, die man vom Zug aus sehen konnte, standen fromme Sinnsprüche in verschnörkelter alter Schrift. Dazwischen Weiden, die mit alten Pfosten und hölzernen Balken eingezäunt waren, und darauf so viele Pferde, dass man meinen könnte, sie würden nach wie vor als einziges Transportmittel eingesetzt.

Wenn man so die Stirn ans Zugfenster drückt und alte Höfe an einem vorbeiziehen und Gärten voller Obstbäume Vorratskammerfantasien wecken, stellt man sich vor, wie es wäre, selbst hier zu leben: Dieses Haus hat genau die richtigen Proportionen! An jenem berauscht einen der weite Blick … Wenn nur diese blöden Strommasten nicht wären! Außerdem liegen natürlich alle Häuser, die man von der Bahn aus sehen kann, zu nahe dran – an der Bahn. Ebenso wie die Häuser, die man vom Auto aus sieht: Entzückend, aber man müsste sie wohl abreißen und anderswo wieder aufbauen. Wer lebt schon gern direkt neben der Autobahn?

Das Rot des Backsteins, das Weiß des Fachwerks, das grüne Land und der blaue Himmel – ich war von Farben schon wie betrunken, als meine Freundin Alex mir an einem kleinen Bahnhof entgegenkam. Dem von ihr aus nächstgelegenen, zu dem man mit dem Auto trotzdem eine Viertelstunde braucht. Das mache ihr gar nichts aus, erklärte sie, trotzdem gehe auf dem Land in gewisser Weise alles schneller; man finde immer sofort einen Parkplatz, bei Ärzten und Behörden müsse man nicht lange warten. Ich hörte mir dies zweifelnd an und sage heute dasselbe zu meinen Gästen: Auch ich habe mich schnell an den Komfort der kurzen Wartezeiten, an die überall verfügbaren Parkplätze und nicht zuletzt an die aufgrund niedriger Ladenmieten riesigen Supermärkte in den Dörfern gewöhnt.

Wir fuhren durch eine Landschaft, wie man sie aus Worpsweder Bildern kennt. Bloß hatten wir hellsten Sonnenschein statt des leicht melancholischen Lichts, in dem Worpswede auf den meisten Bildern immer ein wenig herbstlich und verhangen wirkt. Der Boden moorig, von Birken bewachsen, von Menschen nach wie vor dünn besiedelt. So flach, dass man meint, die Erdkrümmung mit bloßem Auge erkennen zu können, und so weitläufig, dass man den Eindruck bekommt, hier sei unendlich viel Platz. Für jeden. Jeden Menschen, jedes Pferd, jede Kuh. Mitten im Feld hockt ganz allein ein Fasan. In der Stadt drängeln sich alle, jedes Grundstück ist verplant, und hier sind Wiesen und Moore endlos in alle Richtungen ausgerollt.

Alex schlug vor, auf dem Weg zu ihr kurz Halt zu machen bei einem Freund, der seit Jahren versuchte, seinen Hof zu restaurieren. Jetzt wolle er ihn verkaufen. Alex' Vorschlag war nicht ohne Nebengedanken – wer auf dem Land lebt, und gerne dort lebt, der missioniert. Ständig sieht man leere Häuser und hört von alten Mühlen, die zum Verkauf stehen, und wünscht sich, es würden Freunde dort einziehen. Um die eigene kleine Gemeinschaft da draußen zu stärken, aber auch, weil man sich wohl irgendwann nicht mehr vorstellen kann, wie jemand in der Stadt glücklich sein kann. Man will die Städter mit schönen Höfen verkuppeln wie zwei Verwitwete, deren Einsamkeit mitanzusehen man nicht mehr erträgt.

Wir machten also einen Abstecher bei Alex' Freund, und es war – beklemmend. In konzentrierter Form bekam ich hier vorgeführt, was bei einem Umzug aufs Land schiefgehen kann. Schon vor vielen Jahren hatte der Freund den kleinen Hof gekauft, und er war nie ein richtiges Heim geworden. Er lebte darin in anderthalb Räumen. Weil er die anderen derzeit renoviere, sagte er. Der Fußboden wies solche Unebenheiten auf, dass man achtgeben musste, sich nicht die Knöchel zu brechen. Weil ein Bodenbelag fehlte, waren alte Teppiche ausgelegt. Eine Heizung fehlte. Die Türen müsse er erst noch machen. Wenn man die Front einreißen und neu wieder aufbauen würde, würde es ganz toll aussehen, meinte er. Leider hatte der Vorbesitzer ein paar Neuerungen nach Art der Nachkriegszeit eingefügt, die müsse man rausreißen, dann das Alte wiederherstellen. Alleine sei das aber schwer zu schaffen. Er bot uns Tee an, in der nichtvorhandenen Küche mit einem Tauchsieder gebraut. Strom gab es, aber Licht war Mangelware – klar, man müsste halt neue Fenster einsetzen. Einsamkeit lag in der Luft. Wie nebenbei nannte er eine in meinen Augen horrend klingende Summe, für die er alles verkaufen wollte; dann bahnten wir uns einen Weg nach draußen durch ein Meer von Brennnesseln und was sonst noch in dem Garten wucherte, denn die Natur hatte das Häuschen längst umzingelt. Wenn sie es sich ganz zurückholte, war es vielleicht auch besser so. Musste es so enden, wenn man mit seinem Traum ernst machte? Wenn man als allein lebender Mensch die Verantwortung für ein ganzes, noch dazu altes Landhaus übernahm?

Wir fuhren weiter auf einer Landstraße. Rechts und links einfach nur Wiese. Kein Tier weidete. Nichts wurde angebaut. Hier »geschah« sozusagen nichts außer permanentem Wachsen und Grünen. Zwischen zwei kleinen Pferdekoppeln hindurch führte ein unbefestigter Weg zu Alex' Hof, ein restauriertes Bauernhaus mit dem typischen weißen Fachwerk. Die Balken glänzten in der Sonne. Die riesige, gut drei Meter hohe mehrflügelige Türe, die früher in die Tenne geführt hatte, ging nach Süden hin und war verglast; man trat in die ehemalige Tenne und fand sich in einem magischen Raum wieder, der halb an den Orient, halb an Harry Potter erinnerte. Sitzgelegenheiten überall, ein ewig langer alter Holztisch, ein großer offener Kamin und Bücherregale bis unter die Decke.

In diesem Teil des Gebäudes hatte man früher das Korn gedroschen, die Tür musste so groß sein, damit ein Erntewagen mit den Garben hindurchkam. Das riesige Erdgeschoss hatten Alex und ihr Mann in mehrere Räume unterteilt; ein kleiner Anbau diente als Gästewohnung, und zusätzlich war der Dachboden ausgebaut. Das Dach selbst hatten sie vor einigen Jahren mit Reet neu eingedeckt. Reetdächer sehen herrlich sanft aus, ihre Farbe hebt sich nicht so beißend vom Himmel ab wie das Orange moderner Ziegelsteine. Ihr Material ist dieser Landschaft entnommen und fügt sich optisch darin ein. Angeblich hat man unterm Reetdach das beste Raumklima, was auch immer das heißt. Aber es gibt auch Nachteile, die bei den hohen Anschaffungskosten beginnen und bei der deutlich höheren Brandgefahr bei Blitzeinschlägen sowie erhöhten Versicherungsbeiträgen enden. Reetdach ja oder nein, das schien für alle Hausbesitzer dieser Gegend eine Art Gretchenfrage zu sein.

Für den Abend hatte Alex zwei weitere stadtflüchtige Freundinnen zum Grillen eingeladen. Wie wir, waren auch sie beide Journalistinnen; wie ich, waren sie alleinstehend. Beide hatten vor ein paar Jahren die Stadt verlassen und sich hier draußen Häuser gekauft. Allein die beiden kennenzulernen machte mir Mut (aha, jetzt wissen wir also, woher ich ihn hatte!). Beide hatten mehrere Hunde im Schlepptau, außerdem brachten sie Grillgut und jede Menge selbst eingemachter Chutneys mit. Sofort begann eine Diskussion, was besser sei: Für wenig Geld ein halb verfallenes Fachwerkhaus mit viel Grund drum herum zu kaufen und alles allmählich selbst aufzubauen, Vorteile: der Spottpreis und das Gefühl, alles selbst zu schaffen. Oder: wesentlich mehr Geld für ein modernisiertes Haus zu investieren und gleich einzuziehen.

Die zweite Möglichkeit war geeignet vor allem für die, die die Ahnung beschlich, sie könnten eben *nicht* alles selbst schaffen. Allerdings wurde diese Ahnung, wenn man sie äußerte, von den Zuhörern nicht unbedingt als Argument zugelassen: Viele der neuen Landbewohner hatten vor dem Umzug nämlich auch keine Erfahrung mit dem Hausbau gehabt, erarbeiteten sich diese aber nach und nach. »Irgendwer hat immer das passende Gerät«, erklärte mir eine der Frauen. »Und die Leute hier leihen sie bereitwillig aus und helfen gern.« Frauen, die ihr Geld mit dem Schreiben von Zeitungsartikeln verdienten, berichteten von Zaunbau, Fußbodenbelägen, dem Einsetzen moderner Fenster und dem Einziehen zusätzlicher Wände. Ich lauschte den drei Kolleginnen neugierig, verträumt, staunend – aber nicht ungläubig. Nein, gläubig war ich eigentlich von Anfang an.

Nachdem die Frage des Restaurierens und Renovierens gründlich erörtert worden war, gingen die Frauen zu präziseren Ratschlägen über. »Zuerst musst du ein Zimmer für dich selbst fertig machen, und als Nächstes ein Gästezimmer. Alles andere hat Zeit.« Gästezimmer schienen auf dem Land etwas ganz Essentielles zu sein. Für dieses Vorgehen gab es aber auch noch einen anderen Grund: »Du erfährst viel mehr von dem Haus. Ich bin froh, dass ich nicht alles auf einmal fertigstellen konnte. Bei einem Zimmer dachte ich, das würde das perfekte Arbeitszimmer werden, aber dann lernte ich die Geräusche und das Licht kennen und merkte, dass es für etwas anderes viel besser passt.« Die Geräusche, das Licht, und übrigens auch die Aktivitäten möglicher anderer Bewohner: Ein altes Haus auf dem Land hat sein Eigenleben. Im Winter kann man noch nicht ahnen, wie laut die neuen Triebe der Rosen an den Fensterscheiben quietschen werden. Unterm Dachgeschoss ist es im Herbst kuschelig, aber im Mai schreitet der im Dachstuhl lebende Marder mit markerschütternden Schreien zur Paarung, und man liegt halbe Nächte wach. Der Ofen wummert im einen Zimmer stark, ein anderes bekommt er nicht warm.

Ein weiterer Ratschlag kam von meiner Freundin Alex: »Wenn du in eine neue Gegend ziehst, brauchst du mindestens einen Menschen dort, den du schon kennst. Den kannst du immer um Rat fragen, und er macht dich mit allen anderen bekannt.« Eine andere Ex-Städterin widersprach, sie habe hier anfangs niemanden gekannt … Gilt dieser Ratschlag, man müsse mindestens einen Menschen kennen, oder nicht? Ich glaube, es gibt Indizien, an denen man sich vorab ein gewisses Bild davon machen kann, ob in der betreffenden Gegend Menschen leben, mit denen man sich befreunden könnte – mehr dazu später. Doch ob es wirklich klappt, darauf lässt sich vorher nur hoffen, hier braucht man Glück.

Und ich schien gerade besonders viel davon zu haben. Die eine Kollegin spielte mit dem Gedanken, eine Hälfte ihres Hauses zu vermieten. Es war ein wunderschönes altes Fachwerkhaus, so niedrig, als stamme es aus dem Mittelalter, das Reet zog sich tief über die Hauskante wie ein Schlapphut, unter dem wie Augen die Fenster hervorlugten. Drum herum ein verwunschener Garten voller Kräuter, Margeriten, Rosen, Rittersporn und Fingerhut.

Einmal schlief ich dort Probe in einem winzigen Zimmer. An den Wänden hellgelb gestreifte Tapeten, an den Fenstern wehten sommerlich leicht die Vorhänge. Die Holzfußböden alt und ehrwürdig wie ein gutes Cello, in der Küche ein Steinfußboden, Regale ringsherum, in denen Geschirr und Teedosen gestapelt waren wie in einer Puppenstube.

Das Haus lag an einer Stichstraße ein paar hundert Meter von der nächsten befahrenen Straße entfernt, was mir ein großer Pluspunkt wegen meiner drei Katzen schien. In dem kleinen Stall hinterm Haus könnten wir Hühner halten. Sie würde auf meine Katzen achtgeben, wenn ich weg wäre, und ich umgekehrt auf ihre Hunde … Es war alles so gut wie abgemacht.

Doch während ich mehrmals hinausfuhr und die Gegend erkundete, und überlegte, wie ich all meine Bücher in meiner Hälfte des Puppenhauses unterbringen konnte, und ob ich mich wirklich trauen würde, meine wohlbehüteten Wohnungskatzen frei laufen zu lassen, lernte ich im selben Ort einen jungen Mann kennen. Ich stellte meine Umzugspläne erst einmal zurück. Weder wollte ich dorthin ziehen, nur um näher bei ihm zu sein, noch wollte ich umgekehrt in seine unmittelbare Nachbarschaft ziehen müssen, wenn nichts daraus wurde. Wir gaben uns also ein paar Wochen zum Kennenlernen, grillten mit seinen Nachbarn, besuchten den Ökohofladen, besichtigten alte Häuser, ließen uns von einem idealistischen Hausbesitzer zeigen, wie man Fensterrahmen nach alter Art schmiedet und wie man Lehmziegel aus echtem Elbschlamm macht. Wir fuhren landauf, landab, bis kurz vor die Mündung der Elbe, wo der Fluss schon so breit ist wie das Meer, und bis zum letzten Deich vor der Nordsee, wo vor den Garagen Autos mit Berliner Kennzeichen stehen. Was sind das wohl für Leute, die am Wochenende ein paar hundert Kilometer brausen und sich Ferienhäuser dieser Größe leisten können? Manches Mal sahen wir im Vorbeifahren zwischen Hecken und Bäumen ein Stück weißes Fachwerk, ein Reetdach, und wir fuhren im Rückwärtsgang zurück – wir waren geradezu häusersüchtig. Und egal, wie atemberaubend das letzte Haus gewesen war, hinter der nächsten Ecke gab es sicher ein noch atemberaubenderes zu sehen.

Mein Begleiter selbst bewohnte ebenfalls ein altes Fachwerkhaus mit einem daran anschließenden, langgezogenen Garten. Ständig lag er im Kampf mit dem Gras, das man mähen, den Beeren, die man ernten, und den Äpfeln, die man einkochen musste. Mit dem Iltis auf dem Dachboden, der bestialisch roch, dessen Schlupfloch er aber nie fand, und mit den Nebengebäuden, die zu reparieren waren. Ständig lebte er in Furcht vor dem nächsten Hochwasser, denn sein Haus stand auf dem niedrigsten Grundstück im ganzen Umkreis; schon im Sommer erhöhte er fürs kommende Frühjahr den kleinen Damm vorm Haus. In seinem Inneren war das Haus wunderschön restauriert und eingerichtet, und ich gebe zu, ein paar Mal ertappte ich mich bei dem Gedanken, ob ich nicht direkt dort einziehen könnte …

Es war zu schön, um wahr zu sein. Die mir lange verborgen bleibende andere Hälfte der Wahrheit war in diesem Fall eine bildhübsche, kinder- und tierliebe Grundschullehrerin, mit der der junge Mann befreundet und angeblich nur früher einmal kurz amourös verbunden gewesen war. Um ihre Gefühle zu schonen, sollte ich in ihrer Anwesenheit bitte auf Abstand bleiben. »Es ist wie mit Camilla und Diana. Alle wissen von uns« – womit mein Begleiter ihn und mich meinte – »aber in der Öffentlichkeit zeigen wir uns besser nicht.« Ich fragte, ob sich dieser Vergleich auf Diana vor oder nach der Trennung beziehe, und er sagte: »Auf als sie schon tot war.« Erst ein paar

Wochenenden später erfuhr ich durch Zufall, dass Diana von den Toten auferstanden war.

Noch ein Jahr später freute ich mich, wenn in den Nachrichten von einer Springflut in der Elbe die Rede war. Ich stellte mir vor, wie das Wasser der Elbe in die Marschen drängte, wie sich die alten Entwässerungssiele füllten, wie eine kleine Flut von der Straße aus zum Haus hinüberkroch und den neuen Damm zerstörte. Wie der treulose Liebhaber mit Sandsäcken, schlechtem Wetter und Mutlosigkeit kämpfte, wie er fluchte und den Tücken seines wunderschönen Hauses ausgeliefert war. Nie habe ich Schadenfreude in so reiner Form genossen.

Doch ich habe aus der Begegnung mit diesem Mann auch viel Gutes mitgenommen. Vieles von dem, was er mir übers Landleben erzählte, war richtig, es half mir in der Zeit des Umzugs und des Eingewöhnens. Die Lust am Haus, die er so stark empfand und die wir auf unseren Ausflügen geteilt hatten, war durch das bittere Ende nicht getrübt worden, und mehr als alles andere lernte ich eins: dass man sich von einem Menschen viel bewahren kann, auch wenn man von ihm so enttäuscht ist, dass man nie mehr mit ihm sprechen möchte. Viele Menschen, deren Wege sich mit unserem kreuzen, werden nicht dauerhaft bleiben – und dennoch haben sie etwas zu geben, in der kurzen Zeit, in der wir mit ihnen zusammen sind. Auch wenn es einem aus vielfältigen Gründen vielleicht nicht vergönnt ist, den *einen* Menschen zu haben, mit dem man eine Geschichte teilt, kann man sich aus den Begegnungen mit vielen Menschen eine Geschichte aufbauen, die nicht einsam ist.

Die Lust am Haus, die Sehnsucht aufs Landleben blieb, aber in praktischer Hinsicht war ich noch keinen Schritt weiter als vorher. Ich fing an, in anderen Gegenden rund um Hamburg zu suchen. Stunden um Stunden verbrachte ich auf Immobilienseiten im Internet. Auf den Parkplätzen winziger Bahnhöfe traf ich mich mit Maklerinnen und ließ mich von ihnen zu alten Bauernhöfen fahren, nur um festzustellen, dass das zu mietende Dachgeschoss so stark modernisiert war, dass man genauso gut in einem Hochhaus wohnen könnte. Einmal nahm ich ein Taxi zu einem Hof, den sogar der Taxifahrer so trist fand, dass er mir ungefragt anbot, zu warten und mich kostenlos zum nächsten Bahnhof zurückzubringen. Im Alten Land besichtigte ich eine Wohnung in einem denkmalgeschützten Haus mit weißem Fachwerkgebälk – und einer Vermieterin, die sich schon ein Bündel gemeinsamer »Hausregeln« zurechtgelegt hatte.

Nur einmal fand ich ein Haus, das hätte passen können. Es lag noch ein gutes Stück hinter dem abgelegenen Buxtehude, an einer unbefestigten Straße, die von einem Minidorf ins nächste führte, war umgeben von Mais- und Getreidefeldern, hatte einen großen Garten mit dichten Hecken drum herum. »Hier können Sie ein paar Schafe halten«, schlug der unglaublich nette Vermieter vor (ich hielt die Idee mit der Schafhaltung allerdings für abwegig), und überhaupt sagte er zu allem ja, was ich im Haus verändern wollte – ein neuer Fußboden hier, das Geländer streichen dort. »Machen Sie, was Sie wollen – das Haus hat früher meiner Mutter gehört, es ist mir nur wichtig, dass jemand darin wohnt, der es liebt.« Und ich hatte rasch begonnen, das Haus zu lieben. Bis heute denke ich hin und wieder daran: an das riesige Wohnzimmer mit dem offenen Kamin, an das klitzekleine, aber perfekt geschnittene Extrazimmer, in das ich so gern meinen Schreibtisch gestellt hätte, an die Felder der Umgebung und die witzige Hausnummer 4.

»Wo sind die Häuser 1, 2 und 3«, fragte ich, und der Vermieter grinste: »Gibt es nicht und werden nie gebaut.« Um sicherzugehen, hatte man dem ersten Haus eine mittlere Nummer verpasst.

Doch als mich der Hausbesitzer am nächsten Bahnhof absetzte und alles so perfekt und glückversprechend schien, rollte eine Welle Angst an mich heran. Ich saß mitten im Sonnenschein auf einer Bahnhofsbank, drei Kilometer von meinem künftigen Zuhause entfernt, und fürchtete mich. Und so abstrakt diese Angst über mich kam, wusste ich doch sofort, was sie mir sagen wollte: Dieses Haus lag zu einsam. Mitten im Niemandsland. Hier im Norden geht die Sonne im Winter um 16 Uhr unter; wenn ich einkaufen fahren oder Freunde in Hamburg besuchen wollte, würde ich bei der Rückkehr mehrere hundert Meter durchs völlige Dunkel auf ein leeres Haus zurollen. Diese Vorstellung schreckte mich. Ich sagte ab.

Ich hatte mit genug Leuten gesprochen, hatte genug Häuser und Wohnungen gesehen, um zu wissen, was ich suchte. Nur gefunden hatte ich es noch nicht.

EIN HEIM, MIT SPASS
UND SCHNAPS ERBAUT

Die meisten Häuser, die man auf dem Land angeboten bekommt, stehen zum Verkauf und nicht zur Miete. Und natürlich ist die Vorstellung, etwas »Eigenes« zu kaufen und sich dort einzurichten, auch viel romantischer. Aber ich hatte inzwischen bei mehreren anderen erlebt, wie schwierig es ist, ein Haus wieder loszuwerden, wenn es einem aus irgendwelchen Gründen nicht mehr gefällt. Und trotz allem, was mir Alex' Freundinnen von ihren handwerklichen Fortschritten berichtet hatten: Ich suchte ein Haus, das gut in Schuss war, bei dem ich nicht, bevor ich meinen ersten Winter darin erleben durfte, einen Crashkurs in Heizungsinstallation absolvieren musste – egal, wie hilfsbereit die Dorfbewohner dem Erzählen nach waren oder nicht. Drittens wollte ich zwar nicht so entlegen wohnen, dass mir bange wurde, fand aber doch, wenn ich schon die Stadt hinter mir ließ, verdiente ich als Entschädigung für fast zwanzig Jahre Häuserwändestarren einen grandiosen Blick.

Unnötig zu sagen, dass diese drei Kriterien eine Haussuche ziemlich einschränken. Erschwinglich sollte die Miete meines Wunderhauses natürlich auch sein. Und weil meine Vertretungszeit in Hamburg Ende des Sommers abgelaufen war, musste ich von Frankfurt aus suchen. In endlosen Internetsitzungen versuchte ich mich mit der Geographie Niedersachsens vertraut zu machen – nicht ganz leicht für einen Menschen, der schon Schwierigkeiten hat, sich im eigenen Häuserblock zu orientieren. Auf der Website der Deutschen Bahn verglich

ich stundenlang, welche Bahnhöfe wie oft von durchgehenden, nicht durchgehenden, schnellen oder preiswerten Zügen von Frankfurt und Berlin zu erreichen wären, wo die meisten meiner Freunde und Freundinnen leben. Ich studierte Wahlergebnisse, versuchte potentielle Nazihochburgen ausfindig zu machen, entschied, dass es kein Fehler sein könne, sich in der Nähe einer Universitätsstadt anzusiedeln, so klein sie auch sei. Studenten ziehen Buchläden nach sich, Vorträge, Lesungen und Cafés. Aufgrund solch trockener logistischer Überlegungen kam ich irgendwann zu dem Schluss, dass Lüneburg die ideale Bezugsstadt sei; ich fuhr hin, stapfte zwei Stunden hindurch, war mit dem Gesamteindruck zufrieden und beschloss: Hier ziehe ich hin.

Aus früheren Jahren hatte ich in Lüneburg eine einzige Bekannte namens Anne. Ich rief sie an und fragte, ob sie mir Dörfer im Umkreis empfehlen könne. Anne war alarmiert. Ihr selbst war es schwer genug gefallen, ihres Mannes wegen aus einer Großstadt in eine Kleinstadt zu ziehen; und jetzt wollte ich auch noch freiwillig auf ein Dorf? Sie versprach, darüber nachzudenken, und hatte einen so tief besorgten Tonfall in der Stimme, dass sie einem fast leidtun konnte. Erst kürzlich gestand sie mir, sie und ihr Mann hätten während meines ersten halben Jahres täglich mit einem Hilfeschrei meinerseits gerechnet. Und dann wäre sie schuld an meinem Elend gewesen, denn es war Anne, die ein Haus für mich fand.

Man muss wissen, dass Anne ein Mensch ist, der es bei all ihren Angelegenheiten mit leichthändiger Grazie auf Perfektion anlegt. Sie ist klug, bildhübsch, elegant, hat eine hinreißende Familie, ein wunderschönes Haus und trägt die Nase trotzdem nicht hoch. Meine heimliche Theorie über Anne besagt, dass sie eine geborene Kupplerin abgäbe; jeden Mann, den sie mir empfehlen würde, würde ich unbesehen nehmen. In meinem Fall allerdings hatte Anne erkannt, dass ich ein neues Zuhause dringender brauchte als einen Mann, und all ihre Fähigkeiten darauf konzentriert. Wenig später rief sie mich an und erzählte, Freunde von ihr hätten ein Haus auf dem Land zu vermieten; es sei ein »freundliches« Haus, wiewohl es am Waldrand liege, und habe wunderbare Fensterrahmen. Ich wusste nicht, was ein freundliches Haus ist – anders als ein helles oder gemütliches –, und ich verstand nicht recht, warum es so sehr auf die Fenster ankam. Doch ich vertraute auf Annes Sinn für Perfektion. Wir vereinbarten einen Besichtigungstermin.

Anne holte mich am Lüneburger Bahnhof ab, und wir fuhren eine halbe Stunde über leicht gewelltes Land – eine Endmoränenlandschaft der norddeutschen Tiefebene, in der die Eiszeiten dem Land mehrere Reihen von Geröllablagerungen und den heutigen Landkarten eine unübersichtliche Zahl von »Bergen« beschert haben: Butterberg, Krähenberg, Mühlenberg. Jeder Hügel wird hier ein Berg genannt und mit seinen stolzen 50 oder 60 Metern auf den Karten verzeichnet. In den Dörfern sahen wir viel roten Backstein und dunkles Fachwerk. Dazwischen Pferdeweiden, Kartoffelfelder, Raps und kleine Wälder. Auch die Lüneburger Heide ist nicht überall von Heide-, sondern zumeist von Agrarlandschaft geprägt. Es war Ende August, die Getreidefelder waren bereits abgemäht, Strohballen standen auf den Wiesen, Bussarde und Milane kreisten am blauen Himmel, die Äpfel reiften in der Sonne. »Lass dich nicht täuschen«, sagte Anne, »Norddeutschland will dich nur reinlegen. Dies ist ein so schöner, trockener, sonniger Sommer wie seit Jahren nicht mehr.«

Wir kamen an einer alten, etwas heruntergekommenen

Mühle vorbei und einem stattlichen Gutshaus und fuhren über eine holprige Zufahrt in Richtung Wald. Zwischen einer riesigen Kartoffelscheune und dem nicht minder umfänglichen Schafstall, an einer Seite durch mächtige Eichen behütet, stand dort ein Haus – mein neues Zuhause.

Ein Backsteinbau mit einem großen Giebelfenster an der Stirnseite, mit einem dekorativen alten gusseisernen Zaun davor, der allerdings nach wenigen Metern abrupt endete, und einer weißen Holztür. Früher einmal war es eine Schmiede, eine Stellmacherei, ein Schweine- und ein Bullenstall gewesen – bis heute ist es mir nicht gelungen herauszufinden, was schon alles in diesem Haus oder wenigstens an diesem Fleckchen Erde stattgefunden hat, und in welcher Reihenfolge. In den Neunzigerjahren wurde das jetzige Haus von Grund auf neu, aber unter Verwendung alter Steine und Balken errichtet. Die großen, hellen Räume waren wunderbar proportioniert und, wie mein künftiger Vermieter nun erzählte, nach seinen Ideen angelegt worden. Allerdings, fuhr er fort, hätten sie sich beim Bau sehr gut amüsiert und zu dem Zwecke auch viel getrunken, weswegen das Haus auf einer Seite einen Meter breiter sei als auf der anderen. Wie groß es insgesamt sei, wisse er nicht, und einen Grundriss gebe es nicht.

Die Besitzer wohnten selbst noch hier, als ich das Haus zum ersten Mal sah, und ich getraute mich nicht, mich allzu neugierig umzuschauen. Aber zweierlei war sofort klar: dass dieses Haus unbescheiden groß war für eine Person. Und dass es vollkommen war.

Im Erdgeschoss gab es eine große Küche, ein ausladendes Esszimmer mit Fenstern in zwei Richtungen und ein Wohnzimmer mit einer Glasfront, durch die man Sicht auf Terrasse, Garten und Weiden hatte. Im Obergeschoss lagen die Schlafzimmer mit großen Giebelfenstern nach vorne und hinten. Ich hatte mir »Blick« gewünscht, und hier hatte ich welchen – in alle vier Richtungen, aus sämtlichen Räumen. Im Winter leuchten nachts durch den Wald bisweilen aus mehreren hundert Metern ein paar Autoscheinwerfer auf, im Sommer ist alles belaubt und ringsum grün. Nur wenn man sich im Badezimmer auf die Zehenspitzen stellt und schräg zum Dachfenster hinausschaut, kann man ein paar Häuser an der Dorfstraße sehen.

Ich unterhielt mich kurz mit den Besitzern, dann zeigte mir deren ältere Tochter auf der angrenzenden Weide ungefähr ein Dutzend Schafe und drei wuchtige, beeindruckend behörnte Welsh-Black-Kühe. »Sie können auch gern Ihre Tiere zu den Schafen dazustellen«, meinte Christian, mein künftiger Vermieter. Als ob es das Normalste von der Welt wäre, beim Umzug Tiere mitzubringen und im Stall unterzustellen. Ahnungslos, wie ich war, wies ich die Idee weit von mir. (Keine zwei Jahre später schlug Christian freundlich vor, wir sollten einen Pakt schließen: Ich dürfe keine weiteren Schafe mehr anschaffen. Außer »wenn eins geht«.)

»Hier im Haus haben wir schon alles gehabt«, fuhr Christian fort und erzählte mir eine Anekdote aus der Zeit, als die Mutter der kleinen Kuhherde noch jung und frech gewesen war: Wie die Familie einmal auf der Terrasse üppig den Tisch zum Abendbrot gedeckt hatte. Wie Ilse, die Kuh, davon Wind bekam, ihre riesige Zunge ausfuhr und mit einem Schlenker das Brot vom Tisch zog, und wie die beiden Mädchen der Familie schnell die Käsehäppchen in Sicherheit brachten, weil darin Zahnstocher steckten, an denen sich Ilse verletzen könnte, die derweil das ganze Tischtuch vom Tisch und über die Terrasse zog.

Nicht nur auf der Terrasse war Ilse gewesen, nein, auch auf dem Wohnzimmerteppichboden hatte sie einen Fladen hinterlassen; Gänse waren schon im Haus gewesen, Schafe ebenfalls. Ein Schaf, das mit der Flasche großgezogen wurde, kam sogar selbstständig zur Tür herein, wenn es fand, dass es an der Zeit für die nächste Mahlzeit sei. Meine Vermieter erzählten davon in aller Selbstverständlichkeit und mit dem größten Vergnügen, und ich dachte mir sofort, dass man mit Leuten, die vandalierende Kühe für einen prima Spaß halten, auch selber eine Menge Spaß haben kann. Zumal das ganze Drumherum, der Garten, nicht gerade aussah, als hätte man ein Lineal angelegt. Von Zäunen schien man hier nicht viel zu halten und auch aufs Rasenmähen nicht allzu viel Wert zu legen; auf der Wiese hinter der Terrasse gedieh allerlei, am besten Brennnesseln, Ampfer und Giersch. Eine Kletterrose rankte sich an der Mauer hoch, den guten Pflaumenbaum hatten die Schafe letzten Sommer zernagt, Holunder wucherte vom Fuß einer toten Linde herüber auf die Terrasse. Das Haus selbst war in tadellosem Zustand, aber der Garten wurde leger gehandhabt. Was mir nur recht war. Ordnungssinn ist mir nicht in großem Stil gegeben, und da ich keinerlei Erfahrung im Gärtnern hatte, hätte ich mich mit geometrisch angelegten Staudenbeeten oder einem Golfrasen hoffnungslos überfordert gefühlt. Wenige Wochen später kam ich ein zweites Mal von Frankfurt heraufgefahren, um den Vertrag zu unterschreiben. Allerdings hatte Christian noch keinen vorbereitet, »hier bei uns machen wir das mit einem Handschlag«, also gaben wir uns einfach die Hand. Die Miete für das ganze Haus betrug so viel wie die für meine Wohnung in der Stadt.

Im September erfolgte dieser Handschlag, meine Vermieter wollten bis Weihnachten umziehen, daher war mein Haus erst ab Januar frei. Ich litt unter dieser Frist von vier Monaten wie eine frisch Verliebte unter der Trennung von ihrem Geliebten; es schien mir völlig sinnlos, noch für mehrere Monate in die Stadt zurückzukehren. Das Einzige, womit sich die Zeit halbwegs angemessen füllen ließ, war, mir das Haus in bewohntem Zustand vorzustellen, davon tagzuträumen, es einzurichten, Möbel zu kaufen, Farben auszusuchen, den Umzug vorzubereiten, von Mitte September bis Mitte Januar, Tag für Tag.

Sechs Zimmer hatte ich in meinem neuen Zuhause zu füllen; das stellte für meinen Single-Haushalt eine gewisse Herausforderung dar. Von meinen Frankfurter Möbeln waren es nur wenige wert, mitgenommen zu werden, doch für eine komplett neue Einrichtung hatte ich zu wenig Geld und zu viel ökologisches Gewissen. Auf ebay wurde ich im Sektor der unrestaurierten Jugendstilmöbel fündig, das Angebot war groß, die Dinge schön anzusehen und bezahlbar.

Weil jeder, der auch nur einen Hauch von Sympathie für unbelebte Gegenstände aufbringen kann und einmal bei ebay gewesen ist, weiß, was jetzt folgte, will ich es bei Andeutungen belassen: Tage und Abende vorm Internet; stundenlanges Vergleichen und Hin- und Hermailen der Links und Fotos mit interessierten (oder zwangsinteressierten Freundinnen); Bieten ab der letzten Minute und bis zur allerletzten Sekunde; beginnende Sehnenscheidenentzündungen an der Maushand; Lieferungen und Verpackungsmüll. Ich ersteigerte Esstisch und Schreibtisch, Stühle und ein Sofa, Gästebetten und alte Kommoden, zwei Schränke und eine komplette Jugendstilküche in Weiß. Freunde schenkten mir fast neue Matratzen, Geschirr und Lampen. Das meiste davon musste ich in meinem Frankfurter Keller einlagern, der sich so schnell füllte, dass ich mir Sorgen zu machen begann. Die Kubikmeterzahl, die ich der Möbelspedition genannt hatte, stimmte schon lange nicht mehr.

Doch das wirklich Riskante war: Ich versuchte von Frankfurt aus ein 500 Kilometer entferntes Haus einzurichten, das ich insgesamt vielleicht anderthalb Stunden und in bewohntem Zustand gesehen hatte. Einen Grundriss gab es nicht. Ein paar Maße hatte ich bei meinem zweiten Besuch genommen, ich malte Grundrisse und füllte sie mit Möbeln, die ich noch nicht oder erst seit kurzem besaß; bestellte bei Ikea eine lange Reihe neuer Regale, fuhr zu zig verschiedenen Baumärkten wegen der Farbpaletten, kaufte einen pfundschweren Farbfächer und experimentierte ewig mit verschiedenen Rot- und Blautönen herum. Meine Vermieter hatten mir zwei Handwerker vor Ort empfohlen, die das Haus in den ersten beiden Januarwochen renovieren würden, sie sollten auch einen neuen Fußboden über den Teppich legen, den schon die Kuh Ilse markiert hatte, und die Regale aufbauen.

Wenn das mit der Ikea-Lieferung klappen würde (»Wir können vorab keine Liefertermine zusagen«), wenn meine Möbel alle in den Wagen passten, wenn das Streichen und Fußbodenlegen und Fußbodenabschleifen in zwei Wochen zu erledigen waren, wenn die Vermieter ihren Umzug wirklich bis Weihnachten schafften, wenn die Farben dem entsprachen, was ich ausgesucht hatte, und die Handwerker mit meinen seitenweisen Notizen (»Regal ungefähr dort aufbauen und bis zur Holzkante noch blau streichen«) zurechtkamen. Ich schickte Lampen voraus, bestellte Unmengen von Katzenstreu vor, begann früh mit dem Packen, nutzte die Gelegenheit, um vieles wegzuwerfen (was ein Fehler war, denn auf dem Land braucht man *alles*), und machte die erschütternde Erfahrung, wie viel

Elektromüll man in ein paar Jahren auf dem Dachboden ansammeln kann.

Insgesamt war die Planung dieses Umzugs die größte logistische Anstrengung meines – auf diesem Gebiet zugegebenermaßen bisher ziemlich ereignislosen – Lebens. Das letzte zu bewältigende Problem war: Mobilität. Für mein neues Zuhause brauchte ich ein Auto, ich hatte aber noch nie eines besessen und war seit Erwerb meines Führerscheins kaum gefahren. Unbesehen und per Telefon kaufte ich bei einem Händler, dessen Stimme mir vertrauenswürdig vorkam, einen gebrauchten mitternachtsblauen Kombi und nahm zur Sicherheit noch ein paar Fahrstunden, bis der Fahrlehrer meinte, jetzt sei es aber wirklich genug.

Trotzdem fand ich die Strecke von 500 Kilometern am Umzugstag zu viel für mich allein. An einem Sonntag Mitte Januar sollte der Umzugswagen kommen; am Samstag davor holte ich meine Hamburger Freundin Bettina am Frankfurter Bahnhof ab. Ein letztes Mal gingen wir in »meine« Pizzeria, wickelten noch etwas Geschirr ein, beluden das Auto und schliefen unruhig zwischen Bergen von Kisten.

Am nächsten Morgen packten wir die drei Katzen in ihre Transportboxen und schnallten diese auf dem Rücksitz an. Hinten im Kombi waren bereits Bettzeug, eine Matte für die erste Nacht, mehrere Lampen, der Wasserkocher und etwas Proviant verstaut. Eine Freundin kam und ließ sich erklären, welche Möbel mitkommen und welche auf den Sperrmüll sollten. Hinter uns blockierte der Umzugswagen die komplette Straße, wir hupten ein paar Mal und fuhren los. Beim Bäcker gegenüber hatte ich ein letztes Mal mein Lieblingsbrot gekauft, aber es wäre auch ohne gegangen: Es plagten mich keine nostalgischen Gefühle. Während der letzten Monate hatte ich genug Zeit gehabt, Abschied zu nehmen. Als wir aufbrachen, tat es mir nicht leid um das, was ich an Vertrautem zurückließ. Ich war frei für das, was kam.

Es war ein prächtiger Sonnentag, beinahe wie im Frühling. Die Straßen waren leer, und wir nahmen das Gespräch mal auf, mal tauchten wir jede in unsere Gedanken ab, wie es bei einer längeren Autofahrt üblich ist. Die drei Katzen auf dem Rücksitz gingen mit dem aus ihrer Sicht unzumutbaren Gefangenentransport völlig unterschiedlich um. Merlin, der Furchtsame, gab während der ganzen Fahrt keinen Laut, ließ uns aber auch keine Sekunde aus seinen tellergroßen schwarzen Augen. Nana, die besonnene Ältere, fand sich wie stets mit ihrer Situation ab. Maggie schließlich, eine sonst eher schüchterne Rotgestreifte, tat ihren Protest von der ersten Minute an lauthals kund und stellte ihn nicht ein, bis wir angekommen waren. Könnte ja sein, dass wir's noch nicht bemerkt hatten: Sie war dagegen! Schwer zu sagen, ob der Grund dafür Reisekrankheit oder die Verärgerung über das Eingesperrtsein war.

Auf halber Strecke zwischen Hannover und Hamburg verließen wir die Autobahn, fuhren an einem See vorbei, kamen durch den Nachbarort mit seinen großen Scheunen, der alten Kirche und einem Schild »Heißmangel«. Auch heute freue ich mich jedes Mal, wenn ich es lese. Als ich es zum ersten Mal sah, wusste ich, dass wir gleich da sein würden; und das Wort Heißmangel erinnerte mich an meine verstorbene Großmutter, an duftende Wäsche, an diesen herrlich altmodischen Bügelgeruch, an die fluffigen Daunendecken, die keiner so gut wie die Großmutter herrichten kann.

Als wir – im Hintergrund stets Maggies pausenloses Maunzen – die Einfahrt zu meinem Haus hinunterholperten, schien noch immer die Sonne, der Himmel selbst sah aus wie frisch gewaschen. Das Haus stand mit seinem warmen Backsteinrot frei vor endlos hellblauem Himmel, und zum ersten Mal traute ich mich, voller Stolz, es mit wirklich offenen Augen zu betrachten, weil es nun nicht mehr anderer Leute, sondern mein eigenes Zuhause war.

Meine Vermieter hatten versprochen, den Hausschlüssel oben auf den Türrahmen zu legen. Vor diesem Moment, in dem ich meine Tür zum ersten Mal aufschließen und mit Bettina über die Schwelle treten würde, war mir nun doch etwas bang gewesen. Zum einen, weil ich nicht wusste, wie die Farben, die ich aus der Ferne ausgewählt hatte, tatsächlich an den Wänden wirkten; und zum anderen, weil ich auf Bettinas Meinung gespannt war. Bisher hatte ja keiner meiner Freunde das Haus gesehen.

Bettina war sofort begeistert. Wir legten die Hände an die schönen hölzernen Türrahmen und an die frisch gestrichenen Wände, gingen von Raum zu Raum und überprüften die Farben: ein sanftes Blau für die Diele, ein terrakottaähnliches Rot im Wohn- und Arbeitszimmer, vor dem die Handwerker eine lange Reihe weißer Regale aufgebaut hatten. Das untere Gästezimmer in hellem Grün, das obere in Malvenrosa, und mein Schlafzimmer halb cremeweiß und halb fliederfarben, was mit den dunklen Eichenbalken wunderschön aussah.

Alles zusammen hört sich ziemlich bunt an, aber wenn man davorsteht, merkt man, dass ein großes Haus so viel Farbe verträgt und alles passt. Ohne dass ich es beabsichtigt hatte, griffen das Rot und das Blau der Wände sogar die Farben der Backsteinmauern und des Himmels auf. Wir trugen die Matte, das Bettzeug und vor allem die Katzenkörbe ins Haus, zeigten den Katzen, wo ihre Toiletten standen, und beobachteten, wie sie aus ihren Körben kamen. Sofern sie sich das überhaupt trauten. Nana, die mit ihren zwölf Jahren bereits mehrfach umgezogen war, ließ sich nicht so leicht aus der Ruhe bringen. Mit unerschütterlicher Miene spazierte sie einen Raum nach dem anderen ab (einige hatte ich zugesperrt, um die Sache für den Anfang übersichtlicher zu gestalten). Kurz schaute sie aus der Terrassentür, dann setzte sie ihren Gang fort, bis sie einen Futternapf fand, und stärkte sich, als sei nichts geschehen.

Maggie, die Rotgetigerte, hastete einmal der Übersicht halber durchs Haus und entschied, dass es unter der Bettdecke am sichersten sei. Merlin dagegen blieb noch mehrere Stunden in seinem Korb sitzen, schlich dann ein paar Schritte durch die Küche und setzte sich hinter den Kühlschrank, hinter dem er nicht mehr hervorkam, bis die Küchenmöbel geliefert wurden. Von da an lebte er ein paar Tage im Küchenschrank. In Frankfurt war Merlin der Kühnere und Maggie die Vorsichtigere gewesen. Nie hätte ich erwartet, dass es hier umgekehrt sein würde, dass sich Merlin versteckte und Maggie in den folgenden Tagen auf Entdeckungsreise ging.

Kaum war Bettina, die uns alle sicher hierhergebracht hatte, am Nachmittag gegangen, kamen meine Vermieterin und ihre Schwiegermutter mit Blumensträußen vorbei und luden mich zum Kaffeetrinken und zum Abendessen ein. Es war wunderbar, so begrüßt zu werden, doch die Einladung zum Abendessen schlug ich aus: Die letzten Stunden des Tages wollte ich in meinem neuen Zuhause allein sein.

Ich ging mehrfach durch alle Räume, schaute durch jedes meiner Fenster. Vierzehn sind es allein im Erdgeschoss. Ich konnte mich nicht entscheiden, welcher Blick der schönste war. Nach Norden hin sah ich die gegenüberliegende Kartoffelscheune, daneben die ersten Ansätze des Waldes und den etwas tiefer liegenden Bach, an dessen sumpfigem Ufer ein Meer von hohen Gräsern mit bauschigen Rispen, den sogenannten Wasserschwaden, wuchs. Nach Osten liegt der Wald selbst, er beginnt keine zehn Meter von meiner Haustür mit mächtigen Eichen; im Sommer kommen hier gelegentlich Spaziergänger vorbei, jetzt im Winter führten nur Nachbarn ihre Hunde durch den Wald. Wildschweine sollte es hier in Massen geben, und wenige Tage später sah ich direkt am Haus das erste Reh.

Nach Süden hin kann man ein, zwei Kilometer weit blicken. Zunächst auf die Weiden, die in der Mitte durchzogen sind von einer alten Allee. In einiger Entfernung stehen ein paar Buchen und Birken, dahinter eine Landstraße, Felder, und am Horizont der nächste Wald.

Nach Westen hin, zehn Meter vom Haus entfernt, steht ein großer Fachwerkstall. Darin werden alte Maschinenteile aufgehoben, Zäune, Betonplatten, Bretter, Ziegelsteine, Kanister und Kabel – Dinge, die darauf warten, eines Tages wiederentdeckt und zu neuem Einsatz gebracht zu werden. Zig Mal durchstöberte ich diesen Stall und staunte, als Stadtkind, was hier alles zu finden war. In der Stadt musste man dafür in den Baumarkt oder auf den Flohmarkt gehen, man musste für jedes Brett ein paar Euro zahlen, kaufte im Gartencenter künstlich bemooste Schalen, Baumrinden und Steine. Hier, auf dem Land, am Waldrand und im Stall, lag alles in Hülle und Fülle herum.

Wichtiger noch sind die Bewohner dieses Stalls, nämlich die Schafe. Es war damals eine kleine Herde von dreizehn Tieren, die meisten davon Kamerunschafe, die etwas kleiner und zierlicher als die üblichen Wollschafe sind; sie haben keine dichte Wolle, sondern ein meist haselnussbraunes Fell, das sie im Frühjahr selbst abwerfen und erneuern, ohne dass man sie scheren muss. Die Kamerunschafe stammten mehr oder we-

niger alle von einem freundlichen Schaf namens Erna ab, die
die ältere Tochter meiner Vermieter in offenbar trächtigem
Zustand geschenkt bekommen hatte. Auf einem Weihnachts-
markt hatte die Familie vor wenigen Jahren zwei weitere Schafe dazugekauft, nämlich ein cremefarbenes Merinolandschaf
namens Jana und Jakob, einen Vertreter der seltenen Rasse der
Jakobs- oder Vierhornschafe. Vierhornschafe haben ein weißes Fell mit schwarzen Tupfen, um die Augen eine schwarze
Maske und außerdem, wie der Name schon sagt, vier Hörner,
die auch unserem im Grunde gutmütigen und anlehnungsbe-
dürftigen Jakob ein leicht diabolisches Aussehen verleihen. Es
handelt sich um eine alte Rasse, deren erste Knochenfunde
noch aus der Bronzezeit stammen. Unter heutigen Bedingun-
gen, vor allem im Zusammenspiel mit geflochtenen Drahtzäu-
nen, können vier Hörner allerdings ziemlich unpraktisch sein,
weswegen man mit dem Züchten außer unter Liebhabern wei-
testgehend aufgehört hat.

Anführerin dieser gemischten Herde war eine weiße Ziege
namens Lilly, sehr durchsetzungsfähig und im selben Maße
verfressen wie erfindungsreich. Sie führte ihre Truppe über
Stock und Stein und auch durch alle nicht bombensicher be-
festigten Zäune zu guten Futterplätzen. Dort schlug sie sich –
unter anderem, indem sie sich auf die Hinterbeine stellte, um
ganze Äste von den Bäumen herunterzuziehen – derart den
Bauch voll, dass er rechts und links abstand, als sei sie mit Zwillingen weit über der Zeit. Wie jeder, der Lilly zum ersten Mal
sieht, konnte auch ich zunächst nicht glauben, dass es sich bei
diesen enormen Beulen um Fettpolster handelte, und erwar-
tete stündlich die Niederkunft.

Stattdessen musste ich Lilly kurz nach meinem Einzug helfen, als sie sich in eine ziemliche Bredouille brachte, weil sie

unbedingt irgendwelche Kräuter verspeisen wollte, die unter der Linde in meinem Garten wuchsen. Der Zaun, der meinen Garten von der Schafsweide trennte, stellte für Lilly kein Problem dar; aber unter der Linde selbst verfing sie sich mit den Hörnern in einem herumliegenden Kunststoffnetz und verknäulte sich darin so hoffnungslos, dass ich sie mittags auf dem Boden liegend fand, völlig reglos, keinen Laut gebend, mit verdrehtem Hals und Beinen. Zunächst fürchtete ich, sie sei tot, dann merkte ich, dass sie nur gefesselt war, und schnitt sie mit einer Haushaltsschere frei.

Auch wenn sie die technischen Zusammenhänge nicht verstehen, merken Tiere oft sehr wohl, wenn man ihnen hilft, und fassen danach ein gewisses Vertrauen. Doch falls Lilly so etwas wie Dankbarkeit verspürte, hielt diese nicht lange vor. Im Frühjahr, als einige wenige Tulpen blühten, stiftete Lilly ihre Herde an, über den Zaun zu springen und meinen Garten zu plündern. Ich ertappte sie und trieb sie laut rufend davon; doch in sicherer Einschätzung, wie gefährlich oder eben ungefährlich Menschen sind, schnappte sich Lilly noch im Aufbruch meine letzte verbliebene Tulpe. Die Blüte zwischen den Zähnen, die Zwiebel unter ihrem Kinn baumelnd, schaukelte sie mit ihrem imposanten Bauch davon.

Mein Haus ist gleichsam nur der letzte Ausläufer eines großen Gutshofes, der sich von der Dorfstraße bis zum Wald und den Weiden erstreckt. Weiter vorne an der Straße liegt das Gutshaus selbst, in dem jetzt meine Vermieter wohnten, umgeben von Teichen, Gärten und dem Hof mit einem hufeisenförmigen Ensemble von einstigen Ställen und Wirtschaftsgebäuden. Sie werden heute zum Lagern von Gerät benutzt oder sind als Werkstätten vermietet. Erst am Ende des Hofes, sorgsam von dem altehrwürdigen Gutshaus bewacht, beginnt meine Zufahrt, eigentlich nicht mehr als ein holpriger Weg hin zum Wald. Vielleicht hundert Meter sind es von meinem Haus zur nächsten menschlichen Behausung; in unmittelbarer Nachbarschaft liegen nur noch die erwähnte Kartoffelscheune und der Stall. Dieser Stall, in dem heute die Schafe leben, war bis vor wenigen Jahren mit mehreren hundert Gänsen belegt, die als Gösseln zugekauft und bis Weihnachten gemästet wurden; tagsüber weideten sie auf den Wiesen rund um den Stall, gingen auf dem benachbarten Teich schwimmen und wurden jeden Abend zum Schutz vor dem Fuchs in den Stall getrieben. Dann kam die Vogelgrippe, oder, wie viele Landwirte sagen: die Angst vor der Vogelgrippe. Panikmache, Verordnungen, Auflagen, Verbote: Man durfte Gänse nicht mehr im Freien lassen, sondern musste sie auch tagsüber unter einem Dach einsperren; daraufhin stellte mein Vermieter die Gänsezucht ein.

Aus dieser Zeit waren noch zwei Tiere übrig geblieben: ein Paar aus zwei Gantern, der eine weiß, der andere grau, die früher jeweils eine kleine Gänsefamilie gehabt und diese an den Fuchs verloren hatten. Seither waren sie ein zwar nicht ganz freiwilliges, aber doch unzertrennliches schwules Paar. Wie zwei Synchronschwimmer watschelten sie parallel über die Wiesen, trompeteten lauthals, falls sich jemand Fremdes (oder überhaupt jemand) näherte, und bissen, wer oder was immer ihnen in die Quere kam.

Aus früheren Zeiten ebenfalls übrig war die Kuh Ilse mit ihren zwei längst erwachsenen Töchtern, die aber, kurz bevor ich herzog, auf eine andere Weide verbracht worden waren; früher hatte mein Vermieter eine ganze Herde von Welsh-Black-Rindern für die Fleischproduktion gehalten. Ich war bereits seit gut zwanzig Jahren Vegetarierin und froh, dass keins der

Tiere, denen ich täglich begegnete, an deren Anblick ich mich gewöhnte und mit denen ich mich teils sogar befreundete, zum Schlachten bestimmt war. An den Koppeln an der Straße stehen außerdem noch zwei Reitpferde, ein Esel und zwei Kutschpferde, aber auch die werden nur noch bei besonderen Gelegenheiten angespannt.

Mein Vermieter ist Biolandwirt; außer diesem Gutshof gehören ihm im Dorf noch einstige Gesindehäuser und zahlreiche Nebengebäude, die teils vermietet sind. Dazu eine schier endlose Zahl Hektar an Wald und Ackerflächen. Früher hat Christian Gurken, Möhren, Kartoffeln und Getreide angebaut, sich später aber vom Gemüseanbau verabschiedet und die Genehmigung für den Bau einer Biogasanlage erhalten. Anders als bei vielen anderen solchen Anlagen versucht Christian aber auf den seinerseits sehr energieintensiven Anbau von Mais zu verzichten und nur aus der Verwertung von Grünpflanzen und Getreidepflanzen Strom zu erzeugen. In gewisser Weise ist seine Biogasanlage nicht nur Wirtschaftsbetrieb, sondern auch ökologisches Experiment.

Wir wohnen also zusammen auf einem weitläufigen Hof, der einerseits von Landwirtschaft lebt und andererseits auch wieder nicht, jedenfalls nicht im klassischen Sinne der Nahrungsmittelproduktion; in einer Zeit, in der Ökolandwirte nach Wegen suchen, jenseits der tier- und umweltunfreundlichen Massenproduktion gewinnbringend zu arbeiten – und dabei doch oft wieder bei einer anderen Form von Massenproduktion landen, weil der eher aufs Preisschild denn aufs Kleingedruckte und die Ethik achtende Kunde es so will.

Und so wie auf dem Hof Traktoren ein- und ausfahren, aber ihre Ernte nicht für den Verzehr, sondern als weiterverwertbare Biomasse einbringen, so wie in manchen Ecken des jetzigen Schafstalls noch alte Gänsefedern liegen und die Gestelle zerfallen, auf denen früher Mastenten schliefen, so wie sich in einer weiteren Scheune im Frühjahr Getreide häuft, das nicht vermahlen, sondern für die Energieproduktion ausgesät wird, so führen auch die Tiere auf diesem Hof eine eigenartige Zwischenexistenz: Sie bevölkern ihn wie einen Bauernhof in einem Wimmelbild ländlicher Idylle und dienen doch nicht dem alten bäuerlichen Zweck. Aus früheren Zeiten steckt noch die Schweinewetterfahne auf dem Haus, steht ein lebensgroßes Plastikschwein über dem ehemaligen Stall, während die Schweine, die man im Dorf isst, auf der einige Kilometer entfernten Landstraße von einer Maststätte zur nächsten und schließlich zum Schlachthof gefahren werden.

Man unterteilt häufig in »Stadt« und »Land«; doch Landleben und Landwirtschaft sind nicht identisch. Landwirtschaft, insbesondere die Produktion von Fleisch, Milch und Eiern, findet ohnehin längst nicht mehr vorrangig in Bauernhöfen und Familienbetrieben, sondern in Großanlagen mit industriellen Ausmaßen statt. Oft sind diese von außen gar nicht als solche zu erkennen, sodass einer, der als Besucher durch die Landschaft fährt und unterwegs ein paar weidende Rinder oder Schafe wie die unseren sieht, dem Fehlschluss erliegt, hier in der schönen »Natur« werde seine Nahrung produziert. Was in den großen fast fensterlosen Hallen vor sich geht, in deren Nähe nur der besonders aufmerksame Mensch den Mistgeruch wahrnimmt, entzieht sich der Wahrnehmung, zumal die wirklich großen Mastanlagen oft gut vor Blicken und Zutritt geschützt sind.

Doch trotz aller Industrialisierung der Landwirtschaft ist vieles von dem, was das Wort »Landleben« an Assoziationen freisetzt, ähnlich geblieben: ein relativer Mangel an Menschen und eine Fülle an Tieren und Grün; ein unmittelbareres Ausgesetztsein: dem Wind, dem Wetter und den Jahreszeiten; der Kampf mit sperrigem Material, das Ringen mit wild lebenden Tierarten, die Haus und Garten (zurück-)erobern wollen; die Nähe und teilweise stupende Fülle von Nahrungsmitteln, die Möglichkeit von Ernte und Sammeln, die einen dankbaren Städter wie mich immer wieder fasziniert und überrascht.

Ich hätte dies alles in den ersten Tagen und Wochen noch nicht so genau benennen können. Es kam mir einfach vor, als sei ich mitten in einer Astrid-Lindgren-Idylle gelandet, über die zudem das Glück seine schützende Hand hielt: Der Eichen- und Buchenwald, an dem ich lebe, wurde wenig später zum Landschaftsschutzgebiet erklärt. Der Bach, an dem ich kurz nach meinem Einzug meinen ersten Strauß aus den Rispen der Wasserschwaden schnitt, und seine Auen voller dunkelbrauner Schilfkolben und pinkfarbenem Blutweiderich wurden renaturiert.

In ihrem wenig bekannten Teenager-Roman *Kerstin und ich* hat Astrid Lindgren vom Umzug einer Stockholmer Familie aufs Land erzählt; wie in vielen ihrer Bücher begegnen wir dort einem sanften, verträumten Vater, der in diesem Fall auf einem Gut namens Lillhamra aufgewachsen ist und nach seiner Pensionierung dorthin zurückkehren will. Das Gut seiner Kindheit ist in der Zwischenzeit allerdings halb verfallen, und natürlich versteht der alternde Herr von Landwirtschaft nichts; bei der Wiederbegegnung mit einer Birke voller Kindheitserinnerungen muss er feststellen, dass ihre Äste einen Erwachsenen mit Bauchansatz nicht tragen. Die Küche muss neu gemacht werden, der Ofen funktioniert nicht, und die Tapete des Salons hängt in Fetzen, als der Heimkehrer seine »Prinzessin« und die beiden sechzehnjährigen Töchter durch sein geliebtes Lillhamra führt.

Natürlich entpuppt sich die Prinzessin als tatkräftige Landfrau, die Töchter finden in einem Seitenflügel einen Schatz an Möbeln, und alles wird in dem, was wir heute als Ikea-Stil empfinden, mit gelben Tapeten, blau-weißen Tischdecken und Sträußen von Trockenblumen sommerlich frisch dekoriert. Die Mädchen lernen Kühe zu melken, Rüben zu verziehen und mit Bauernsöhnen zu flirten. Im Grunde hatte *Kerstin und ich*, ein Buch, das ich im Alter von zehn oder zwölf im Geschenkeversteck meiner Mutter entdeckte und beim ersten Mal heimlich las, mich hierhergeführt.

Auch in mir sollte eine Landfrau stecken, hoffte ich, und auch ich wollte zupacken lernen. Für einen Englandurlaub hatte ich vor wenigen Jahren ein Paar orangefarbener Gummistiefel gekauft; oft hatte ich mir in Frankfurt ausgemalt, wie diese Stiefel neben der Tür meines neuen Hauses stehen würden. – Ich hatte ja keine Ahnung, was auf mich zukam. Trotz aller guten Vorsätze für Haus und Garten hatte ich die Gummistiefel eher als Motiv, als Sinnbild verstanden und auch in meinem konkreten Paar eher den dekorativen denn den praktischen Aspekt gesehen.

Vor dem ersten Zubettgehen in einem neuen Zuhause solle man die Fenster zählen, hatte es in *Kerstin und ich* geheißen; was man dann träumte, würde in Erfüllung gehen. Bevor ich einschlief, auf meiner Matte, auf beiden Seiten belagert von meinen Katzen, fiel es mir wieder ein. Aber wie viele Fenster waren es denn? Ich hatte nie verstanden, ob nur die Fenster des Raumes, in dem man schlief, oder die des gesamten Hauses gemeint waren. Und falls Letzteres: Ich war zu müde, um noch einmal durchs ganze Haus zu gehen. Ich las die Postkarte und den Brief wieder, die mir zwei Freunde an meine neue Adresse vorgeschickt hatten. Es war schön gewesen, zwischen den Lieferungen von Katzenstreu, Regalen und Telefonumwandlungsboxen auch etwas Persönliches vorzufinden.

Ich hatte noch kein Telefon, hier draußen ohnehin keinen Handyempfang, im Garten krakeelten ab und zu die Gänse, unidentifizierbare Geräusche kamen aus dem Dachboden, dem Stall und dem Wald; nichts davon ängstigte mich, ich schlief so ruhig wie lange nicht mehr.

Am nächsten Morgen tauchte früh der Möbelwagen auf, meine diversen ebay-Käufe hatten ihn fast gesprengt. Schon am Tag zuvor hatten mich die Möbelleute einmal auf dem Handy angerufen, weil am Schluss nur noch ein Stück reinpasste: entweder mein Fahrrad oder mein guter alter, lebensgroßer Pappmaché-Baby-Elefant. Dummerweise entschied ich mich für das Fahrrad, das ich seither vielleicht zwei Mal benutzt habe. Den selbst gebastelten Elefanten habe ich viel häufiger vermisst.

Viele Möbel sah ich zum ersten Mal bei vollem Tageslicht. Der antike englische Schrank mit dunklem Holz, Intarsien und zierlichen Beschlägen sollte an der linken Wand neben der Haustür stehen. Daneben wollte ich auf die blaue Wand eine Reihe weißer Pfauen tupfen, deren Schablone ich nach einer persischen Miniatur gezeichnet hatte. Ich hatte mir in Frankfurt ganz genaue Vorstellungen gemacht, wie alles aussehen sollte, und das Erstaunliche war, dass auch alles tatsächlich passte. Die Jugendstilmöbel fügten sich nahtlos in die Küche ein, ich stellte ein paar Vasen darauf, und man konnte meinen, sie hätten schon immer da gestanden. Der Tisch, den ich unbesehen im Internet gekauft hatte, verbreitete die erhoffte ruhige Atmosphäre, und die gefüllten weißen Ikea-Regale sahen vor den roten Wänden im Wohnzimmer einfach perfekt aus. Der Inhalt meiner Kisten packte sich wie von alleine aus, alles rückte an seinen Platz.

Aus der Nähe verstand ich auch, warum Anne so einen Narren an den Fenstern gefressen hatte: Es waren solide dänische Sprossenfenster aus Holz, die in urgemütlichen, fast einen halben Meter tiefen Fensternischen saßen. Ich liebte es, diese Nischen mal mit aufgesammelten Vogelnestern, mal mit Bücherstapeln zu füllen; ich liebte es bereits, in das Haus hineinzukommen, meinen schönen, blauen Vorraum, ich liebte die Eichenbalken und die Holzfußböden und sogar den Blick aufs Treppengeländer, wenn man bei geöffneter Badezimmertür in der Badewanne saß.

In diesen ersten Tagen ging ich morgens mit einem Becher Tee von Zimmer zu Zimmer, von Fenster zu Fenster und betrachtete den Morgennebel, die Schafe, die verschlafen ihre Köpfe hoben, und die Rehe, die in den Wiesen ästen. Tagsüber erkundete ich zu Fuß oder mit dem Auto die Gegend, schleppte Einkäufe aus den riesigen Supermärkten in mein Haus, in dem es eine eigene kleine Kammer für Geräte und Vorräte gab. Es war wunderbar, den Wagen die Einfahrt herunterrollen zu lassen und aus dem eigenen Schornstein eine Rauchsäule emporsteigen zu sehen. Abends konnte ich rund ums Haus den gesamten Sternenhimmel sehen; wenn ich beim Zähneputzen durch das Fenster schaute, stand gegenüber das Sternbild Orion überm Stall.

Bevor ich schlafen ging, zog ich mir oft noch einmal eine warme Jacke über und trat vors Haus. Wie dunkel die Nacht sein kann, bemerkt man ja erst auf dem unbeleuchteten Land; das Schwarz hier ist mit der Nacht der Städte nicht zu vergleichen. Ich ging ums gesamte Haus herum, nur um das Licht in den blauen, roten und gelblich scheinenden Räumen zu sehen. Wenn ich von außen durchs Fenster blickte, sah ich drinnen meine Bücherregale und sonstigen Möbel stehen, die einerseits vertraut wirkten und andererseits wie an einem ganz neuen Ort. Ja, Anne hatte recht gehabt, dieses Haus war ein freundliches Haus, und ich bin froh, dass ich mitten im Winter hierherzog, weil sich das Haus nun in seiner ganzen Gemütlichkeit zeigte. Auch heute noch gehe ich in vielen Nächten ein paar Schritte in den Wald, ohne Taschenlampe, in völligem Bewusstsein, dass mich von links und rechts Rehe und Wildschweine mit ihrer viel besseren Nachtsicht beäugen mögen – nur um diese kurzen Momente von Gruseligkeit zu genießen, wieder umzukehren und mich an dem Anblick meines hell und warm erleuchteten Zuhauses zu erfreuen.

Es dauerte nicht lange, bis die orangefarbenen Gummistiefel Verwendung fanden. Das Dorf, in dem ich lebe, ist auch der ideale Einsatzort. Eine Lüneburger Freundin von mir hat eine alte Chronik von ungefähr 1900 ausgegraben, in der steht: »An zu großer Trockenheit leidet das Dorf nicht, an einigen Stellen im Orte ist es sogar recht feucht. Wenn ein starkes Regenwetter losbricht, so ist manche Straße mit einem rauschenden Bache zu vergleichen. Zur Regenzeit herrscht immer ein großer Schmutz auf den Straßen.« Nun, heute sind die Straßen befestigt – außer natürlich meiner Zufahrt. Die versinkt bei Regen im Matsch. Dass wir hier aber auch ansonsten nicht unter zu großer Trockenheit leiden, gilt uneingeschränkt. Insbesondere die Wiesen hinter meinem Haus sind »recht feucht«, weil sie zu den am tiefsten liegenden Flächen der Gegend zählen. Und als ob diese natürliche Feuchtigkeit noch nicht genug sei, lief anfangs auf der Schafsweide ohne Unterlass Sickerwasser aus einem Hahn, der sich nicht abdrehen ließ. Er sorgte rund um die Uhr für das freundliche Gemurmel eines (vermeintlichen) Baches, führte allerdings auch dazu, dass die Weide voll großer Pfützen und kleinerer Seen war, in denen die bissigen Gänse verzückt und selbst bei nassem und eisigstem Wetter ausdauernd badeten, die aber den Klauen der Schafe nicht gut bekamen.

Als ich hierherzog, humpelte bereits die Hälfte von ihnen; sie litten unter Moderhinke, einer bakteriellen Entzündung der Klauen, die durch Nässe begünstigt wird und mit Hilfe von

Medikamenten und Klauenschneiden beseitigt werden muss. Manchmal, wenn man an den Elbdeichen vorbeikommt, sieht man die dortigen Schafe beim Grasen knien; das kann Bequemlichkeit, wird meist aber unbehandelte Moderhinke sein.

Das erste Mal betrat ich den Schafstall an einem Wochenende kurz nach meinem Einzug. Das Vermieterehepaar war verreist, nur die beiden Töchter waren zu Hause geblieben. Sie waren im Teenageralter und wurden von der Großmutter im Nachbarhaus versorgt. Ich selbst hatte Besuch von einem früheren Klassenkameraden und seinem fünfjährigen Sohn Leonard, die beide große Freunde des Landlebens waren und sozusagen das Haus mit mir aufwärmten.

Am Samstagmorgen jenes Wochenendes also kam die ältere Tochter meiner Vermieter vorbei und teilte uns mit, dass ihr Schaf Erna Zwillinge geworfen habe; am Abend wollte das Mädchen wiederkommen und uns mit in den Stall nehmen, um die beiden Lämmer anzusehen. Ich fand das eine nette Sache, war deswegen aber nicht aus dem Häuschen. Die Schafe, obwohl keine zwanzig Meter entfernt, waren für mich noch ziemlich weit weg. Am Abend gingen wir alle gemeinsam in den Stall. Dort stand Erna, das älteste Mutterschaf, mit einem hübschen braunen Lämmchen; das zweite fanden wir zunächst nicht. Wir gingen es suchen; es lag in einem anderen Abschnitt des Stalls schlaff auf der Seite. Es war tot. Wir wussten es sofort, als wir es sahen, und konnten es trotzdem nicht recht glauben. Ich nahm das tote Tier auf den Arm, mir fiel ein, dass wir zwei Kinder dabeihatten und dass die Eltern des einen nicht hier waren und dass es an uns Erwachsenen lag, uns irgendwie vernünftig zu verhalten.

Nur war ich selbst ziemlich erschrocken. Ich hob das eine Bein an und das andere; wie bei kleinen Menschenkindern war alles in Miniaturform, aber rührend komplett. Ich beugte mich über das kleine Köpfchen, es atmete nicht; das Lamm war kalt, aber noch nicht steif. Wären wir nur etwas früher hinübergegangen. Hätten wir nur gleich am Morgen nach den Lämmern gesehen!

Es könne vorkommen, dass Lämmer kurz nach der Geburt sterben, weil sie bereits im Mutterleib deformiert sind, erklärte mir die Tochter der Vermieter. Andere sterben, weil die Mutter sie nicht annimmt. Im letzteren Fall hätten wir allerdings etwas unternehmen können, wenn wir früher zur Stelle gewesen wären. Bis heute überlege ich manchmal, was wohl die Ursache für den Tod dieses Lamms gewesen sein mag und ob wir ihn hätten abwenden können. Als ich das tote Lamm so hielt, auf meinem Arm zusammengerollt wie eine kleine Katze, nahm ich mir fest vor, mich kundig zu machen, um bei der nächsten Geburt besser vorbereitet zu sein.

Wir beschlossen, das Lamm zu begraben, und legten es zunächst einmal im Wald unter ein paar Zweige, weil es schon dunkel war. Zurück in der Küche, beim Abendbrotmachen, packte mich plötzlich die Angst, das Lamm sei vielleicht doch nicht gestorben und liege hilflos da draußen, und ich bat meinen Freund, noch einmal nachzusehen. Er verschwand im Dunkeln und kam erst nach einigen Minuten wieder; im Schein der Taschenlampe hatte es so ausgesehen, als bewegten sich die Äste, als atmete das Tier noch. Aber es hatte eben nur so ausgesehen. Ob ein Wesen schon tot ist, ob es noch lebt, ob man ihm unrecht tut, wenn man es zu den Toten gibt – all diese Ängste sind ähnlich, ob man es nun mit einem Menschen oder einem Tier zu tun hat.

Am Abend sprachen Leonard und ich lange über das Lamm, aber auch über andere Todesfälle, die uns bereits zu schaffen gemacht hatten. Es gab vor allem einen, der mich nach vielen Jahren noch bekümmerte. Es war nicht leicht, darüber zu sprechen. Normalerweise. An diesem Abend erzählte ich Leonard davon, und er antwortete mir, und er kommentierte den Verbleib des Lammes schließlich mit einem weniger pathetischen als nüchternen: »Gott hat es aufgenommen in seine Kraft.« Wer weiß, wo er diese Formulierung aufgeschnappt hatte, aber sie klang völlig ungekünstelt; mehr, oder Präziseres, schien man dazu nicht sagen zu können.

Leonards Vater war längst auf dem Sofa eingeschlafen und wurde zwischendurch kurz einmal wach. »Wie spät ist es?«, – »Etwa halb elf.« – »Musst du nicht längst schlafen?«, fragte er.

»Wir unterhalten uns gerade«, erklärte ich, und er akzeptierte es und schlief wieder ein. Es war für Leonard und mich wichtig, über die Geschichte mit dem toten Lamm so ausführlich zu sprechen, wie es eben nötig war.

Am nächsten Morgen begruben wir das Lamm unter einer Buche. Der eine sprach ein Gebet, der andere nicht: Es war und blieb traurig. Wir wussten nicht, ob es die Sache besser machte, den Zwilling bereits munter an der Seite der Mutter herumspringen zu sehen.

Der Spaziergänger, der an einer Weide oder an den Deichen vorbeikommt, nimmt Schafe meist im unbestimmten Plural wahr, sieht eine Herde flauschiger Wolken. Vielleicht fallen ihm die Lämmer auf, doch das einzelne erwachsene Schaf erschließt sich ihm nicht. Die meisten Schafe sind ja auch nicht zahm, sie laufen davon, wenn sich ein fremder Mensch nähert; und das oft mit solcher Hast und in solch sonderbare Richtungen, dass man ein bisschen an ihrer Klugheit zweifeln kann. Die hiesigen Schafe allerdings sind alles andere als eine einheitliche Herde; an Wolken erinnern nur Jana, das Wollschaf, und Jakob, der Furchteinflößende. Die Kameruner tragen keine Wolle, sondern nur im Winter ein etwas dichteres Vlies, das im Frühjahr abgestoßen wird, woraufhin ein schimmerndes kurzes Fell in Haselnuss- oder Dunkelbraun zum Vorschein kommt. Manche haben ein weißes Hinterteil, das man noch aus der Entfernung possierlich auf der Weide hin und her scharwenzeln sieht. Ihre Beine sind zierlich wie die von Gazellen. Wenn sie neugierig sind, recken sie ihren schlanken Hals, bis er lang und länger wird; zwischen den braunschwarzen, zu Halbmuscheln geformten Ohren sitzen große, dunkle Augen mit beeindruckenden Wimpern. Als ich in meinen ersten Wochen hin und wieder vor dem Zaun in die Knie ging und diese halb vorsichtigen, halb neugierigen Tiere sich entschieden, nicht davonzulaufen, sondern mich anzuschauen, mit einem scheuen Blinzeln im Blick, merkte ich, dass ich bisher etwas übersehen hatte, wenn ich das Schaf nur mit Wolle und teddybärmäßiger Behäbigkeit verband. Die Blicke aus diesen schönen Augen sind seelenvoll.

Umgekehrt scheinen auch sie durchaus am Treiben der Menschen Anteil zu nehmen, auch wenn man den Eindruck hat, dass ihre schafige Interpretation der Welt sie oft zu Missverständnissen verleitet, was das Verhalten von uns Menschen angeht. Fast nie verstehen sie zum Beispiel, was es heißt, *in* einem Gebäude (oder sonst wo drin) zu sein. Ein Freund, der regelmäßig Schafe auf den Elbdeichen besucht, amüsiert sich immer köstlich, wenn seine Lieblingsschafe ihn noch bis in die Nähe des Autos begleiten; wenn er aber eingestiegen ist, wackeln sie mit den Köpfen und blicken wild in der Gegend herum: Der Mensch war wie verschluckt. Wo mochte er sein?

In ähnlicher Weise verzweifele ich, wenn ich aus dem Wohn-zimmerfenster heraus den Schafen im direkt gegenüberliegen-den Stall etwas zurufe. Sie hören die Stimme und richten ihre Ohren und Köpfe zum Fenster aus. Aber obwohl ich meinen Kopf aus dem Fenster stecke und mit den Armen rudere wie ein Kind, das die Eltern beim Sportfest auf sich aufmerksam machen will, »sehen« sie mich nicht. Nach einem prüfenden Blick auf das Haus – es ist ein Haus, demnach kein Mensch – drehen sie ihre Köpfe dorthin, wo ich üblicherweise aus mei-ner Haustür komme, und warten. Sie haben meine Stimme ge-hört, also muss ich wohl da vorne sein.

Am putzigsten aber ist es, wenn sich ein Teil der kleinen Herde schon in den Stall begeben hat – zu dem sie jederzeit freien Zugang haben – und der Rest noch nicht. Schafe haben einen starken Familien- und, wie eine Tierärztin vor wenigen Jahren erforscht hat, auch Freundessinn; es ist für sie uner-träglich, allein oder auch nur kurz ohne ihre Mitschafe zu sein. Diese Eigenschaft, gepaart mit dem völligen Fehlen des Kon-zepts »im Stall«, verursacht immer große Verwirrung, erfor-dert sehr viel Hin- und Herlaufen und noch mehr Mährufe. Die Rufe scheinen allerdings wenig Informationsgehalt zu ha-ben, sondern erinnern mich immer ein wenig an den seit Kon-rad Lorenz klassischen, aber ursprünglich den Wildgänsen ab-gelauschten Satz: »Hier bin ich – wo bist du?« Dies mehrmals aus Leibeskräften geschrien von jedem Schaf zu jedem ande-ren, dessen Fehlen ihm aufgefallen ist. Dann läuft es wieder aus dem Stall oder eben wieder hinein. Mit ihm befreundete Schafe folgen und vermissen nun ihrerseits welche. Mütter vermeinen, die Stimme eines Zwillings hier, die des anderen dort gehört zu haben. Lämmer sind sich nicht sicher, ob die Mutter von hinter oder doch von vor ihnen gerufen hat. Weil ein Schaf, wenn es eine dringliche Aufgabe verspürt, sie mit allergrößter Hast erledigt, flitzen die Tiere abends zig Mal aus dem Stall und wieder hinein, bis sich alle entweder hier oder dort zusammengefunden haben und es Zeit zur Bettruhe ist. Während ihrer Suche tragen sie den Ausdruck höchster Besorgnis im Blick, die ansteckend ist; oft fragen mich Gäste, die von meiner Terrasse aus zuschauen, ob man irgendwie helfen müsse; stellen sich auf das Mäuerchen, von dem man einen optimalen Blick auf das Geschehen am Schafstall hat, und finden selbst keine richtige Ruhe, bevor nicht Verlust und Wiedersehen der Schafe zu einem guten Ende gefunden haben.

Nachdem ich anlässlich von Ernas Zwillingsgeburt den Schritt in den Stall einmal getan hatte, war meine Neugier geweckt. Ich kaufte ein Buch über Schafe und fuhr beim Landtierarzt vorbei, dessen Praxis an der Landstraße zu Lüneburg liegt. Als ich das erste Mal vorbeikam, war er gar nicht da, sondern nur seine Frau Jeanette. Die Arme war mir vollkommen ausgeliefert. Ich fragte sie über Moderhinke aus und über Entwurmen und was ich sonst noch in dem Buch gelesen hatte; und was Schafe im Winter fressen, was sie überhaupt fressen, und wie viel. Wie das mit den Geburten ist, mit den Lämmern, worauf man sonst noch achten muss. Jeannette entpuppte sich als überaus kompetente Schafskennerin, und das wurde ihr zum Verhängnis; in Zukunft rief ich sie bei allen Schafsproblemen an.

In den ersten Wochen schon hatte ich mich mit einer weiteren tierlieben Familie aus demselben Dorf angefreundet. Die fünfundzwanzigjährige Tochter Charlotte arbeitet am Theater, und ihre Mutter, Katharina, ist Keramikerin. Sie besitzen Pferde und eine stets steigende Anzahl von Katzen, die sie trotz ihrer diversen Sondererkrankungen pflegten, so wie überhaupt alle Tierliebhaber, die ich kenne, von kranken Tieren umgeben zu sein scheinen. Meine Katze Nana war herzkrank, mein Kater Merlin hat Blasensteine. Charlottes einer Kater leidet unter einer Lichtempfindlichkeit (unglaublich, dass es das bei Katzen überhaupt gibt) und ist daher immer an einigen Stellen hinter den Ohren wund. Katharinas Pferd hat chronische Bronchitis und eine Heuallergie, und Charlotte übernahm eines Tages ein Pony mit einer schlimmen Hufkrankheit.

Man könnte fast meinen, wenn man sich Zeit für seine Tiere nimmt und bereit ist, sie im Krankheitsfall zu pflegen, dann werden sie auch krank. Tatsächlich verläuft die Kausalkette wohl andersherum: Auch Tiere werden häufig krank, nur bemerkt man es in der freien Wildbahn nicht. Von den Haustieren werden viele kranke Tiere zurück zum Händler oder zum Einschläfern gebracht, und vor diesen Sackgassen bewahrt oder gar aus ihnen »gerettet« werden sie nur von denen, die Zeit und Geld zu opfern bereit sind.

Solche Menschen waren auch Katharina und Charlotte, und bei ihnen fand ich sofort Unterstützung, was den Kampf gegen die Moderhinke anging. Wir bestellten den Tierarzt. Vor Nervosität schlief ich die Nacht davor schlecht. Allein die Schafe auf einer kleinen Fläche einzufangen, ohne Pferch, würde nicht ganz leicht werden. Und wie hielt man die zappelnden und teils gehörnten Tiere überhaupt fest? Die Mitarbeiterin des Tierarztes zieht mich bis heute damit auf, ich hätte nur hysterisch gekichert und gerufen und die Hände in die Luft geworfen und erklärt, ich könne das alles nicht.

Ich hoffe, ganz so schlimm wird es nicht gewesen sein. Jens, der Tierarzt, zeigte uns, wie man Schafe umsetzt, also am Kopf und an den Hüften greift, auf den Boden setzt und fixiert; wie man ihnen die Klauen säubert und mit desinfizierendem Blauspray einsprüht; und wie man ihnen das Mittel gegen Moderhinke spritzt. Spritzen allerdings waren nicht mein Metier. Das mit den Spritzen interessierte mich nicht, dafür waren schließlich Ärzte da. Doch unter den Klauen zweier Schafe hatte sich bereits so viel Eiter gebildet, dass sie mit Antibiotika weiterbehandelt werden mussten. Ich weiß noch genau, wie Jens sagte: »Und da müsst ihr jeden zweiten Tag Blauspray draufgeben und bei den beiden dort zusätzlich Antibiotika spritzen.«

»Wen meinen Sie mit ›ihr‹?«, fragte ich, denn am Anfang waren wir noch per Sie.

»Na, Sie zum Beispiel«, sagte Jens.

Ich warf Charlotte einen panischen Blick zu, den sie mir beruhigend zurückgab mit der Erklärung, sie werde mir zeigen, wie das gehe, sie habe ein Praktikum beim Tierarzt gemacht. Dann fachsimpelte sie noch ein bisschen mit Jens, er steckte mir eine Handvoll aufgezogener Spritzen und eine Flasche Blauspray zu – die erste von Dutzenden, die ich seither verbraucht habe – und fuhr mit seinem silbernen Minivan, der eine halbe Arztpraxis beherbergt, davon.

Charlotte und ihre Mutter Katharina strahlen etwas zutiefst Vertrauenerweckendes, Kompetentes, Unerschütterliches aus. Wenn Charlotte sagte, sie würde mir beibringen, Spritzen zu geben, dann würde sie es auch tun.

Andererseits: Bei der Vorstellung, alle zwei Tage zwölf Schafe, darunter den Vierhörner, plus diese raffinierte Ziege einzufangen und mich zu erinnern, welches Schaf welches war, und denen nicht nur die Klauen einzusprühen, sondern auch Spritzen zu geben, wurde mir mulmig.

Doch Charlotte behielt recht. Wenige Tage später waren sie und ich ein perfektes Team. Das fing schon beim Einfangen an: Flink trieben wir die Schafe zusammen wie zwei Hunde; aus einigen Baugittern stellten wir einen praktischen kleinen Pferch zusammen. Die eine packte ein Schaf und die andere schnappte sich die Hinterbeine, die eine hielt die Spritze bereit und die andere legte den Hals frei, schob eine Hautfalte zusammen und setzte an. Und die Schafe hörten auf zu lahmen. Bereits nachdem die schlimmsten Entzündungsstellen gesäubert waren, ließ das Hinken nach und legte sich vollständig nach wenigen Tagen. Als wir die letzte Antibiotikaspritze gaben, war von der Moderhinke nichts mehr zu sehen.

Zuvor, als ich die Schafe hatte vom Stall auf die Weide und zurück hinken sehen, war mir klar gewesen, dass ich diesen Anblick auf Dauer nicht ertragen würde. Mich beschlich so etwas wie Reue, dass ich diese Art von Komplikation nicht bedacht hatte, als ich in die Nähe so vieler Tiere zog. Und jetzt waren seit meinem Umzug keine zwei Monate vergangen, ich hatte Spritzengeben gelernt, die Schafe trippelten gesunden Fußes über die Wiesen. Rückblickend konnte ich kaum glauben, wie leicht alles gewesen war.

Je besser sie zu Fuß waren, desto mehr machten sie sich allerdings die Findigkeit der Ziege Lilly, die so etwas wie ihre Anführerin war, sowie die vielen Schwachstellen der Weidezäune zunutze. Die Weide war ringsum mit Drahtzaun umspannt und dieser an alten Eichenpfosten befestigt. Wo die Wiese in das moorige Ufer eines kleinen Baches überging, hatten viele Pfosten nachgegeben; an anderen Stellen hatte die beharrliche Lilly die Zäune so weit heruntergedrückt und ausgeleiert, dass man sie überspringen konnte. Es war Winter, das Gras so gut wie abgefressen, der Wald lockte mit Rinde, Eicheln und Moos. Unzählige Male, manchmal mehrmals am Tag, sprang die gesamte Herde fortan über die Zäune, zog durch den Wald – was an sich noch nicht schlimm gewesen wäre –, kam dann an meinem Haus wieder heraus, knabberte an meiner Rose, brachte das, was meine Vermieter einst als Buchenhecke geplant hatten, zu Fall, blieb unschlüssig vor dem Gitter stehen, das sie – nun von außen betrachtet – von ihrem Stall trennte. Kollektives Staunen: Sonderbarerweise war das Gitter geschlossen. Darüber mussten sie nachdenken.

Aber nur kurz! Wenn ich jetzt nicht ruckzuck aus dem Haus rannte und ihnen das Gitter zum Stall öffnete, überkam sie die Wanderlust, und sie trabten die Zufahrt hoch bis zum Hof, wo sie sich zuerst unter den Gartenpflanzen umsahen und es sie dann unweigerlich auf die Straße zog.

Ich weiß nicht, was Menschenstraßen an sich haben, das Schafe anzieht. Manchmal denke ich, auch mit ihren Füßen empfinden sie einen ebenen, asphaltierten Untergrund als bequemer. Sobald Schafe die Wahl haben zwischen einem Feldweg und einer Straße, wählen sie die Straße, und sogar auf ihren Weiden stapfen sie so oft auf derselben Spur, bis Trampelpfade sternförmig vom Stall in alle Richtungen gehen. Auch als Schaf bewegt man sich nicht einfach irgendwie von hier nach dort, sondern lieber auf erprobten Wegen.

Am allerliebsten aber auf einer richtigen Straße. Sogar ihre Futtersuche schienen die Schafe vorübergehend hintanzustellen, sobald sie erst mal Asphalt unter den Füßen hatten, und nur noch die Bewegung als solche genossen. Keineswegs fraßen sie einfach das Gras, das neben der Straße wuchs, nein, sie marschierten frisch drauflos und waren schon früher mehrfach in anderen Teilen des Dorfes gesehen worden, bis jemand Christian anrief, der sie dann nach Hause trieb. Und da ich es nun war, die oft genug das letzte Hinterteil mit bedenklichem Tempo am Ende meiner Zufahrt verschwinden sah, war es meist an mir, die Herde zurückzubringen. Dabei beeilte ich mich, um den Autos zuvorzukommen; ein Zusammenstoß mit den Schafen konnte für beide Seiten schlimm ausgehen. Die vielen Fenster meines Hauses waren für mich daher gleichzeitig eine Hilfe und ein Verhängnis; ich klebte irgendwann nur noch hinter den Scheiben und überprüfte, wo die Herde gerade war, um notfalls sofort in die Gummistiefel zu schlüpfen und ihnen hinterherzugehen.

Einmal scheine ich nicht achtgegeben zu haben, oder vielleicht war ich gerade einkaufen, jedenfalls sagte Katharina eines Tages, übrigens, sie habe am Vortag Jakob und seine Herde ihre Straße hochwandern sehen. Diese Straße lag ungefähr hundert Meter die Dorfstraße hinunter, und zu Katharinas Haus ist es auch noch ein gutes Stückchen. Es war unmöglich, beziehungsweise völlig unsinnig, dass die Schafe so weit gehen sollten, und das sagte ich Katharina auch. »Okay«, sagte sie leichthin, »dann wird es wohl ein anderes Vierhornschaf gewesen sein. Aus meinem Küchenfenster hab ich nämlich die Hörner hinter den Rosen vorbeiwackeln gesehen.«

Da es in Deutschland insgesamt wenige hundert Vierhornschafe gibt, musste ich akzeptieren, dass es wohl unser Jakob gewesen war; so wie ich auch bei anderer Gelegenheit Katharina gegenüber klein beigeben musste, als sie behauptete, meine Katze Maggie Hunderte von Metern weit im Wald gesehen zu haben.

»Ausgeschlossen, so weit traut sie sich gar nicht weg«, erklärte ich. Ich kannte nämlich meine Maggie. In Frankfurt hatte ich sie immer ein Träumerchen genannt; als sie noch nicht ganz ausgewachsen war, war sie so verschusselt, dass sie bisweilen abrutschte, wenn sie auf das Sofa springen wollte. Ein anderes Mal hatte ich beobachtet, wie sie auf allen vieren in die Höhe schoss, weil sie ausgerutscht war – auf einer auf dem Fußboden liegenden Socke, die sie noch im Flug mit weit aufgerissenen Augen anstarrte.

Ich war ohnehin überrascht gewesen, wie mutig Maggie nach ein paar Wochen Eingewöhnungszeit durch die Katzenklappe schlüpfte. Trotzdem: Eine Katze, die vor einer reglos daliegenden Socke Angst hat, geht nicht mehrere hundert Meter in den Wald. »Das war sicher ein Fuchs«, überlegte ich, Maggie ist schließlich rot getigert.

»Okay«, sagte Katharina auch dieses Mal, »dann solltest du aber was unternehmen, denn der Fuchs hat mich auf dem gesamten Rückweg begleitet, und als wir bei deinem Haus ankamen, ist er durch die Katzenklappe geschlüpft.«

Katharina selbst hatte auf dem Waldweg übrigens ihr bronchialerkranktes Pferd Codie spazierengeführt, das laut Tierarzt täglich Bewegung brauchte; an Reiten war natürlich nicht zu denken. Ich weiß nicht, ob Katharina je wieder auf Codie geritten ist, nachdem sie ihn bei einer Reitwanderung kennengelernt hatte und mit ihm über die Alpen von Italien nach Frankreich geritten war. Als Codie vom Händler gebracht wurde, gab Katharina einen kleinen Sektempfang im Stall. In den nächsten Tagen hörte sie ihn husten, in der darauf folgenden Woche stellte der Tierarzt die Diagnose. Seither bekommt Codie diverse Medikamente, Kräutermischungen für die Bronchien, und sein Heu wird – weil er gegen die kleinen Heupartikel allergisch ist – ein paar Stunden vor jeder Fütterung in Wasser eingeweicht. Nie habe ich Katharina oder Charlotte darüber klagen gehört, und als ich fragte, warum sie sich nicht beim Händler beschwert und Codie zurückgegeben hatten, meinten sie nur: »Was meinst du, welche Chancen so ein Pferd beim Händler hätte?«

Die Mobilität der Schafe hatte eine unterhaltsame Seite. Es sah so putzig aus, wenn man beim Frühstücken saß und plötzlich eine Gruppe Vierbeiner aus dem Wald kam und unter den großen Eichen neben dem Haus geschäftig mit ihren Schnauzen nach Eicheln suchte. Oder wenn die Mütter ihre Kleinen direkt vorm Fenster spazieren führten, unter lautem Mähen, um nicht den Anschluss an den Rest der Herde zu verlieren. Kinder, die bei mir zu Besuch waren, liebten es, aus der geöffneten Haustür die Schafe an sich vorüberziehen zu sehen, und Leonard schob regelmäßig einen Stuhl ans Fenster, um sie direkt aus der Küche mit altem Brot zu füttern, wobei ihm insbesondere die Ziege Lilly entgegenkam.

Trotzdem gab es auch die weniger angenehmen Seiten. Wenn man am Schreibtisch sitzt und arbeiten muss, will man nicht ständig Schaf-Feuerwehr spielen; erst recht nicht, wenn es regnet oder schneit. Ausgerüstet mit Regenjacke, Futterschüssel und Stock lief ich der Herde durch den Matsch hinterher, versuchte sie von der Straße her einzukreisen, sie halb vor mir herzutreiben, sie halb anzulocken. Zunächst dachte ich, ich müsse sie nur zähmen, doch noch schwieriger wurde es, als sie erst einmal ihre Angst vor mir verloren hatten. Von da an kamen sie, wenn sie mich mit der Futterschüssel sahen, sofort herbei und rannten mich fast um. Ich steckte mitten in einer Gruppe Schafe fest, von denen jedes seine Schnauze als Erstes in die Schüssel stecken wollte; auf diese Weise rannten sie zwar nicht mehr in Richtung Straße, aber wir kamen auch nicht vom Fleck.

Ich kaufte im Baumarkt einen schweren Hammer, ein paar Rollen Weidezaun und ein Pfund Krampen (vorher hatte ich nicht mal gewusst, was Krampen waren, und beschrieb sie dem Verkäufer als »doppelte Nägel, mit denen man Zaun festmacht«). Und holte eines Morgens Christian vom Frühstückstisch, weil die Schafe wieder ausgebüchst waren. Gemeinsam rollten wir den schweren Zaun ab, ich reichte ihm Hammer und Krampen (ohne ging ich praktisch nicht mehr aus dem Haus).

Da fragte er mich: »Wie hast du eigentlich vorher in der Stadt überlebt?« Ich antwortete: »Schlecht.« In der Stadt hatte ich darunter gelitten, nicht in die Natur zu können, nicht mit den Händen zu arbeiten, keine Tiere um mich zu sehen. Seitdem ich all das hatte, fühlte ich mich wie der sprichwörtliche Fisch im Wasser. Hätte man es mir wieder weggenommen, hätte mir etwas Lebenswichtiges gefehlt.

Nachdem wir die Moderhinke erfolgreich bekämpft hatten, wollte ich im Schafstall ausmisten. Man muss zwar nicht ständig frisch einstreuen, sondern kann mehrere Lagen Stroh übereinanderlegen; aber mittlerweile war die Schicht so dick und feucht geworden, dass sie von unten her bereits zu faulen anfing. Auch dazu brauchte ich Hilfe von den Töchtern meiner Vermieter und meinen Freundinnen im Dorf. Außerdem mussten wir jemanden finden, der den Traktor für uns fuhr; und das übernahm Peter, ein freundlicher Norddeutscher im Rentenalter, der sein ganzes Leben schon auf dem Hof gearbeitet hatte.

Es war Mitte Februar, hatte über Nacht geschneit, war eisig kalt. Wir versammelten uns vor dem Stall, stampften gegen die Kälte mit den Füßen und warteten auf Peter und den Traktor. Im Pferdestall hatten wir uns mit Schaufeln und Mistgabeln ausgerüstet. Ich hatte bis dahin noch nie eine Mistgabel in der Hand gehabt. Zum Glück trugen wir dicke Handschuhe. Peter öffnete das Tor des Stalls, die Schafe stoben empört auf die verschneite Weide, und wir machten uns an die Arbeit. Die eine Hälfte des Stalles mistete Peter mit der Traktorschaufel aus, doch die andere Hälfte mussten wir von Hand ausschippen. Wir kratzten mit unseren Forken und Schaufeln auf dem Boden herum, es roch nach Fäulnis, aus unseren Mündern kamen Atemwolken, und weil es furchtbar anstrengend war, hörten wir ohnehin bald auf zu sprechen. Fünf Stunden ackerten wir in der Kälte, waren unter unseren Jacken nass geschwitzt, aber sobald wir stehen blieben und warteten, dass der Traktor den Mist wegfuhr, wurde uns sofort wieder kalt.

Als wir endlich fertig waren, ging ich direkt in die Badewanne. Endlich wurde ich das Stroh und den Dreck los, der mir in Haaren und Nasenlöchern hing, und das heiße Wasser beugte hoffentlich einem Muskelkater vor. Ich war so froh, dass die Schafe mit ihren frisch desinfizierten Füßen jetzt auf sauberem Stroh liegen konnten; obwohl es gerade erst Nachmittag war, legte ich mich in mein Bett und schlief tief und fest ein.

Im Nachhinein ärgerte ich mich, dass ich vor dem Umzug so viel weggeworfen hatte, auch alte Klamotten: Bei Aktivitäten wie denen im Stall hätte ich sie gebraucht. Seitdem ich hier lebte, fielen mir die Jacken auseinander und die Hosen nur so von den Beinen. Früher hatte eine Jeans jahrelang gehalten, nun, wo ich jeden Tag mehrmals Zäune überstieg, Balken beiseite legte, Stalltüren schloss, Wassertröge umwuchtete, Schafe verarztete, Weidezaun rollte, blieb ich immerzu an etwas hängen oder die Sachen bekamen von allein einen Riss.

Auch meine orangenen Gummistiefel hielten nicht lange durch. Sie schlitzten sich wie von selbst auf, zwischen Hacke und Sohle. Ich kaufte ein gartengrünes Nachfolgerpaar. Und noch eins. Erst als ich in zwei Jahren vier Paar zerschlissen hatte, suchte ich einen Laden für Berufskleidung auf und beklagte mich, dass die normalen Modelle alle nichts taugten.

Wofür ich sie denn brauchte, fragte der Ladenbesitzer. Ob ich regelmäßig mit Gülle zu tun hätte?

Nein, nicht direkt mit Gülle. Allerdings ging ich ein paar Mal täglich in den Stall.

Der Mann nickte wissend. In dem Fall bräuchte ich spezielle gülleresistente Stiefel. Ich suchte mir ein Paar Thermo-Winter-Stall-Stiefel aus, die nicht mehr kosteten als die normalen im Schuhladen, und trage sie tagein, tagaus. Als ich die Schachtel zu Hause öffnete, musste ich über diese Veränderung den Kopf schütteln: Bis vor zwei Jahren war ich der Couch potato par excellence gewesen, jetzt war ich ein Mensch, der gülleresistente Stiefel brauchte.

HEUTE GLÜHWEIN FÜR ALLE!

So wie mich Norddeutschland mit dem besonders schönen Sommer des Vorjahres angelockt hatte, so stellte es mich mit seinem ersten Winter auf die Probe. Ich war gewarnt worden, von vielen Seiten: Die Winter hier oben seien lang und schrecklich. Weniger wegen der Kälte als vielmehr wegen der Dunkelheit. Ab vier Uhr nachmittags war es stockdunkel. Wollte man dann noch einkaufen oder etwas unternehmen, musste man durch völlige Dunkelheit fahren.

In diesem Winter kam die Kälte hinzu: Keine zwei Wochen, nachdem ich hergezogen war, tobte der Schneesturm Kyril. Er warf Bäume um und brachte die alten Eichen zum Ächzen, fegte ein großes Stück Dach von der gegenüberliegenden Kartoffelscheune und brachte Schnee wie seit Jahren nicht mehr. Ich saß in meinem Haus, hörte dem Sturm zu und fand es gemütlich. Wieder lobte ich meine Vermieter für die dänischen Fenster. Sie gehen nach außen auf und werden bei Sturm fest in die Rahmen gepresst. Selbst wenn ich zur Probe eine Kerze in die Fensternische stellte, flackerte die Flamme nicht. Die Hauswände waren dick, die Heizung pumpte auf allen Rohren. Sie ging am Anfang erstaunlich oft aus, und ich musste eine wackelige Leiter vom Dachboden herunterziehen und auf schwindelerregend schmalen Sprossen nach oben klettern, um sie neu zu starten. Mehr als einmal rief ich den Heizungsnotdienst an, der jedes Mal, auch sonntagsabends, ohne Murren kam.

Überhaupt verlangte das Haus, das vierzehn Jahre tadellos durchgehalten hatte, plötzlich an allen Ecken und Enden nach

Reparaturen; es waren zum Glück nur kleinere Dinge. Teile der Einbauküche lösten sich (und erholten sich wenig später von allein), eine Fliese im Flur brach, und eines Nachts sprang mir die Badezimmertür aus ihren Angeln entgegen. Es wirkte beinahe, als rebelliere das Haus gegen seine neue Bewohnerin. Doch waren es nur sanfte Rebellionen. Eher der Versuch, seine Rechte als Erster am Platz einzufordern, die ich ja auch gern respektierte.

Die Heizung und ich, wir spielten uns ein; im Wald, obwohl derzeit ohne Blätter, konnte man Kyril sausen hören; ich legte auf den Sofas Decken aus, die Katzen rollten sich zusammen, wir kuschelten uns ein. Sobald der Wind nachließ, ging ich hinaus. Ich wusste nicht, dass die Gefahr, dass weitere Bäume und Äste stürzen, nach einem Sturm am größten ist. Überall sah ich zerborstene Bäume. Der Schnee lag dreißig Zentimeter hoch und war von Menschen unberührt – nicht jedoch von Tieren. Ich nahm im Wald einen seltener genutzten Weg und sah Spuren von Rehen, Wildschweinen und Füchsen. Alte, seit der Kindheit nicht verwendete Wörter stiegen in meinem Gedächtnis auf – die Fährte, die Losung, das Schnüren des Fuchses. Die Abdrücke selbst waren wie Memory-Bilder, bei denen man sich nicht erinnern kann, wo der Partner liegt. In meiner Kindheit hatte ich gelernt, welcher Abdruck zu welchem Tier gehörte, aber als Erwachsene bekam ich es nicht mehr zusammen; ich kam mir vor wie jemand, der Lesen und Schreiben verlernt hat.

Im Wald versuchte ich so leise wie möglich zu gehen; trotzdem knirschte es unter den Schuhen; außer meinen waren weit und breit keine menschlichen Spuren. Ich dachte an *Drei Haselnüsse für Aschenbrödel* – wie das Aschenputtel im eiskalten Bach Wäsche waschen muss, Schneebälle formt, mit ihrer Eule spricht und ihren Schimmel reitet, und wie der Prinz mit seinen Freunden im Schnee den Hang hinabkullert. Noch nie außer in jenem Kinderfilm hatte ich so viel unberührten Schnee in einem menschenleeren Wald gesehen; überhaupt konnte ich mich nicht erinnern, wann ich das letzte Mal in einem verschneiten Wald gewesen war, und hatte das Gefühl, allein für diesen kleinen Spaziergang habe sich der Umzug gelohnt.

Man muss solche Dinge genießen können, um sich auf dem Land dauerhaft wohl zu fühlen – und zwar so sehr genießen, dass man einen mehr als gleichwertigen Ersatz findet für das, was eine Stadt zu bieten hat. Wenn man den Morgen am liebsten damit beginnt, dass man beim Bäcker frische Brötchen und am Kiosk drei verschiedene Zeitungen holt, oder wenn man nachmittags zum Lesen gern ins Café geht, oder wenn man meint, dass sich die Decke überm Kopf bedrohlich zu neigen beginnt, sobald man den zweiten Abend in Folge zu Hause geblieben ist, dann wird man sich in einem Dorf vermutlich einsam fühlen. Nicht, dass es hier keinerlei Geselligkeit gebe, aber es gibt hier keine Orte, an denen sie ständig und in dieser anonymen Form angeboten wird – »anonym« nicht im abfälligen Sinne, sondern rein beschreibend für eine Form von menschlichem Umgang, die nicht auf die persönliche Bekanntschaft aller beteiligten Individuen angewiesen ist. Denn zweifellos hat es etwas Schönes, sich schweigend an den gedeckten Frühstückstisch eines Cafés in der Stadt zu setzen, halb verschlafen, halb offen für den neuen Tag. Wenn einen dann abends noch einmal die Lust nach Außenwelt überkommt, sucht man die Eckkneipe auf, wo einen der Wirt kennt und man trotzdem ganz unter sich ist.

Doch es ist eben auch schön, morgens im Schlafanzug aus

dem Haus zu treten, einen Pullover hastig übergeworfen, die Schüssel mit Futterkörnern gefüllt; von ein paar Schafen ein Mäh zugerufen zu bekommen, die Hühner zu begrüßen, die nacheinander von der Leiter hüpfen, und die Gänse mit ihrem Geschnatter. Das Gras ist nass vom Tau, die blühende Linde voller summender Bienen, am Himmel stehen zwischen den Wolken die kräftiger werdende Vormittagssonne und ein halbvoller, gelber Mond.

Abends sitzt man auf der Terrasse, hinter den Buchen färbt sich der Himmel in Gold und Rosa, stundenlang kann man den Wolken beim Vorbeiziehen, beim Sich-Zusammenballen und Wieder-Auflösen zusehen; die Hühner picken die Samenstände von den Gräsern, die Schafe haben ihr Tagwerk getan und liegen wiederkäuend im Stall. Wenn es dunkel wird, werden die Nachbarn vorbeikommen und man wird gemeinsam »in die Glühwürmchen« gehen. Unfassbar, dass es kleine Insekten sind, bei Tageslicht unscheinbar wie Motten; im Dunkeln tanzen sie wie unsichtbare Elfenwesen mit ihren Laternen und scheinen auf einen zuzukommen, sich wieder abzuwenden, als ob es etwas Geheimes bedeute. Wenn man nachts so durch einen Glühwürmchenwald spaziert, versteht man, wie früher Menschen in Mooren von Irrlichtern auf die falsche Spur gelockt werden konnten.

Nach ein paar hundert Metern Wald kommt man an einem Feld mit den Sonnenblumen vorbei, deren Blüten jetzt geschlossen sind, und über die Brücke des Baches. Leise unterhält man sich, zwischendurch schnauben und galoppieren schlaflose Pferde auf benachbarten Weiden, sodass einem fast das Herz stehen bleibt, weil man meint, eine Rotte Wildschweine komme durch den Wald. (Was sie bisweilen auch tut. Meistens sind es aber doch nur Pferde.)

Denn auch das bedeutet das Leben auf dem Land: dass man Gleichgesinnte trifft, die ebenfalls an Tieren und am Draußensein Freude haben. Man geht gemeinsam durch den Wald, sitzt im Garten oder im Kaminzimmer, ohne drei Wochen vorher telefonisch einen Termin vereinbart zu haben. Die Türen in meinem neuen Heimatort stehen offen, und das wortwörtlich. Ein paar Wochen nach meinem Einzug gab man mir einen Wink, dass es als unsportlich gelte, den Zündschlüssel nicht im Auto stecken zu lassen: Was, wenn plötzlich ein Traktor vorbeifahren will?

Einmal verlegte ich einen Spaten und meinte, ihn an der Hauswand stehen gelassen zu haben; als er weg war, brach mir eine Welt zusammen: Das konnte doch nicht sein, dass in dieser Gegend ein Spaten gestohlen wurde! Es war auch nicht so. Ich fand den Spaten, die Welt fügte sich wieder zusammen und wankte erst zwei Jahre später ein wenig, als ich einen Kaugummi auf mein Auto geklebt fand. Das ist praktisch die Höchstform jugendlichen Vandalismus, der sich sonst damit begnügt, private Anzeigen von den Bushaltestellen zu reißen. Grenzüberschreitenderes ist hier nicht üblich, und in gewissem Sinne auch nicht möglich. Man würde gesehen werden; und insbesondere um zu meinem Haus zu kommen, müsste man an vielen wachsamen Augen vorbei. Schließlich kennt jeder jeden, inklusive dazugehörigem Hund und Auto.

Man ist im besten Sinne aufmerksam. Ein Nachbar, der einmal mit seinem Hund an meinem Auto vorbeikam, als es stark regnete, kurbelte die Fensterscheiben hoch (amüsierte sich allerdings bei dem Gedanken, ich würde das pitschnasse Auto mit geschlossenen Fenstern vorfinden und mich wundern). Die Frauen, die ihre Pferde auf der Weide am Bach betreuen, fingen unterwegs eins meiner auf Abwege geratenen Hühner ein. Der Automechaniker, den ich mit dem Aufziehen der Reifen beauftragt hatte, holte während meines Mittagsschlafs mein Auto, wechselte die Reifen und stellte alles wieder vor der Gartenpforte ab; nach dem Aufwachen kochte ich mir einen Tee, schaute aus dem Küchenfenster und staunte, wo plötzlich der Stapel säuberlich verpackter Reifen herkam. In einem Winter fror der Dorfteich zu, ich kam vom Einkaufen nach Hause und fand an der Tür einen gelben Zettel: »Heute Glühwein und Würstchen am Teich für alle!« Das »für alle« war extra unterstrichen. Die Zettel hatten die Kinder des Chefs der freiwilligen Feuerwehr verteilt.

Wenn ich Lust auf ein Gespräch habe, schaue ich bei meiner Vermieterin oder ihrer Schwiegermutter vorbei; an Sommerabenden sitzt die ganze Familie vor dem Gutshaus und lädt jeden Vorbeikommenden dazu; auch bei mir kommen Freunde aus dem Dorf vorbei und setzen sich zu einer Tasse Tee oder einer Schale Erdbeeren auf die Terrasse. Wenn Feriengäste in dem Häuschen am Tal einziehen und davon überrascht werden, wie weit der nächste Supermarkt weg ist, geben wir ihnen Brot und Eier und finden dafür am nächsten Tag oft ein Geschenk an der Haustür vor.

In unserem Dorf kennen wir also Geselligkeit und haben recht engen und unkomplizierten Umgang miteinander; nur liegen zwischen dieser Form und der der Stadt ganze Welten, wobei mir die dörfliche die eindeutig angenehmere ist. Was wir nicht oder nur selten haben, war das Beisammensein in bezahltem Ambiente (womit ich nicht etwa einen Puff umschreiben will, sondern Kneipen meine), und generell haben wir wenig Möglichkeiten zum Konsum. Es gibt eine Dorfgaststätte, die einmal in der Woche geöffnet wird, geführt von einer alten Dame, die mit dem halben Dorf befreundet ist; ansonsten treffen wir uns samstagmorgens im Hofladen zu Tee oder Kaffee zum Selbstkostenpreis. Andere Möglichkeiten zum Geldausgeben gibt es nicht, und auch keine Werbung. Im ganzen Dorf sieht man zwei Plakate. Das eine warnt vor dem Ausbau der A 39, das andere weist auf den Hofladen hin. Keine H&M-Schönheiten in Slip und BH, keine Slogans, die witzig zu sein versuchen, keine Ufos, die für neue Handytarife werben. Keine Schaufenster, in denen man sich spiegeln oder vor denen man sehnsüchtig stehen bleiben kann, kein samstägliches Bummeln durch einen Elektroniksupermarkt, keinen Ramschtisch mit DVDs, kein Ein-Euro-Laden, kein Imbiss, kein Blumenladen. Was sich als Auflistung von Verneinungen und Entbehrungen lesen mag, empfinde ich als riesige Erleichterung. All dieses Zeug, das man im Moment des Kaufens als schön und preiswert empfindet, das kurz darauf kaputt geht (aber man hat die Quittung verschlampt) und das streng genommen keiner braucht. Ich habe kein Geld und keine Nerven und die Welt hat keinen Platz dafür. Seitdem ich Alan Weismans Buch *Eine Welt ohne uns* gelesen habe, verfolgt mich beim Kauf von Plastikverpackungen und Kunststoffteilen der Gedanke an riesige Müllstrudel im Pazifik, in dem alle unsere Verpackungen, Handyschalen und Kondome landen, und das Bild von Pelikanen, die aus ihrem Schnabel kleingeschredderte Plastikteile an ihre Jungen verfüttern.

Wobei ich nicht behaupten will, dass wir in unserem Dorf ökologisch unbescholten leben. Auch per Internet ist sinnloser Konsum möglich, auch hier wird nicht immer Transfairkaffee gekauft. Ich fahre mehr Auto als je zuvor in meinem Leben, und dennoch habe ich den Eindruck, mit dem Wegfall ständiger Anreize zum Unsinn-Kaufen ist ein entscheidender Schritt gemacht. Der ökologische Fußabdruck wird hoffentlich ein wenig geringer, das Lebensgefühl ändert sich – und zwar völlig. Statt zu shoppen oder sich in einem Café zu treffen, besucht man einander zu Hause oder beim Training auf dem Reitplatz, schichtet Heu um, sammelt Pilze oder sticht Unkraut. Statt auf neue Klamotten und verarmte Menschen, statt auf Autos, Handyläden und Geschäfte schaue ich vom Aufstehen bis zum Schlafengehen auf Wiesen, Bäume, Blumen, Himmel, Tiere, Wolken; es kommt mir alles so viel schöner, realer, befriedigender vor.

Und ich bin überzeugt: In einer Landschaft, in der es weniger Menschen gibt, ist für den Einzelnen auch mehr Platz. Als Individuum. Als Unikum, mit all dem normalen Auf und Ab, mit ein paar eigenwilligen Überzeugungen, mit einer Liste unerledigter Dinge am Kühlschrank, einem Wäschekorb voll zerlöcherter Socken und einer Reihe ganz eigener Begabungen.

Nehmen wir Katharina, die Besitzerin des kranken Pferdes, die aus einem noch viel kleineren Dorf als dem unseren stammt und zwischendurch in Hamburg gelebt hat. Was war es anfangs schwierig für sie gewesen, erzählt sie, nicht jeden zu grüßen, der in Hamburg die Straße entlangkam! Sie ist Keramikerin, mit starken Armen und konzentrierter Miene sitzt sie an ihrer Töpferscheibe, formt Tassen und Schalen und Prototypen für die nächste Ausstellung oder einen Kunsthandwerkmarkt. Zigmal im Jahr fährt sie mehrere Tage an die Elbe, in die Hamburger Umgebung oder ins Wendland, stellt ihre Produkte aus, übernachtet in ihrem Bus und muss dabei zusehen, wie viele Leute lieber schauen als kaufen. Von Keramik allein können die wenigsten leben. Also hat Katharina mit einer Freundin einen Catering-Service aufgemacht, bekocht Gruppen auf Segelschiffen, kauft dafür ökologisch ein und probiert ständig neue Rezepte aus. Bei der Mühe, die sie sich mit jedem einzelnen

Gericht macht, frage ich mich manchmal, ob sich das lohnt – aber ich frage nicht zu laut. Wenn man es geschickt anstellt, kann man sich ihr nämlich als Probeesserin andienen.

Wenn sie gerade nicht töpfert, kocht, segelt oder ihr Pferd spazieren führt, denkt sich Katharina neue Aktivitäten für unser Dorfleben aus. Meist fangen diese Dinge einfach an und sollen Vorhandenes unkompliziert organisieren, entwickeln dann aber, je länger Katharina darüber nachdenkt, ein Eigenleben; als Gemeinschaftsprojekt geplant, bleiben die lästigen Arbeiten dann doch meist an ihr und ihrer Tochter Charlotte hängen, sodass man die beiden spätabends noch dabei antreffen kann, wie sie tausend Tontaler fürs Dorffest ausstechen, Geschenke für den Osterspaziergang einwickeln, hüfthohe Schachfiguren aus Pappmaché anmalen oder Käsepasten für ein Picknick des Dorfvereins anrühren.

Oder nehmen wir Peter, der mehrmals am Tag in freundlich langsamem Tempo mit seinem Minitraktor an meinem Küchenfenster vorbei in den Wald fährt. Er ist bereits in einem der einstigen Gesindehäuser des Hofs geboren worden, wohnt heute mit seiner Familie im Nachbarort; Gerüchte besagen, er verlasse den Landkreis selten bis nie. Trotzdem handelt es sich um einen geborenen Kosmopoliten. Er hat mir schon beim ersten Rücken der Möbel geholfen; hatte anfangs Schwierigkeiten mit meinem Vornamen (wer hat die nicht?), aber nie gefragt, wo ich »denn herkomme«. Dafür merkt er genau, wenn ich auf Reisen bin, schaut währenddessen, dass mit Haus und Stall alles in Ordnung ist, und erklärt nachher, er habe mich vermisst. Wenn Freunde mein Haus hüten, winkt er ihnen beim Frühstück zu; er repariert mit mir Zäune und Pfähle, bringt mit dem Traktor Sand, Platten und Erde. Früher hat er als Angestellter auf dem Hof gearbeitet, jetzt hackt er Holz und versorgt die Pferde; in ihm sind so viele Jahrzehnte Erfahrung mit Maschinen, Land und Tieren gespeichert, er weiß über alles Bescheid.

An meinem letzten Geburtstag hat er geklingelt und mir einen Strauß Bartnelken in allen Rosa- und Rottönen gebracht. An einem der Tage, an dem wieder einmal in allen Zeitungen die Debatte um die angeblich minderwertigen Muslime tobte, bekam ich von Peter zum Mittagessen ein ganzes Kilo selbst gesammelter Steinpilze geschenkt. Ihm als echtem Menschenfreund ist völlig egal, ob ich Muslim, Atheist oder gar Marsmensch bin. Auch wenn Gäste fragen, ob man in dieser »Einöde« wohl »tagelang niemanden zu Gesicht bekommt«, denke ich sofort an Peter. In *Schokolade zum Frühstück* befürchtet Bridget Jones, nach ihrem Tod werde sie wochenlang in ihrer Wohnung liegen und von Hunden angenagt werden. Eine Bridget, die einen Peter in ihrer Nähe hat, braucht nichts dergleichen zu befürchten.

Oder nehmen wir, in etwa demselben Alter wie Peter, meine Lüneburger Freundin Dörte. Früher war sie Oberregierungsrätin, Journalistin und Autorin. Heute kommt sie mehrmals in der Woche in unser Dorf, hilft ihrer Freundin Dorle, der Mutter meines Vermieters, bei Festen und im Garten, und hilft auch mir. Mit ihrem Miniauto braust sie jedes Mal unverhältnismäßig schnell die stoßdämpfervernichtende Zufahrt entlang. Sie war eine der ersten Journalistinnen, die über die Kinder der Naziverbrecher und die Familienlast der Schuldfrage publizierten, bis heute recherchiert sie Lokalgeschichte. Im Garten arbeitet sie wie ein Berserker, hat zu jeder Gelegenheit norddeutsches Liedgut auf Lager und raucht in den Pausen wie ein Schlot. Danach steckt sie ihre Stummel in irgendwelche Blumentöpfe oder Maulwurfshügel und meint, sie würden nicht entdeckt. Aus den Gärten anderer Freunde schleppt sie Ableger und Sämlinge von Lilien, Rhabarber, Fingerhut und Kapuzinerkresse an. Seitdem sie reiten lernt, ist sie manches Mal mit Blutergüssen übersät, weil ein Pferd sie im Galopp abgeworfen hat. Letztes Jahr war sie in der Mongolei und will dieses Jahr zum Reiten wieder dorthin.

In einer Gegend wie der unseren, mit einer Dichte von 151 Einwohnern pro Quadratkilometer (Main-Taunus-Kreis 1014, Berlin 3848), kommt solch ein einzelner Mensch viel mehr zur Geltung. Man hat mehr Zeit, sich jedem Einzelnen zu widmen, es geht ungleich schneller, die positiven wie schwierigeren Eigenheiten der anderen zu erkennen (oder die eigenen preiszugeben), weil man sich weniger leicht verstecken kann. Und man muss es auch nicht. In der Stadt, so schrieb einst Georg Simmel sinngemäß, ist der Mensch darauf angewiesen, schnelle Unterscheidungen zu treffen; er muss sich von anderen distanzieren können, sonst überwältigt ihn die Vielzahl seiner Gegenüber. Also taxiert man einander ständig, sortiert anhand von Kleidung und Habitus sofort, wer als Gesprächspartner in Frage kommt und wer nicht. An den meisten Menschen, die einem in der Stadt auf dem Bürgersteig entgegenkommen, geht man schweigend vorbei, hat nicht einmal Blickkontakt; oft hat man viele vorher allerdings klassifiziert, rubriziert, beurteilt und oft genug auch etwas Abfälliges über sie gedacht: »Ist ja schlimm angezogen«, »Schreckliches Kind – was für eine Strafe«, »Ob der wohl Alkoholiker ist?« Urteile rattern durch unsere Köpfe, und Mode, Accessoires und elektronische Gadgets helfen uns, In- und Out-Groups zu identifizieren. All das ist überlebensnotwendig, wenn man tausend verschiedenen Menschen täglich begegnet, und ich will gar nicht behaupten, dass es der menschlichen Seele unbedingt schadet. Der Mensch ist so flexibel, er kann auch in einer Millionenstadt existieren.

Und doch denke ich, dass das Leben in unserem Dorf in zumindest einer Hinsicht besser für Wohlgefühl und Seele ist, und zwar gerade da, wo es Konflikte gibt. »Man merkt diesem Dorf an, dass die Leute zusammen alt werden wollen«, hat Katharina einmal zu mir gesagt, und besser kann man es nicht beschreiben. Diese Leute wollen hier leben, und sie *müssen* darum auch miteinander leben. Es gibt Ärger und Streitereien, aber irgendwann muss alles beigelegt oder zumindest ausgehalten werden; für einfaches Aus-dem-Weg-Gehen ist der Ort zu klein.

Das ist hier anders als in der Stadt, wo sich die Begegnung mit einem unliebsamen Zeitgenossen vermeiden oder auf ein Minimum begrenzen lässt. Wenn sich jemand ein einziges Mal »unmöglich« verhalten hat, kann es zum dauerhaften Bruch kommen; jede Beziehung existiert nur unter Beibehaltung der Kündigungsoption. Sogar Bewohner desselben Mietshauses, die sich miteinander überworfen haben, können einander oft dauerhaft ignorieren; wenn man mit einem befreundeten Paar einen scheußlichen Abend verbracht hat, sieht man sich einfach ein paar Monate nicht. Oder eben nie mehr! Auf diese Weise verschleißt man auch Bekanntschaften, die mehr hätten tragen können, während man hier im Dorf gezwungen ist, immer wieder aufeinander zuzugehen, zur nachbarschaftlichen Gemeinschaft zurückzufinden und Gutes in jedem Einzelnen zu sehen.

Manche erleben dies als beklemmende Enge; gerade wenn man in einem Dorf aufgewachsen ist, hat man es eilig, all diesen Verflechtungen und dem Klatsch und Tratsch den Rücken zuzudrehen. Doch das ist der Unterschied zwischen der Umgebung, in der man aufgewachsen ist, und einer, die man gewählt hat. Ich jedenfalls hatte mit Mitte dreißig genug vom Leben in Cafés, von kurzem Nicken auf dem Hausflur und von Bridget Jones'schen Visionen. Ich lebe gern in einer Gegend, in der sich alle grüßen, wenn sie einander auf der Straße sehen. »Aber muss man nur grüßen, wenn man sich kennt, oder überhaupt, wenn man jemandem begegnet?«, fragte ich Christian anfangs. Er zuckte mit den Schultern. Mit der Zeit beginnen das Kennen, das Vom-Sehen-Kennen und das Nurso-Begegnen ineinander überzugehen.

Man kann einwenden, all dies spreche nicht fürs Landleben allgemein, sondern ich hätte einfach nur Glück gehabt. Und das hatte ich unbestritten: mit meinen Vermietern, den Nachbarn und Freunden, mit dem Dorf. Einheimische und Zugezogene hatten sich hier seit vielen Jahren glücklich gemischt; es hatte Platz für Familien aus Hamburg und dem Lüneburger Raum gegeben, doch das Dorf wurde nicht durch hastige Neubauten entstellt. Eine zentrale Bedingung für das Gelingen heutiger Dorfgemeinschaften ist, dass genügend Arbeit vorhanden ist, um Abwanderung und Ausdünnung vorzubeugen. Hinzu kommt der nicht zu unterschätzende Einfluss von Schlüsselfiguren vor Ort; wenn diese aufgeschlossen sind und harmonisierend wirken, profitiert das ganze Dorf davon. Im Übrigen wäre es ein großer Fehler, vor einem Umzug in eine unbekannte Gegend nicht die Wahlergebnisse zu konsultieren. Besonders wichtig ist gerade für Menschen mit nicht urdeutsch klingendem Namen oder Aussehen die Frage: Wie viele NPD-Wähler gibt es?

Von Gorleben aus erstrecken sich Ableger der Anti-Atomkraft-Bewegung hierher, und ein ökologisch orientierter Hofladen fungiert gleichzeitig als Bürgertreff: mit Informationen über Theatertage, Kunsthandwerk und Demonstrationen; mit Anti-Gen-Mais-Beutelchen und Aufrufen, mit dem Traktor nach Berlin zu ziehen, um gegen Atomkraft zu protestieren. Die Dichte bestimmter Berufe lässt erkennen, welch ganzheitlicher Geist in dieser Gegend weht; Osteopathen und Homöopathen, Yoga- und Meditationslehrer, Heiler und Schamanen sind hier überproportional vertreten.

Zugegebenermaßen fragt man sich manchmal, wo all diese Kranken und Gestressten herkommen sollen, die sich hier (und noch stärker: im benachbarten Wendland) behandeln lassen könnten. Das Angebot an alternativen Heilmethoden hat die Anzahl der Patienten fast überstiegen. Oft ist es daher weniger Beruf als eine Berufung: Man will und könnte Qi Gong lehren, verdient sein Brot aber als Sachbearbeiterin im Denkmalsamt. Geradezu erstaunlich schnell bringt man es anscheinend gerade in Künsten, die sich ihrer jahrtausendealten Erfahrung rühmen, zur Meisterschaft – manchmal wirkt es, als habe einer, bevor er zum ersten Mal selbst Yoga macht, bereits eine Wochenendausbildung zum Yogalehrer absolviert. Kürzlich traf ich jemanden, der mit seiner Frau seit Jahren im Streit liegt; seit zwei Jahren gehen sie zu einem Paartherapeuten – aber nicht um sich therapieren zu lassen, sondern um Paartherapeuten zu werden. Ein Freund von mir lernt jetzt heilen; ich fragte ihn, welche positive Erfahrung er selbst mit dieser Heilmethode gemacht habe, die ihn veranlasst habe, diesen Kurs zu besuchen. Keine, sagte er, er lerne ja erst.

Gleichzeitig will ich den Erfolg solcher Methoden nicht bestreiten: Fast jeder, den ich kenne, mich eingeschlossen, hat schon einmal gute Erfahrungen mit etwas gemacht, was man fernöstlich, schamanisch, Handauflegen oder schlicht Zauberei nennen könnte. Keineswegs sind das alles nur eingebildete Heiler, doch ist es schwierig, die Spreu vom Weizen zu trennen. Oder vielleicht ist ja alles Weizen? Die vielen Angebote, sanft zu heilen, der weit verbreitete Wunsch und die fast ebenso verbreitete Gewissheit, selbst mit heilenden Kräften begabt zu sein, drücken zumindest aus, wie viele Menschen sich selbst, einander, die Welt, in der sie leben, als beschädigt empfinden. Man nennt unsere Lebensweise »krankmachend«, »hektisch«, bemüht wieder und wieder die abgedroschene Phrase von der »schnelllebigen« Zeit. Man schafft sich und anderen Alternativen. Ein Teil der durch Yoga, Naturnähe und Besinnung »wieder aufgeladenen« Energie wird dann auch tatsächlich in alternative Lebensformen und Esoterik, ein anderer in Politik – vermutlich der größte Teil aber wieder in den ganz normalen, leistungs- und konsumbestimmten Alltag investiert.

Anders als vielleicht in den Siebzigerjahren werden heute die wenigsten behaupten, es sei möglich, ganz auszusteigen. Wenigen ist es gegeben, sich völlig aus dem System der Anreize und Gratifikationen, des Besitzens und Kaufens und Erfolgreich-Dastehens auszuklinken und damit glücklich zu sein. Und doch, man kann Gewichtungen verschieben. Platz machen für Ruhe und Gemeinsamkeit, Schrullen und unmodische Kleidung. Man kann einander einen Raum schaffen wie dieses Hofcafé, bei dem man mit dem Fahrrad vorfährt, Kräutertee trinkt und über örtliche Theaterprojekte spricht, statt die jeweiligen iPhones zu zücken und zu vergleichen. An der Pinnwand neben dem Café-Tisch hängen Zettel mit Botschaften wie »Lehmziegelsteine zu verschenken, bitte schnell abholen« oder »Walnüsse, Schulstraße 2«.

In meinem eigenen Haus gibt es nicht einmal eine Uhr. Mir ist das selbst lange nicht aufgefallen, erst Gäste sprachen mich darauf an. Ich sage dann, wenn sie die Uhrzeit wissen wollen, dass sie ja auf mein Telefon sehen können. Nein, eigentlich sei dies nicht nötig, erklären sie, es komme ihnen nur ungewohnt vor. Doch die Zeit vergeht eben anders auf dem Land; der Tagesverlauf zeigt sich an der Sonne, am Erwachen und Fressen der Tiere, an ihren Ruhepausen und ihrem abendlichen Kommen und Gehen. Die Schafe und ich, wir stehen morgens früh, aber nicht übertrieben früh auf, und gehen abends bei Müdigkeit schlafen, so einfach ist das. Die Schlafstörungen, unter denen ich in Frankfurt in beinah absurdem Ausmaß gelitten habe, sind fast völlig verschwunden. In einer Nacht allerdings stand ich um zwei Uhr auf und schaute durch das Badezimmerfenster: Da sah ich die gesamte Herde bei Vollmond komplett auf der Wiese stehen. Sie weideten, was sie sonst nachts nicht taten. Der Vollmond hatte sie durcheinandergebracht.

Viel Vergnügen macht es zu beobachten, wie die Gäste mit ihren tüchtigen Vorsätzen scheitern. Am ersten Abend erklären sie meist vollmundig, sie würden am nächsten Morgen früh aufstehen und diese oder jene Gartenarbeit anpacken; dann erscheinen sie erst gegen zehn in der Küche. Die meisten schlafen hier draußen besser als je zuvor. Es ist immer wieder schön, die Ruhe auf die Gäste abfärben zu sehen – und ich, ich schummele natürlich: Schließlich verbringe ich den halben Tag vorm Computerbildschirm, der mir unten rechts die Zeit anzeigt.

An den beiden Teichen neben dem Gutshaus lebt ein Reiher; vielleicht ist es auch ein Paar, jedoch bekommt man immer nur einen zu sehen. Er oder sie taucht im März auf. Steht reglos wie eine Statue in der Nähe des Ufers. Faltet Kopf und Flügel so nah an die Beine, als sei er ein grauer, seidiger, eleganter Regenschirm. Ich liebe den Anblick dieses Reihers – was nicht auf Gegenseitigkeit beruht: Sobald er mich erblickt, fliegt er weg. Gäste und Reiher sind am schönsten, wenn sie sich erheben, besagt ein japanisches Sprichwort. Wenn sich Gäste verabschieden und Richtung Dorf fahren, macht es mich manchmal traurig. Aber es ist jedes Mal wunderschön, dem Reiher beim Fliegen zuzusehen.

Manchmal setzt er sich in eine der Eichen, wo er absurd hoch und aufrecht von dem jeweiligen Ast absteht; manchmal sehe ich ihn abends noch eine große, weite Runde über der Weide der Schafe drehen. Ich mache mir etwas Sorgen, ob er allein ist; ich selbst lebe ja schon lange allein. Wir Menschen haben Telefone, Fernsehen, Bücher. Wie schwierig mag das Alleinsein für einen Reiher oder einen sonstigen sich lebenslang verpaarenden Wasservogel sein?

Einmal, ein einziges Mal sah ich zwei Reiher zusammen. Wenig später ging ich den Weg zwischen den Teichen entlang; dort lag ein langes, dünn beflaumtes, aus dem Nest gefallenes Vogelkind. Es war tot. Ich nahm an, es war ein Junges der Reiher. Der Anblick erschütterte mich, wie wenn man vom Tod eines Bekannten hört. So jung war der Vogel noch gewesen, hatte seine Flügel kein einziges Mal ausprobieren können. Und was war nun mit den Eltern – hatten sie noch andere Kinder?

Es war einer der Momente, in denen ich dachte, dass ich das Landleben doch nicht vertrage. Ringsherum wird so viel geboren, gejagt, gefressen und gestorben. Es ist alles ungleich intensiver, jedenfalls wenn man Anteil an seinen nichtmenschlichen Nachbarn nimmt. In meinem ersten Frühjahr hatte der Wind die morsche Linde in meinem Garten geköpft; die Hälfte des Stamms krachte auf meine Terrasse. Es war dunkel, es regnete stark, ich schaute nach draußen; trotz des unangenehmen Wetters saß meine Katze Nana äußerst konzentriert auf der Terrasse. Sie fixierte eine kleine Federkugel: Mit der Linde hatte der Wind ein Nest von Grauschnäppern heruntergefegt. Zwei der Jungen saßen auf meiner Terrasse, ich nahm sie ins Haus. Setzte sie in einen Karton, aus dem sie ständig flohen, sperrte die höchst interessierten Katzen aus dem Zimmer aus und googelte, was für Vögel das waren und was sie fraßen. Glücklicherweise hatte ich einige passende Dinge zu Hause und auch eine Pinzette, und sie waren noch klein genug, um automatisch zu »sperren«, den Schnabel zu öffnen, wenn sich ihnen etwas näherte; auf diese Weise konnte ich sie bis zum Morgen am Leben erhalten.

Am nächsten Tag war der Himmel klar, der Sturm vorübergezogen; die Grauschnäppereltern suchten aufgeregt nach ihrem Nest. Ich setzte die Vogelkinder auf den Gartentisch, und tatsächlich kamen die Eltern angeflogen. Sie fütterten ihre Kleinen zuerst auf dem Tisch, dann hopste einer nach dem anderen runter. Einer flog in Richtung Linde, der andere dummerweise auf den Zaun. Dort saß er den ganzen Tag, es regnete wieder. Ich konnte den kleinen Vogel vom Haus aus beobachten, er wurde nass. Ich überlegte, ob ich ihm ein Ersatznest bauen oder einen Schirm aufspannen könnte; irgendwann war er dann weg. Ich stellte mir vor, dass ihn seine Eltern keine Sekunde aus den Augen ließen. Dass er auch ohne Nest überleben könnte. Dass beide Kleinen fliegen lernten. In den folgenden zwei Wochen sah ich sie – oder zwei andere ihrer Art und ihres Alters – immer mal wieder durch den Garten fliegen.

Dann schleppte mein Kater Merlin eines Tages eins der Vogelkinder tot herein. Falls sie wirklich die Sturmnacht überlebt hatten, hatte ich diesem hier nur zwei Wochen Lebenszeit verschaffen können. Ist das viel, ist das wenig? Aufs Ganze gesehen kann man an dem Wechselspiel von Leben und Sterben nur furchtbar wenig in Richtung Leben drehen.

Mitte April zog sich das große, weiße Wollschaf Jana von der Herde in den Stall zurück, um zu gebären; ebenso wie Rinder und Pferde verbringen Schafe die Geburt und die ersten Stunden der Aufzucht allein. Jana ist ein Merinolandschaf, gehört also einer Rasse an, die mit dem Merinoschaf gekreuzt wurde, um besonders feine Wolle zu geben. Die Merinoschafe in Australien erleiden furchtbare Qualen dafür, dem Rest der Welt solch hochwertige Wolle zu liefern; ohne Betäubung schneidet man ihnen die Haut aus dem Hintern, damit sich keine Maden in die dichten Falten setzen können. Wenn sie nach ein paar Jahren ausgedient haben, schickt man sie zur Schlachtung auf eine mehrere Wochen lange Fahrt übers Meer … Die Wolle der deutschen Schafe hingegen wird selten für die Textilherstellung verwendet; dafür müsste man sie nämlich erst reinigen, kämmen und bereits vorher darauf achten, dass sich während des Wuchses nicht zu viel Stroh darin festsetzt. Diese Mühe lohnt sich nicht. Darum wird die Wolle hiesiger Schafe für wenige Cent verscherbelt. Oft schert man nur noch aus Tierschutzgründen, also damit es den Schafen im Sommer nicht zu heiß wird. Jana war im vergangenen Jahr nicht geschoren worden, sie war umgeben von einer riesigen Wolke aus herrlich dichter, cremeweißer Wolle; meine Nichte nannte sie das »Sofaschaf«.

Dieses Sofaschaf also begab sich nun allein in den Stall, kratzte mit dem Vorderbein im Stroh wie ein Hund, der es sich bequem machen will, und stieß dabei ganz eigentümliche kurze, rollende Laute aus. Kein Mähen, sondern eher ein Gurren. Ich hatte das entsprechende Kapitel in meinem Schafratgeber schon zig Mal gelesen: Mit diesem Gurren sprechen Schafe mit ihren neugeborenen Lämmern, und sie fangen damit schon während des Geburtsprozesses an. Ich holte meinen Ratgeber aus dem Haus und setzte mich auf eine Bank in der Nähe des Stalls.

Eine Schafgeburt geht schnell; augenscheinlich hat das Tier bei den Wehen starke Schmerzen, es mäht laut und dreht sich unwohl im Kreis. Kaum hatte Jana damit angefangen, schien es bei Schoko, einem dunklen Kamerunschaf, ebenfalls loszugehen; sie hatte sich ein paar Meter weiter zurückgezogen. Die Fruchtblasen platzten fast zeitgleich, dann war erst hier, dann dort ein dunkles Etwas, ein kleiner Kopf in seiner Fruchthülle zu sehen. Dann ging es erst mal kein Stück weiter. Die Köpfe hingen heraus, sonst geschah nichts; ich brauchte nur wenige Meter nach links oder nach rechts zu gehen, um aus einer Entfernung, in der die Tiere mich nicht wahrnahmen, nach dem Rechten zu sehen.

Wenn ich nur gewusst hätte, was das Rechte war! Es war nicht nur für mich, sondern auch für Jana die erste Geburt, und ich war doppelt nervös. Obwohl es ein Samstagnachmittag war, rief ich beim Notdienst der Tierarztpraxis an und sagte Jeannette, die mich damals so geduldig beraten hatte, ein Schaf habe mit der Geburt begonnen. »Na und?«, sagte sie, »das ist doch erst einmal nichts Schlimmes!« Was natürlich irgendwie stimmte. Trotzdem fühlte mich unverstanden, legte auf und beschloss, ein wenig trotzig, dann würden wir das eben alleine durchziehen.

Was wiederum hieß, dass die Schafe es alleine »durchziehen« würden, und wie in den meisten Fällen ging auch bei Schoko und Jana alles glatt. Irgendwann – der Ratgeber sprach von etwa einer halben Stunde, und meine braven Schafe hielten sich daran – rutschte das ganze Lamm heraus, leckten die Mütter ihnen die Fruchthülle ab, begannen die Kleinen mit leiser Stimme zu rufen und bekamen zur Antwort das Gurren zu hören. Nur war es bei Jana damit noch nicht getan, sie fing nochmals mit dem Mähen und dem Im-Kreis-Drehen an, beim zweiten Mal ging alles schneller, und ein weiteres Lamm rutschte heraus. Der Vater war offensichtlich Jakob gewesen. Während das Lamm von Schoko ein reines Kamerunschaf war (das ich später Hazel nannte), waren Janas Kinder schwarz-weiß gescheckt und hatten um die Augen die schwarzen Masken, die ein Rassemerkmal der Vierhornschafe sind.

Insgesamt allerdings sahen sie mit ihren Flecken eher aus wie kleine Kälber als wie Lämmer, und zwar wie Kälber aus der Augsburger Puppenkiste: Die viel zu großen Köpfe saßen am Ende der langen, dünnen Hälse und reckten sich mit den putzigen Schnauzen suchend nach oben und zur Seite, als hingen sie an einem unsichtbaren Faden; am ganzen Körper warf das Fell Falten, als hätte man sie in viel zu große Pullover gesteckt. Der eine war mehr schwarz, der andere weiß mit dunklen Tupfen; sie schoben ihre rosafarbenen Schnäuzchen unter die Körper der Mutter und stupsten gegen das Euter. Schon eine Stunde nach der Geburt stehen Lämmer auf und beginnen zu saugen, die Beine gegrätscht, um besseren Stand zu haben. Es ist alles noch etwas wackelig, doch es hat System. Am nächsten Tag schon waren sie bereit, mit der Mutter auf die Weide zu gehen.

Die Reparatur des Zauns hatte ich zwar in Angriff genommen, sie war aber längst noch nicht abgeschlossen; immer noch fanden die Schafe Mittel und Wege, um in den Wald zu entwischen. Die kleinen Lämmer – inzwischen hatte die Herde insgesamt vier – kamen mit. Sie hefteten sich aufmerksam an die Hinterbeine der Mutter – außer wenn sie übermütig wurden, und das kommt bei Lämmern mehrmals täglich vor. Dann hüpfen sie auf allen vieren in die Luft, verbiegen die kleinen Körper mitten im Sprung und stecken einander oft genug, wenn sie etwas älter sind und in regelrechten »Kindergärten« gemeinsam umherziehen, mit ihrem Übermut an.

Ausgerechnet am zweiten Lebenstag von Janas Zwillingen hatte Lilly beschlossen, mit den ihren in den Wald zu ziehen; ich sah sie am Ende der Weide hinter den Hecken verschwinden, aber sie kamen lange Zeit nicht wieder vorne bei mir an. Das hieß, sie trieben sich im Wald herum. Erst kurz vor der Dämmerung kamen sie über den Waldweg herbeigestapft, stellten sich vor das geschlossene Gitter und grübelten, wie sie da hineinkommen sollten; ich machte ihnen auf. Und sah, dass Jana und die Zwillinge fehlten.

Ganz junge Lämmer halten bei den Märschen der Erwachsenen noch nicht gut mit. Immer wieder müssen sie sich zum Schlafen niederlegen, manchmal mitten auf der Weide zusammengerollt, bei größter Kälte und bei stärkstem Sonnenschein. Wenn aber Bäume in der Nähe sind, legen sie sich am liebsten an den Stamm des Baums und rollen sich ein. Zieht die Herde weiter, bleibt die Aue, das Mutterschaf, bei ihren Lämmern, stellt sich neben den Baum und wartet. Es ist ein wunderschöner Anblick von guten, fürsorglichen, geduldigen Müttern. Irgend so etwas musste bei Jana und ihren Lämmern dazwischengekommen sein. Es wurde langsam dunkel, ich nahm eine Taschenlampe und machte mich auf die Suche. Die Herde war anscheinend wirklich tief im Wald gewesen; dort, wo sie normalerweise graste und Eicheln fraß, war nichts von Jana zu sehen. Schließlich fand ich sie am Fuß eines Baums, wartend, wachend, und neben ihr eine schwarze und eine weiße Kugel. Sie war ja noch eine frischgebackene, völlig unerfahrene Mutter und hatte sozusagen vergessen, auf die Uhr beziehungsweise nach der Dämmerung zu schauen.

Zwar können Schafe im Dunkeln einigermaßen sehen, aber der Rückweg würde nicht leicht werden für die Kleinen, über all die Wurzeln und Stock und Stein. Wer weiß, wann sie aufwachten, und wer weiß, wann der Fuchs seine Runde begann. Natürlich, auch er konnte Nahrung für den Nachwuchs gut gebrauchen. Man könnte sich raushalten und sagen, was im Wald passiert, geht mich nichts an; andererseits kann man sich eben nicht raushalten, wenn man die Lämmer hat auf die Welt kommen sehen. Ich schnappte mir beide und packte eines unter jeden Arm. Und Jana, die zuerst nicht verstand, wo die beiden hingekommen waren, umkreiste aufgeregt mähend den Baum, der ihre Kinder hatte verschwinden lassen, und dann mich – was, nebenbei bemerkt, meinen Weg durch den halbdunklen Wald nicht gerade erleichterte. Man kam sich vor wie eine Verbrecherin, von der Mutter des Kindsraubs angeklagt.

Ich hatte die beiden noch nie angefasst, aus der Nähe sah ich, dass ihr Fell an das erinnerte, was man früher bei Pelzmützen

»Persianerfell« nannte, mit den typischen kleinen Löckchen oder Kringeln. Nun spürte ich das kringelige Fell von Janas Lämmern unter den Händen, die Mäulchen stießen ab und zu ein klägliches Bäh aus, und die Beine hingen unter meinen Armen herab. Mit den Lämmern unterm Arm ging ich durch den Wald und hatte das Gefühl, noch nie vollständiger, noch nie mehr der Mensch gewesen zu sein, der ich sein sollte. In dem Moment schien mir, als sei der Mensch genau dafür gemacht: unter beiden Armen ein Lamm zu halten.

Plötzlich meinte ich zu verstehen, was die Formel vom »guten Hirten« verspricht, erinnerte mich dunkel an Passagen aus dem Alten Testament. Man kann es natürlich auch prosaischer beschreiben: Das biologische Wesen Mensch spricht nun einmal auf junge Lebewesen an, und ich hatte gerade zwei an meinen Körper gepresst. Wie dem auch sei: So wie wir da unterwegs waren – abgesehen vielleicht von Janas Panik – war alles richtig, war ich komplett. Ich drückte einem von beiden einen Kuss auf die Stirn, dann hatten wir die Weide erreicht, ich setzte die Lämmer ab, und Jana schlug im letzten Dämmerlicht die richtige Richtung ein und führte sie heim.

Je mehr Lämmer geboren wurden, je öfter ich mit Tierärzten oder Schäfern sprach, desto mehr lernte ich darüber, was bei neugeborenen Lämmern schiefgehen kann. Die Geburten selbst schienen im Regelfall einfach zu sein, erst danach fingen die Probleme an. Zum Beispiel soll man, um einer Nabelentzündung vorzubeugen, den Nabel innerhalb der ersten Stunden desinfizieren – wenn man die Kerlchen zu fassen bekommt, das war am Anfang aber nie der Fall. Manche Mütter haben zu Beginn nicht genug Milch oder verspüren Schmerz beim Säugen; da kann es sich empfehlen, das Lamm am Euter der Mutter anzusetzen – auch das liest sich im Schafsratgeber einfacher, als es mit einer eilig flüchtenden Schafherde tatsächlich ist.

Am häufigsten habe ich aber erlebt, dass eine Mutter von Zwillingen Zeit braucht zu verstehen, dass es eben zwei sind. Sie marschieren mit beiden auf die Weide, eines legt sich an einem Baum schlafen, und später kommt die Mutter nur mit dem andern zurück. Dass ein Kind an ihrer Ferse klebt, scheint den frisch erwachten Mutterinstinkt hinreichend zu beruhigen. Manchmal fällt der Aue nachher auf, dass es irgendwie weniger Lämmer sind als vorher, dann gehen großes Geschrei und panisches Suchen los; denn selbst wenn sie sich überhaupt an das zweite erinnern, wissen sie auf der großen Weide oft nicht, wo genau der Ruheplatz war. Schäfer haben mir erzählt, genau das sei der Grund, warum man Mutterschafe die erste Woche in sogenannte Ablammbuchten stellt, sie also mit ihren Lämmern separiert: damit sich die Bindung festigen kann. In unserem Stall hatten wir aber keine solchen Abteile, und so war ich oft damit beschäftigt, den Müttern hinterherzulaufen und ihnen vergessene Zwillinge hinterherzutragen.

Erst nach ungefähr einer Woche konnte ich aufatmen und mich darauf verlassen, dass die Schafe gelernt hatten, bis zwei zu zählen. Am deutlichsten sah man es bei der alten Erna. Als sie im nächsten Jahr nochmals Zwillinge warf, gewöhnte sie sich vor jedem Gang an, einmal flink nach links und einmal nach rechts hinten zu sehen. An jedem Hinterbein folgte ihr ein Lämmlein, und so beschrieb Ernas Kopf jedes Mal eine routinierte Acht, bevor sie sich entschied, auf die Weide oder zurück zum Stall zu gehen.

Es stellte sich bald heraus, dass mit einem von Janas Lämmern etwas nicht in Ordnung war. Ich sah es oder vielmehr ihn, denn beide Lämmer hatten schon kleine Hoden, an der Stallwand kauern, während der andere schon Sprünge machte; der Kleinere, Schwächere knirschte mit den Zähnen, dann begannen ihm die Augen zu tränen. Ich rief Jens, den Tierarzt. Der Kleine leide unter einem Entropium, erklärte er, seine Augenwimpern wuchsen nicht nach außen, sondern nach innen. Sie rieben ständig an der Hornhaut, darum war auf beiden Augen schon ein Ödem zu sehen. Das Ganze musste höllisch weh tun; Zähneknirschen zeigt bei Schafen Schmerzen an. Wenn ich das gewusst hätte, hätte ich dem Lamm früher helfen können, doch ich Ahnungslose hatte geglaubt, es hätte etwas mit dem Beginn des Wiederkäuens zu tun.

Zunächst versuchten wir es mit einer Salbe, die ich dem Lamm mehrmals täglich ins Auge streichen sollte. Dazu musste ich es erst einmal an mich gewöhnen; ich kaufte einen Sack Milchaustauscher und eine Flasche, und nach ein paar Fütterungen lief mir der Kleine wie einer Ersatzmutter hinterher. Und nicht nur mir; sobald ein Mensch irgendwo auftauchte, lief er hoffnungsvoll auf diesen zu. Auch auf Christian, der sichtlich davon gerührt war (es im Nachhinein aber leugnet). Ich fragte ihn, ob ich den Zwillingen Namen geben dürfe, und nannte den gesunden Jonas und den kleineren Joy. Woraus bald und für immer Joylein wurde.

Ich cremte also mehrmals täglich Joyleins Augen ein und hoffte, dass sich Joyleins Entropium auswachsen würde. Das tat es aber nicht. Daraufhin kam Jens mit einem Tacker. Die Haut ums Auge musste gerafft werden. Spritzengeben hin oder her, das konnte ich nun doch nicht mit ansehen. Während Jens dem Joylein ohne Betäubung die Unterlider mit dem Tacker fixierte, damit die Wimpern nach außen zeigten, musste Charlotte das zappelnde Lamm halten, ich konnte es nicht.

Aber auch die Klammern schufen keine Abhilfe. Nicht ohne mich höflich darüber zu informieren, dass ein richtiger Bauer ein solches Lamm schlachten würde, schlug mir Jens vor, er könne ihn operieren. Also packte ich Joy eines Mittags in einen Umzugskarton, der sich gerade so über seinem Rücken schließen ließ, und stellte ihn in meinen Kombi.

Zu Jens' Praxis sind es etwa sieben Kilometer. Aber schon nach einem hatte Joylein den Karton aufgedrückt und steckte seinen Kopf heraus und machte laut Bäh. Es war herzerweichend. Im Rückspiegel sah ich den kleinen Kopf, dessen Mäulchen sich weit öffnete, um nach seiner Mutter und dem heimischen Stall zu schreien. Ich hielt an, stopfte Joy in den Karton zurück, damit er nicht am Ende noch heraussprang, und versuchte seine Rufe zu ignorieren. Das war etwas, das ich in den ersten Jahren mühsam zu lernen hatte: Manchmal muss man einfach durchhalten und darf die vorübergehenden Klagen der Tiere nicht beachten, um ihnen auf lange Sicht eine Hilfe zu sein.

Joy wurde in der Praxis operiert, ich war nicht dabei, sondern musste auf Lesereise gehen. Nach der Operation würde Jens das Lamm wieder in den Stall zurückbringen. Ich hatte es kaum erwarten können, wieder nach Hause zu kommen, sah gleich, dass die Augen weiter geöffnet waren, und rief dankbar bei Jens an. Er erzählte mir zweierlei. Erstens hätten die Leute bei ihm im Wartezimmer – die mit ihren Katzen, Meerschweinchen und Hunden – ganz schön erstaunt geschaut, als aus dem Nebenraum das kräftige Bäh des aus der Narkose erwachenden Joyleins erklang. Und zweitens besitze das Joylein eine kaputte Harnröhre – neben dem Entropium ein zweiter genetischer Defekt, was nicht selten sei. Aus diesem Grund lief ihm der Urin unkontrolliert über Hinterbeine und Schwanz nach unten und verursachte Entzündungen und eiternde Wunden. Mit dem Joylein begann ich, meine Kollektion von Tieren, die der Sonderbehandlung bedürfen, zu erweitern. Seither stehen Latexhandschuhe, eine kleine Schermaschine und große Tiegel Zinksalbe bei mir in der Diele herum.

Joyleins Augen sind inzwischen, da er erwachsen ist, völlig geheilt; nur wenn man es weiß, sieht man, dass seine Augäpfel etwas weiter freiliegen als die seines Bruders, aber es macht ihm nichts aus. Doch obwohl der Schwanz inzwischen in einer komplizierten Operation amputiert wurde, muss ich Joylein immer noch jeden Tag das Hinterteil eincremen. Zur Belohnung kriegt er immer ein paar Körner Getreide. Aus seinen ersten Lebensmonaten blieben dem Joylein der verniedlichende Name, der für den 100-Kilo-Hammel im Grunde nicht mehr ganz passt, und Joyleins Vertrauen darin, dass alle Menschen stets Futter dabeihaben und sich nichts Besseres vorstellen können, als es ihm zuzuführen.

Eines Tages warf ein weiteres Kamerunschaf Zwillinge; das Mädchen war anfangs blind, man musste es der Mutter besonders oft hinterhertragen; erst nach einer Woche konnte es sehen. Spätabends wollte ich noch einmal nachschauen, ob beide Neugeborenen bei der Mutter lagen, und schlich mich dazu von der Rückseite des Schafstalls an. Dort verlaufen tiefe Traktorspuren, und weil unser Flecken Erde hier »recht feucht« ist, waren sie mit Wasser gefüllt; irgendwie blieb ich stecken und knallte vornüber hinein. Ich war nass, voller Matsch, und trotzdem glücklich; wenn ich dieses Leben mit Lämmern, Traktoren, Matsch und Sternenhimmel mit dem ereignislosen Alltag in der Stadt verglich, hatte ich so viel dazugewonnen. Ich krempelte die nassen Hosenbeine hoch und ging hinüber zum

Gutshaus, um zu berichten, dass mit beiden Lämmern alles in Ordnung sei.

Bei der Gelegenheit bekam ich von der Tochter meiner Vermieter zum ersten Mal eigene Schafe, die kleinen Zwillinge, geschenkt. Christian hielt sogar eine kleine, halb humor- und halb weihevolle Rede auf die neue schafsverliebte Mieterin, wir stießen mit Sekt an, und mir liefen die Tränen. Ich nannte die Zwillinge Christopher und Kumpelchen.

Trotzdem wurde die Fruchtbarkeit der Schafe zwischen Christian und mir eines Tages zum Streitpunkt. Es wurden nämlich immer mehr Schafe, und irgendwann würden wir nicht mehr wissen, wohin mit ihnen. Die jungen Kamerunböcke hatte ich inzwischen vom Tierarzt kastrieren lassen, um weitere Inzucht zu vermeiden. Doch Jakob gehört dieser alten Vierhornschafrasse an, und weder der Tierarzt noch Christian wollten ihn kastrieren lassen. Wenn man ihn aber nicht kastrierte – und das erkläre ich auch immer Leuten, die finden, Kastrieren klinge irgendwie »gemein« –, musste man anfangen, die Lämmer zu schlachten. Die Schafe würden sich sonst explosionsartig vermehren; und im Vergleich zu einem durch Schlachtung rabiat verkürzten Leben war ein Leben ohne Sex (der für Schafe ohnehin eine geringere Bedeutung hat als für Menschen) das deutlich kleinere Übel. Mich nicht um die Schafe zu kümmern ging mir gegen das Gewissen. Der Gedanke aber, sie zu pflegen, die Lämmer ihren Müttern hinterherzutragen und dann zu sehen, wie sie zum Schlachten abtransportiert wurden, brach mir das Herz. Nicht, dass Christian explizit angekündigt hatte zu schlachten; aber wenn es immer mehr Tiere wurden, würde es wohl darauf hinauslaufen.

Ohnehin machte ich mir, als Angsthase und Hypochonder, um das Wohlergehen der Schafe Tag und Nacht Sorgen. In jenen ersten Monaten hatte ich oft einen wiederkehrenden Traum: Ich sah die Schafe und konnte nicht angemessen für sie sorgen. Einmal, das erste Mal, dass ich davon träumte, waren wir am Meer, eine riesige Flutwelle holte die Schafe, ich sah die zierlichen Hörner der Kamerunböcke in den Wellen auf und nieder gehen. Manchmal ging ich zu Dorle, Christians Mutter, und erzählte ihr von meinen Ängsten; dann erzählte sie mir, wie sie sich als junge Mutter um ihre Kinder gesorgt hatte. Einmal war sie in der Wiese auf ein Gössel, ein Gänsekind, getreten und hatte es dabei getötet. Sie war so entsetzt gewesen und gleichzeitig erleichtert, dass ihr das nicht mit einem ihrer Kinder geschehen war. Man hat so viel Verantwortung für diese abhängigen kleinen Wesen und ständig Angst, dass man nicht gut genug ist.

Einmal stritten Christian und ich richtiggehend darüber, wie es mit den Schafen weitergehen sollte, aber unser Streit nahm auch ein ganz rasches Ende. Beim Kaffeetrinken warfen wir uns unsere jeweiligen Argumente an den Kopf; wenig später trafen wir uns beim Pferdestall, lächelten versöhnlich und wussten: Auf dauerhaften Groll hatte keiner von uns Lust. Obwohl ziemlich verschieden, passen wir auch perfekt zueinander: Meine Vermieter haben viel Platz, Weiden, Wälder und Tiere; ich liebe es, durch diese Gegenden zu streifen, mich mit den Tieren zu beschäftigen, und bin dankbar dafür. Sie gehen großzügig mit ihrem Land und Hof um, dafür übernehme ich einige Aufgaben. Von alleine hätte ich mir niemals Schafe angeschafft, aber ich genieße es, für sie zuständig zu sein.

Gerade in den ersten ein, zwei Jahren war ich oft überrascht, weil es war, als hätte sich meine Sehnsucht nach Astrid Lindgrens Småland mit einem geheimen Kindheitstraum vereinigt: der von einer Tierklinik à la Daktari. Ich pflegte zwar keine schielenden Löwen, verwaisten Elefanten und Antilopen, doch ich hatte Schafe, und später kamen weitere Tierarten dazu. Aber eben, ohne es erzwingen zu müssen, es ergab sich einfach. Meine Vermieter erlaubten mir jede Tierhaltung und jeden Umbau des Stalls; so wuchs ich langsam in den Hof hinein.

Und sogar die Entscheidung über die Kastration fiel irgendwann wie von selbst. Im Spätsommer begann Jakob nämlich, bockig zu werden. Ich hatte ihn zu sehr verwöhnt. Wenn ich ihn zwischen seinen vier Hörnern kraulte, hielt er still wie ein Lämmchen, wenn ich aufhörte, senkte er den Kopf und rempelte mich an. Wenn ich Joyleins Hinterteil versorgte, konnte es vorkommen, dass Jakob Anlauf nahm und mich mit vollem Karacho und allen vier Hörnern umstieß. Weder Christians Töchter noch ich trauten uns mehr auf die Weide, und so wurde es schließlich aus ganz anderen Gründen unerlässlich, ihn zu kastrieren, egal, was für ein seltenes Exemplar er nun war: Er musste besänftigt werden.

Wie zuvor schon die Kamerunböcke, schnappten wir uns nun auch Jakob bei den Hörnern; Jens gab eine Spritze, die das Tier sedierte, aber nicht bewusstlos machte. Wenn die Tiere in sich zusammensanken, setzten wir sie auf den Hintern; dann wurden beide Samenstränge jeweils für ein paar Sekunden abgeklemmt. Es ist davon auszugehen, dass diese Prozedur trotz der Betäubung etwas schmerzte, manchmal zappelte das Tier. Danach aber war keines ängstlich oder zeigte Anzeichen, sich zu erinnern und mich zu meiden. Manche gingen ein paar Tage noch etwas breitbeinig, dennoch war dies allemal sanfter als der Schlachthaustod.

Vorab war Jens skeptisch gewesen, ob eine Kastration bei einem so alten Bock noch helfen konnte, aber Jakob war ja noch nicht lange bockig gewesen. Vielleicht aus diesem Grund entwickelte sich das Verhalten schnell zurück. Heute ist Jakob der Verschmusteste seiner Herde; er kommt auf Zuruf, besteht allabendlich auf ausgiebigem Kraulen und beginnt, mit dem Vorderbein zu scharren, wenn meine Ausdauer nachlässt.

Bevor er kastriert wurde, hatte er sich auf dem Gebiet der Fortpflanzung noch eifrig betätigt. Seitdem mein alter Klassenkamerad, dessen Sohn Leonard und ich jenes Zwillingslamm im Wald beerdigt haben, sind noch fünfundzwanzig weitere Lämmer geboren worden. So leid es mir um jenes erste, am Tag seiner Geburt gestorbene Lamm tut, so froh bin ich dennoch, sagen zu können: Von den nachfolgenden haben trotz diverser Komplikationen alle überlebt.

BEIDE HÄNDE IN SÄCKEN VOLL ZUCKER

Seit Jahrhunderten befindet sich der Gutshof, auf dem ich lebe, im Besitz der Familie meines Vermieters. Dutzende Hektar Ackerfläche und Wald schließen sich an. Einige Häuser, die inzwischen von anderen Familien restauriert und ausgebaut worden sind, haben früher die zum Gut gehörenden Arbeiter beherbergt. Es gibt eine alte Ziegelei, die, nachdem in ihr keine Ziegel mehr gebrannt wurden, die Räucherei des Gutes beherbergte, sowie ein Deputatenhaus. Darin wohnten Familien, die entgeltlos auf dem Gut arbeiteten und als Lohn die Nutzung eines Stückes Land übertragen bekamen, von dessen Anbau sie sich selbst versorgten; dazu erhielten sie bestimmte Mengen Fleisch und Getreide aus der Landwirtschaft des Gutes.

Auch das Gut selbst versorgte sich – also die Eigentümer und zahlreiche Angestellte – jahrhundertelang selbst mit Lebensmitteln; das wenige, das man nicht selbst produzieren konnte, sowie die Weiterverarbeitung wie das Getreidemahlen wurden oft nicht mit Geld, sondern mit Naturalien bezahlt. Das System solcher Selbstversorgung und solch bargeldlosen Gütertauschs klingt, als liege es Hunderte von Jahren zurück; tatsächlich aber ist es erst vor zwei, drei Jahrzehnten zum Erliegen gekommen. Mein Vermieter hat es als Kind noch miterlebt, noch seine Eltern haben selbst jahrzehntelang auf diese alte Weise gewirtschaftet.

Sie hatten 1956 geheiratet. Als Christians Mutter Dorle in das große Gutshaus einzog, waren aufgrund der Wohnraumzuteilungen nach dem Krieg zwar die meisten Zimmer mit Flüchtlingen belegt, insgesamt etwa dreißig; der Rest des Guts aber wurde wie eh und je genutzt. Es gab einen großen Schweinestall, einen Geflügelstall, zwei Scheunen für das Getreide, von denen eine der heutige Schafstall ist, sowie das heute Kartoffelscheune genannte Gebäude, in dem eine Herde von 400 Schafen untergebracht war. Mein Haus war damals eine Stellmacherei, in der Möbel und Ähnliches repariert wurden, und später Bullenstall.

Dorle, die selbst von einem Gut in Mecklenburg stammt, war ein Jahr Schülerin, eine sogenannte Maid, in der Reifensteiner Haushaltsschule gewesen, in der junge Mädchen in den Techniken ländlichen Haushaltens wie Gartenbau, Einmachen, Vorratshaltung und Wirtschaften unterwiesen wurden. Zur Vervollständigung dieser Ausbildung hatte sie direkt vor ihrer Heirat ein halbes Jahr auf einem Hof in Westfalen gearbeitet – was ihrer künftigen Schwiegermutter aber nicht gefiel. »In Westfalen wurden einige Dinge anders gemacht als in Niedersachsen«, erklärt Dorle.

»Was denn?«, will ich wissen und bin aufs Äußerste gefasst.

»Zum Beispiel Würste«, antwortet Dorle. »Hier schlachtete man an einem Tag, ließ das Schwein auskühlen und verarbeitete es erst am Tag darauf. In Westfalen wurde alles am selben Tag gemacht.« Solche Praktiken fanden bei ihrer Schwiegermutter keine Billigung.

Überhaupt scheint der Anfang nicht leicht gewesen zu sein. Als Dorle einundzwanzigjährig in ihr neues Zuhause einzog, hatte sie noch keine Ahnung, wie man einen so großen Haushalt führt; außer ihr und ihrem Mann waren täglich auch die Wirtschafterin, der Verwalter, ein Knecht und ein Mädchen und oft genug Gäste und weitere Hilfskräfte zu versorgen. Mit einer Flüchtlingsfrau aus dem Dorf bearbeitete Dorle auf dem

Gutsgelände mehrere Gärten mit Erdbeeren, Johannisbeeren, Stachelbeeren, Spargel, Salat, Möhren, Gurken, Bohnen, Erbsen und Kohl. Einmal jährlich wurde umgepflügt, dann wurde die Fruchtfolge gewechselt. Was hier angebaut wurde, musste fürs ganze Jahr reichen. »Zuerst einmachen, dann essen«, hatte Dorles Mutter ihr immer eingeschärft: Das Wichtigste waren die Vorräte. Jede Woche wurde ein Wirtschaftsplan gemacht, auf dem je nach Stand der jeweiligen Vorräte geplant war, was es an welchem Tag zu essen gab.

Im Wald sammelte man zusätzlich Blaubeeren, Himbeeren und Brombeeren, machte die Früchte ein oder verarbeitete sie zu Marmeladen, Saft und Gelees. Teile der Ernte vergor man mit Hefe zu Stachelbeer- oder Johannisbeerwein. Die Äpfel aus dem Obstgarten kamen in einen großen Keller und wurden den ganzen Winter immer wieder umgeschichtet, um jeden faulenden Apfel zu erkennen und zu entfernen.

Gurken legte man mit Zwiebeln und Gewürzen in großen braunen Krügen ein. Heute stehen diese Krüge auf Dorles Terrasse, mit großen Blumensträußen darin. Die Bohnen kochte man kurz mit Wasser auf, schreckte sie kalt ab und stopfte sie in Konservendosen. Diese brachte man zum Schlachter, der nämlich eine Maschine zum Verschließen von Konserven hatte. Kohl wurde zu Sauerkraut eingelegt, Möhren mit Erbsen zu Mischgemüse eingemacht; roher Kohl und rohe Möhren in Haufen von Sand eingeschlagen und draußen in Mieten gelagert. Das Ernten und Verarbeiten war von einer Person allein nicht zu bewältigen, Frauen aus dem Dorf halfen Dorle dabei. Überhaupt ließ sich fast alles auf dem Gut nur in Gemeinschaftsarbeit leisten.

Während Dorles Gärten allein der Selbstversorgung dienten, wurden auf den vielen Hektar der umliegenden Ackerflächen Kartoffeln, Getreide und Zuckerrüben zum Verkauf angebaut. Die Rüben kamen nach der Ernte ins fünfundzwanzig Kilometer entfernte Uelzen, von wo man im Tausch große Säcke voll Zucker bekam. »Für die Kinder war das immer das Schönste: In die Vorratskammer gehen und mit vollen Händen Zucker aus dem Sack greifen«, erinnert sich Dorle.

Das Getreide wurde in den großen Scheunen gelagert, aber noch nicht in Form von Körnern wie heute. Es gab noch keine Mähdrescher, das Getreide wurde geschnitten und zu Hocken (Garben) zusammengebunden und in dieser Form in die Scheunen eingestellt. Auch an der Getreideernte waren viele Helfer aus dem Dorf beteiligt. Wenn die Ernte abgeschlossen war, brachte der letzte Wagen die Getreidekrone mit: ein großes, zur Krone gebogenes Drahtgestell, um das jedes Jahr Getreide gewunden wurde. Man feierte das Erntefest. »Es wurde gesungen, gegessen, getanzt und viel getrunken«, erzählt Dorle. »Bei diesen Festen gab es immer viel Schnaps und Bier.« Es machte ihr Freude, für so viele Menschen zu kochen. »Die ganze Zeit arbeiten Sie für mich, jetzt tun Sie mal nichts, und ich arbeite für Sie«, sagte sie ihren Helferinnen aus dem Dorf. Im Winter wurde das Getreide nach und nach gedroschen; von Dreschmaschinen, die in oder vor den Scheunen standen. Das Schlagen der Dreschmaschine sei das Geräusch, das sie am meisten vermisse, meint sie heute. Es habe zum Winter dazugehört. Sie habe im Bett gelegen, daneben ihre Kinder; dabei hätten sie in der Entfernung das beständige Schlagen der Dreschmaschine gehört.

Am Bach steht das Gebäude, das wir heute noch Mühle nennen; bis vor wenigen Jahrzehnten war es auch als solche, zunächst als Wassermühle, zuletzt als elektrische Mühle in Betrieb. Man brachte vom Gut das Getreide hin und ließ es mahlen; das Mehl wurde zum Bäcker auf der anderen Seite des Dorfes geliefert, und von dort holte man so viel Brot, wie benötigt wurde. Der Bäcker notierte die Mengen und verrechnete sie einmal im Jahr mit dem Mehl, das die Bäckerei bezogen hatte.

Morgens holte ein Milchwagen aus Lüneburg die Milch der gutseigenen Kühe; man gab ihm einen Zettel mit, welche Mengen Käse, Butter und später auch Joghurt er im Gegenzug liefern sollte. Was das Gut nicht selbst produzieren konnte, konnte man in einem Laden im Dorf kaufen, zum Beispiel Salz und Kaffee, Reis und Nudeln. Auch das wurde notiert und einmal im Monat zusammengerechnet. Wenn sich die Summe einmal auf 160, 180 Mark belief, war das schon viel, obwohl der Haushalt so viele Menschen zählte.

Neben der großen Getreidescheune stand ein Stall für Geflügel. Man hielt Gänse, Enten, Hühner, Puten, jede Tierart für sich. Die Hühnereier verbrauchte man selbst bis auf diejenigen, aus denen die Glucken einmal im Jahr ihre Küken aufzogen; die jungen Puten fütterte man mit einer Mischung aus Getreide und gekochten Enteneiern (die für Menschen wegen der Typhusgefahr als nicht bekömmlich galten) sowie gehacktem Wermut. Ein Stamm von ein, zwei Gantern und ungefähr sechs Gänsen – darunter Dorles zahme Lieblingsgans namens »die kleine Graue« – legte jedes Frühjahr die Eier, aus denen die gelben Gössel schlüpften. Sie wurden gemästet und vor Weihnachten geschlachtet. Die Tiere wurden gerupft und in Teile zerlegt. Die Reste wurden zusammen mit Gemüse zu Gänseklein in zwei Variationen gekocht: in das »weiße Gänseklein« ohne und das »schwarze Gänseklein« mit Blut.

Zwei Mal im Jahr wurden Schweine geschlachtet; ihr Stall war dort, wo heute Dorle in ihrem gepflegten Wohnzimmer sitzt und von früheren Zeiten erzählt. Dorles große, geflieste Küche: die Futterküche, in der Kartoffeln für die Schweine gedämpft und mit Getreide vermischt wurden. Noch ein Raum weiter, der heute Stauraum und Garderobe beherbergt: Hier standen die großen Brühkessel, in denen die Schweine nach dem Abstechen gebrüht wurden; die Schlachtung und Verarbeitung der Tiere spielte sich keine zehn Meter vom Stall ab. Vieles wurde gepökelt und danach geräuchert; dazu wurden die Schinken und Speckseiten über den Weg ins Tal zur Räucherei gebracht. Die Räuchermeisterin hatte den ganzen Sommer über Buchenholz gesammelt; drei Wochen lang hingen die Stücke im Rauch.

Die Schafe verbrachten die Nacht im Stall unten am Wald und wurden jeden Morgen vom Schäfer den Weg, der heute meine Zufahrt ist, hinaufgetrieben zu den Weiden. Abends kehrte die Herde mit dem Schäfer zurück. »Es war ein wundervoller Anblick«, sagt Dorle, »wenn die Sonne unterging und die Schafe in einer großen Staubwolke zu ihrem Stall liefen.« Wenn Kinder zu Besuch waren, erzählt sie, liefen sie gleich zum Schafstall und versteckten sich zwischen den Schafen und ihren Lämmern.

Doch allmählich sanken die Wollpreise, drückte australische Wolle den Markt. Und der Schäfer begann, zu viel zu trinken. Schweren Herzens entschieden sich Dorle und ihr Mann, die Schafe abzuschaffen. Bei dieser Entscheidung, sagt sie, hätten beide geweint.

Auch andere Wirtschaftszweige hatten es nun schwerer. Die Löhne stiegen. Die Menschen wollten nicht mehr für ein Deputat arbeiten, statt Körner für ihre Hühner verlangten sie Geld. Der Stamm der Angestellten schrumpfte. Nachdem die

Wirtschafterin alt geworden und zu ihrer Mutter gezogen war, konnte man sich keine neue leisten. Die Gartenfrau ging; für Dorle allein war das Spargelstechen zu mühsam, sie stellte es ein. Auch den Anbau der Bohnen und das viele Einkochen waren allein nicht zu schaffen. Der Bäcker richtete einen Kühlraum ein, den man sich zum Einfrieren teilte; dort hatte Dorle zwei Fächer, das war so viel einfacher als all die Gläser und Konserven.

Auf den Feldern verschwanden die Pferde, die Traktoren hielten Einzug. Der Vorsteher des Kuhstalls erkrankte an Tuberkulose und musste sich zurückziehen; das läutete das Ende der Rinderhaltung ein. Als Dorle sich entscheiden musste, ob sie ihre Arbeitskraft fortan entweder dem Garten oder dem Geflügel widmen wollte, entschied sie sich für eine verkleinerte Version des Gartens. Wieder weinte sie, als das Geflügel geschlachtet wurde – »auch meine kleine Graue«, sagt sie und schlägt eine Hand vors Gesicht, »und dann mussten wir ja auch noch alle rupfen! Zum Glück fuhren wir am Abend nach Hamburg in die Oper, das hat mich ein bisschen auf andere Gedanken gebracht.«

Nach und nach ersetzte Geld den Tauschhandel. Was früher ein Sakrileg gewesen war – Kuchen zu kaufen statt selber zu backen –, wurde normal. Als Dorle nach vielen Jahren im Ort zum ersten Mal selbst beim Schlachter einkaufen ging, wusste der gar nicht, wer sie war.

Der Anstieg der Löhne und die fortschreitende Technisierung haben die alte Lebensweise zu Fall gebracht; auch das Wirtschaftswunder hat seinen Teil dazugetan, meint Dorle. Früher hätten sie wenige Vergnügungen gehabt und seien wenig herumgekommen. Man hat die Geburtstage gefeiert und die kirchlichen Feste; sonntags und zu Festtagen zogen alle

Leute ihre feinsten Sachen an. Bereits am Samstagabend wurden die Wege gerecht und geharkt, damit am Sonntag alles sauber war. Es wurde darauf geachtet, dass es jeden Sonntagmittag Nachtisch gab und nachmittags Kuchen.

Im Dorf kannte jeder jeden, dazu die Familie – sonst hatte man keine Bekannten oder sonstige Gründe zu reisen. Als das Auto die Menschen flexibler machte und jede Familie einen Fernseher besaß, sahen sie, was alles möglich ist, was sie haben könnten; Wünsche wurden geweckt, die sie früher nicht hatten. Nun brauchte man tatsächlich mehr Geld, weil viele Wünsche nur mit Geld zu erfüllen waren.

»Man darf nicht immer nur zurückblicken, man kann die Zeit nicht zurückdrehen«, meint Dorle. »Ich will auch nicht behaupten, dass alles nur harmonisch war. Manchmal gab es Streitereien. Eines aber war damals anders: Es war alles voller Wärme. Wir lebten in einem großen Verbund, die Familie und die Arbeiter, Menschen und Tiere. Die jungen Puten und die Gössel mussten wir, damit der Fuchs sie nicht holte, in Drahtkäfigen hier vorne auf der Wiese halten; die Käfige wurden jeden Tag umgesetzt. Dazwischen wir Menschen, die Hunde, die Kinder, die Gäste – es war so ein wunderbares Beieinander.«

Als Dorle einmal in einem Kloster in der Nähe einen historischen Vortrag über die dort lebenden Nonnen zur Zeit des Mittelalters hörte, war sie verblüfft: Bis vor einigen Jahren hatte sie selbst noch ganz ähnlich gelebt. Der Anbau, die Bewirtschaftung, die Vorratshaltung, die Orientierung am Jahresablauf. Diese jahrhundertealte Lebensweise hat sich vor Dorles Augen gewandelt, ist innerhalb eines halben Menschenlebens für immer verschwunden. Und das, was wir Stadtflüchtlinge als »Landleben« kennen, ist aus Dorles Sicht auch nur eine stark abgespeckte Version. »Heute sind das ja gar keine ländlichen Haushalte mehr«, meint sie, »sondern die Leute führen städtische Haushalte auf dem Land.«

Nachdem ich, den Laptop auf den Knien, Dorle über jenes andere Leben ausgefragt hatte, ging ich aus ihrem Haus, dem einstigen Schweinestall, langsam über den Vorhof – ungefähr hier waren früher die Schweine abgestochen worden. Dort drüben hatte unter dem Vordach eine Dreschmaschine gestanden. Ich ging die Zufahrt zu meinem Haus hinunter und meinte, noch den Staub sehen zu können, den die Schafe jeden Morgen und jeden Abend aufwirbelten.

Natürlich war das keine reine Idylle. Die Leute müssen arm gewesen sein; ihre Kleidung war nicht so lückenlos gepflegt, wie wir sie heute tragen; es gab noch keine Waschmaschinen, deshalb wurde die Leibwäsche nur einmal in der Woche gewechselt und einmal im Monat zur Wäscherei gebracht. Die Menschen, die als Deputaten oder einfache Arbeiter lebten, konnten keine Rücklagen aufbauen, kannten keine Rente.

Wenn geschlachtet wurde, klang es hier sicher nicht friedlich; die verzweifelten Schreie eines Schweins oder eines Huhns können entsetzlich sein. Einmal sei dem Schlachter ein Schwein entwischt, erzählte Dorle. In Todesangst. Natürlich hat er es später doch noch gekriegt.

Man weiß um all das, und es kann den Zauber, von dem Dorle erzählte, nicht zerstören. Es ist müßig zu überlegen, ob das frühere Leben »besser« war als das heutige, denn wie Dorle selbst gesagt hat: Die Zeit lässt sich nicht zurückdrehen. Und selbst wenn wir bei einigem, von dem Dorle erzählt, das Gefühl haben, dass es uns heute fehle, wollen wir ja auf vieles andere nicht verzichten. Unter anderem nicht auf das Prinzip

Arbeitsteilung. Selbst wenn wir über Entfremdung klagen und uns das »Beieinander«, von dem Dorle spricht, schön vorstellen, gibt es doch zu viele Vorteile der heutigen extremen Spezialisierung: Wir wollen nicht in die Zeit zurück, in der Zähne vom Schmied gezogen wurden. Wir wollen bei einem Herzleiden vom Notarzt abgeholt werden. Wir wollen Nahrungsmittel und Gewürze aus allen Teilen der Welt (wie sich übrigens auch schon die Menschen der Bronzezeit auf weitreichenden Handelswegen die damaligen Luxuswaren zu beschaffen wussten). Wir wollen Bücher lesen, die in anderen Ländern geschrieben wurden, und wir wollen selber reisen. Der Wunsch nach mehr Sicherheit, mehr Komfort, auch mehr Vergnügen und Abwechslung ist im Menschen tief verwurzelt, nicht erst im modernen Menschen. Solche Wünsche teilen offenbar Menschen aller Zeiten, von deren Leben wir schriftliche oder archäologische Funde haben. Ab wann also wird dieser legitime Wunsch zur scheinbar maßlosen »Gier«? Wann sprechen wir rein deskriptiv von Gütertausch, Handel und Produktion – und wann ist das negative Wort Konsumismus angebracht? Wir heutigen Konsumkritiker neigen dazu, all unsere menschlichen Begehrlichkeiten zu beargwöhnen (was sie vielleicht auch verdienen); aber wir täuschen uns möglicherweise, wenn wir den allgemein menschlichen Sockel dieser Begehrlichkeiten übersehen.

Zwar lässt sich kaum bestreiten, dass unser Wünschen, Kaufen und Verbrauchen außer Kontrolle geraten sind, aber es fällt schwer zu bestimmen, ab wann etwas verwerflich geworden sein soll. Erdbeeren im Winter gilt uns heute als Synonym für ein unökologisches Luxusprodukt. Aber schon Dorles eingekochte Früchte im Winter und Dosenbohnen waren ein Luxus, den Menschen in noch früheren Zeiten so nicht hatten, und sie wurden mit Gläsern, Dosen und Einkochapparaten technisch komplex und energieaufwendig hergestellt. Ein Bekannter von mir meint, der Mensch solle sich nur von Rohkost ernähren, er isst nicht einmal Brot. Mir wäre das viel zu asketisch – aber wo genau soll man da eine Grenze ziehen? Die Menschen früher waren ja nicht von sich aus bescheidener, sondern ihnen waren einfach engere technische, physische, materielle Grenzen gesetzt.

Ich fand es interessant, dass Dorle – ohne dabei herablassend oder verächtlich zu klingen – davon gesprochen hatte, dass mit dem Auto, der zunehmenden Mobilität und dem Fernsehen die Bedürfnisse der Menschen angestiegen waren: Ja, der Kapitalismus und die Moderne zeichnen sich nicht nur durch Waren-, sondern eben auch durch Bedürfnisproduktion aus. Mit den Möglichkeiten wachsen die Wünsche – wie alle Eltern wissen, die versuchen, ihrem Sohn oder ihrer Tochter eins dieser bescheuerten pinkfarbenen Plastikpferde oder Muskelprotze vorzuenthalten, das alle anderen Kinder besitzen. Was alle anderen haben, will man auch, schließlich sieht man doch, dass es Spaß macht. Der Mensch ist nun einmal ein soziales Tier.

Sonderbarerweise stimmt mich ausgerechnet der Blick auf meine vielen Tiere, die doch vermeintlich so selbstgenügsam leben, in Bezug auf die Gier der Menschen versöhnlicher. Schon bei Schafen lässt sich beobachten, dass ihnen das, was die anderen beschnüffeln, vielversprechender als das Eigene erscheint; auch meinen Gänsen schmeckt das Gras auf der anderen Seite des Zauns stets besser als das diesseitige, selbst wenn sie sich dabei fast den Hals verrenken. Wieso sollte also ausgerechnet der aufmerksame, intelligente, fantasiebegabte Mensch nicht durch das beeinflusst und verlockt werden, was er sieht? Immer schon hat der Mensch, von der Biologie zur zweibeinigen Fortbewegung auf dem Erdboden bestimmt, vom Fliegen und von der Geschwindigkeit geträumt, und es gehört gleichsam zu seiner Natur, ausprobieren zu wollen, was ihm qua technischer Raffinesse möglich ist. Man muss gar nichts spezifisch Böses im Sinn haben, man braucht nur den harmlosen menschlichen Träumen zu folgen – und schon sind wir im Albtraum unserer CO_2-Bilanz angelangt.

Astrid Lindgren erzählt in ihrem Buch *Das entschwundene Land* von der lebenslangen Liebe ihrer Eltern und von ihren Kindheitserinnerungen an den elterlichen Hof in Näs bei Vimmerby. Zu diesem Zeitpunkt war sie bereits eine alte Dame und lebte in Stockholm: »Aber noch habe ich nicht alles vergessen, noch kann ich sehen und den Duft spüren und mich der Seligkeit des Heckenrosenbusches auf der Rinderkoppel erinnern, der mir zum ersten Mal gezeigt hat, was Schönheit ist. Noch kann ich an Sommerabenden den Wiesenknarrer im Roggen hören und in den Frühlingsnächten das Rufen der Käuzchen auf dem Eulenbaum, noch spüre ich, wie es ist, aus Schnee und beißender Kälte in einen warmen Kuhstall zu kommen, ich weiß, wie sich eine Kälberzunge auf der Hand anfühlt, wie Kaninchen riechen, wie es im Wagenschuppen duftet und wie es sich anhört, wenn die Milch in den Eimer zischt, und noch kann ich die winzigen Krallen frisch ausgeschlüpfter Küken auf der Hand spüren.«

Es ist eine sehr sinnliche Welt, und auch die Erinnerung berührt alle Sinne. Ähnliche Bilder lassen Dorles Erzählungen erstehen; auch wenn man nie beim Anbau und Einkochen dabei gewesen ist, kann man die Erde fast auf den Fingern spüren, riecht den Duft von Bergen frisch geschnittener Bohnen, hört den Zucker und das Getreide in den Säcken rieseln und leise knirschen.

Und auch die Schilderungen des sozialen Lebens erinnern an die Geschichten aus Lillhamra, Bullerbü und Lönneberga. Zweifellos fiel furchtbar viel Arbeit an, fast rund um die Uhr und rund ums Jahr. Immerhin wurde diese Arbeit gemeinschaftlich verrichtet – ganz anders als mein Schreiben zum Beispiel und auch in viel engerer Zusammenarbeit als das, was man in Büros und Redaktionen Teamwork nennt. Gemeinsam bewältigte man harte körperliche Arbeiten wie die Getreideernte und eintönige wie das Obstschneiden und -passieren, und sicher war es dabei auch auf unserem Gut zwischen Dorle und ihren Helferinnen zu dem gekommen, das Lindgren wiederholt als tiefsinnige Gespräche mit dem Knecht oder einer Magd »voller Lebensweisheit« beschreibt. Es gab immense Unterschiede bei Einkommen, Besitz und sozialem Status; bei vielem wurde früher so strikt zwischen den Angehörigen der Schichten getrennt, dass es uns heute empörend vorkäme. Bei anderen Gelegenheiten saß man denkbar eng zusammen, so eng, wie heute die Werbetexterin mit der Reinemachfrau, die liberalste Professorin mit ihrer Sekretärin nicht.

Schließlich feierte man gemeinsame Feste, die dem Jahreslauf einen Rhythmus gaben oder ihm vielmehr folgten: Das Erntefest, von dem Dorle erzählt hat, den Tanz um den Maibaum, den Astrid Lindgren beschreibt. Der gemeinsame Kirchgang, das Backen von Weihnachtsplätzchen, die Familienfeiern, bei denen alles aufgeboten wurde, was die Vorratskammer hergab. Bei heutigen Festen und gemeinschaftlichen Arbeiten auf dem Dorf spürt man noch am ehesten etwas, das von der früheren Zeit übrig blieb. Diese schöne Tradition hält Dorle wach. Ohnehin kann man nie bei ihr vorbeigehen, ohne etwas zu essen und zu trinken angeboten zu bekommen, von dem auch heute noch vieles selbst produziert ist; ihre Essen und Feste aber sind richtiggehend legendär. Seitdem Ernte- und Schlachtfest weggefallen sind, kreiert sie andere Gelegenheiten zum Feiern. Im Sommer bewirtet sie scheinbar mühelos Dutzende von Menschen mit Kuchen und Holunderblütenbowle; im Winter sitzen wiederum oft Dutzende in ihrem Wohnzimmer rund ums Klavier.

Einmal bekam sie – welch ein Zufall, aber ich versichere, ich hatte nicht die Hand im Spiel! – ein schwedisches Kochbuch geschenkt, was natürlich sofort mit einem schwedischen Abend gefeiert werden musste, zu dem alle Nachbarn eingeladen wurden. Es war während meines ersten Sommers nach dem Umzug; einem leisen Instinkt folgend hatte ich mich am Nachmittag zum Glück noch zu Hause gestärkt. Denn offenbar wird in Schweden viel Fisch gegessen. Seitdem mir als Kind klar geworden war, dass all dieser Fisch in den Netzen oder an Bord der Schiffe so elend erstickte, wie wir Menschen im Meer ertrinken würden, war für mich Fisch als Nahrung tabu. Trotzdem war es auch für mich ein wunderschöner Abend; ich genoss den Anblick der vollen Teller und schob den Gedanken daran beiseite, was darauf tatsächlich lag. Platte um Platte wurde aufgetragen, mit eingelegtem Fisch und Pasteten, die ich noch nie gegessen oder auch nur gerochen hatte. Zum Hauptgang Speisen, die man aus Lindgrens Büchern kannte, unter anderem die berühmten Blutklößchen aus Lönneberga, bei deren Erwähnung sich streng genommen jedem Vegetarier der Magen umdrehen müsste, wenn er an das Quieken der Schweine beim Schlachten und an all das Blut denkt.

Einer gewissen Komik entbehrte die Situation daher nicht, wie ich völlig selig inmitten der neuen Nachbarn und Freunde saß, die ansonsten auch mit Gemüse kochten, aber ausgerechnet an diesem Festtag fleischmäßig in die Vollen gingen. Ich aß Kartoffeln ohne alles und langte dafür beim Nachtisch zwei Mal zu. Zwei Gäste hatten sich als Pippi Langstrumpf und als Michel verkleidet; nach dem Essen begann ein befreundeter Schauspieler vorzulesen, und ich trug einen Nachruf auf Astrid Lindgren vor, den ich zu ihrem Tod im Jahr 2002 geschrieben hatte. Ich las vom Schlittschuhlaufen auf zugefrorenen Seen, von Kirschwein, vergorenen Kirschen und beschwipsten Ferkeln; vom sommerlichen Tanz auf Saltkrokan und von Flaschenlämmern – ohne zu wissen, wie viel davon mir selbst noch bevorstand.

Nach dem Vorlesen spielten wir Scharade, fingen mit berühmten Szenen aus Astrid Lindgrens Büchern an, machten bei *Vom Winde verweht* weiter und landeten bei Filmen von Alfred Hitchcock. Wir saßen zusammen und aßen und lachten, und ich dachte an die Feiern im Elternhaus des kleinen Michel aus Lönneberga. Bei einer Gelegenheit hatte die Magd Lisa ihren Respekt vor dem Schöpfer ausgedrückt, der »all die kleinen Krösel« im Ohr der Menschen gefertigt hatte, worauf alle sie auslachten – ich fand die Bemerkung eigentlich gar nicht so dumm: Der Detailreichtum der Natur ist doch wirklich beeindruckend. Ein anderes Mal machten sich Michel und Klein-Ida einen Spaß mit den Schuhen; alle Gäste hatten ihre Schuhe ausgezogen, bevor sie ins Haus kamen, und als sie spätabends gehen wollten, lagen diese Schuhe kreuz und quer durcheinander.

Zu Beginn des Abends staunte ich noch ein wenig, wie mir das eigentlich passieren konnte: dass ich lebenslange Frankfurterin plötzlich mit einer Menge mir erst seit kurzem bekannter, aber schon so sehr ans Herz gewachsener Norddeutscher vor ländlicher Kulisse gemeinsamen Astrid-Lindgren-Träumen nachhing. Doch später am Abend hätte es mich nicht gewundert, wenn ein beschwipstes Ferkel aus der einstigen Futterküche gesprungen wäre, oder wenn unsere Schuhe auf einem großen Haufen gelegen hätten, als es gegen Mitternacht nach Hause ging.

Auch wenn man noch den Nachhall jenes Lebens vernimmt, von dem Dorle erzählte: Man kann dieses Leben nicht wiederherstellen – jedenfalls nicht, wenn man noch einen anderen, eigentlichen Beruf hat. Denn Dorles Arbeit in den Gärten und zu Hause war ja nicht Hobby, sondern tagesfüllende Arbeit; mit ein wenig Harken und Einkochen am Feierabend ist es nicht getan. Es gibt wenige Menschen, die aus unserem heutigen System der Sicherheit, des Komforts und des Konsums so sehr aussteigen wollen, dass sie sich selbst versorgen können wie einst Dorle ihren Haushalt.

Und dennoch finde ich, dass auch wir anderen ein Recht darauf haben, ein wenig von diesem jahreszeitlichen Rhythmus, von dem Stolz (und der Plage) des Selbermachens in unser tägliches Leben zu holen. Wir können das Frühere nicht nachmachen, nicht nachspielen, aber ihm doch immerhin nachspüren. Dabei sind es manchmal ganz unerwartete Momente, in denen man merkt, dass man Berührung mit einer Praxis hat, die vielen früheren Generationen von Menschen gemeinsam war. Beim Ernten oder Sammeln von Früchten kann man dies beobachten; oder als ich mir, wie beschrieben, die beiden Lämmer unter die Arme klemmte. Mit beinah absurder Freude erfüllt es mich auch, wenn Christian im Sommer einen Wagen voller Strohballen zu mir herunterschickt. Seit dem ersten Ausmisten liegt mir der Gedanke an das jeweils nächste Ausmisten des Schafstalls wie ein Stein im Magen, aber sobald der große Anhänger mit zehn, zwölf großen runden gelben Ballen vor der Kartoffelscheune steht, freue ich mich auf dieses frische Stroh, als wollte ich später selbst darin liegen (was sich sicher vor allem kratzig anfühlt).

Und wie viel schöner noch sind die Heuballen, die also nicht bloß als Einstreu, sondern als Winterfutter dienen! Als ich zum ersten Mal eine Lieferung von 500 kleinen Heuballen erhielt, wurde daraus genau so eine Gemeinschaftsaktion wie die von Dorle geschilderten Arbeiten im Jahresverlauf. Meine Freundinnen Katharina, Charlotte und ich hatten eine Kette gebildet; vom Wagen warf uns ein Arbeiter die Ballen mit einer großen Heugabel herüber. Hin und wieder machte er sich auch einen Spaß daraus, uns mit den Heuballen zu bewerfen, und wir fielen um wie die Kegel. Wir stapelten die Ballen in mehreren Lagen übereinander, sodass kleine Lücken blieben, damit das frische Heu noch weiter trocknen konnte. Am Morgen fingen wir an, und bis zum Mittag hatten wir eine kleine Burg errichtet, die bis zu den Mittelbalken der Scheune reichte, also vielleicht vier Meter hoch, ebenso breit und acht Meter lang war. In Frankfurt hatte ich ein Schaumbad mit Heuduft gehabt, aber nie darüber nachgedacht, wie Heu wirklich riecht. Erst jetzt verstand ich, dass frisches Heu einen zarten blumigen Duft hat. Und wenn man Schafe hat, vierzig potentiell hungrige Schafe, freut einen der Duft des Heus im eigenen Stall wie der von aufgebrühtem Kaffee oder frisch gebackenem Brot.

Es gibt Schafhalter, die ihr Heu selbst machen, so weit geht es bei mir nicht. An Vorräten für die menschliche Vorratskammer hingegen versuche ich mich schon. Jeden Herbst macht Dorle es vor. Auf ihrer Holzveranda stehen Körbe mit Walnüssen, Quitten und Äpfeln aus dem eigenen Garten. Oft sitzen sie und Dörte auf der Terrasse oder unter der Linde auf dem Hof, entfernen die verwurmten und faulen Stellen aus den Früchten und schneiden große Töpfe voll Apfelschnitze. Sie werden zu Kompott, Mus und Saft eingekocht.

Es war von Anfang an klar, dass meine Bemühungen gegenüber allem, was Dorle einst vollbracht hatte und bis heute selbstverständlich vollbringt, nur kläglich ausfallen konnten. Doch bei der neuen Landlust, die so viele in sich spüren, geht es nicht um Vollständigkeit, nicht um Leistung, sondern man will Erde, Früchte und Material in den Händen fühlen. Man will den Wert einer Tätigkeit auskosten, der sich gerade dadurch steigert, dass man diese Tätigkeit nur jetzt, nicht aber in jedem anderen Teil des Jahres vollziehen kann. Zum Sommerende hatte ich schon in der Stadt immer so etwas wie einen Ernte- und Einmachtrieb empfunden und zum Beispiel eine Stiege Pfirsiche gekauft und zu Chutney verkocht. Es war alles etwas albern, weil die rohen Zutaten selbst viel teurer waren als die Endprodukte, wenn ich sie fertig gekauft hätte. Man vergleiche nur eine selbst eingemachte Tomatensauce mit Tomaten aus der Dose.

Und es sei gleich vorweg gesagt: Dieses sonderbare Preisverhältnis fällt auch auf dem Land nicht immer zugunsten des selbst vor Ort Geernteten aus. So wie jeder, der im Kapitalismus groß geworden ist und der zum Beispiel mit dem Joggen anfangen will, aber nicht einfach losläuft, sondern zunächst »die richtigen Schuhe« kauft, so begann auch ich die neue Lebensphase als Einkocherin nicht mit der entsprechenden Tat selbst, sondern mit einer Anschaffung: Ich brauchte Einmachgläser. Also musste ich extra welche kaufen. Bei ebay ersteigerte ich ein Set von zweihundert Einmachgläsern aus einem Nachlass in Hamburg, fuhr mit dem Auto siebzig Kilometer hin und siebzig zurück, wurde auf dem Rückweg bei einer unübersichtlichen Baustellenstrecke geblitzt, zahlte ein Bußgeld, merkte, dass die Gläser so alt waren, dass ich ziemlich teure Spezialklammern brauchte, und musste mir danach von Dorle anhören: »Hättest du nur etwas gesagt!«, meinte sie, »im Keller stehen noch unzählige alte Gläser, die hättest du alle haben können!«

In den folgenden Wochen erfuhr ich, dass es im Dorf mehrere solcher Lager von Einmachgläsern gibt – die Mütter oder Großmütter haben in so großem Stil eingekocht, dass die nächste Generation nicht hinterherkommt. Mehrmals bot ich nämlich von meinen zweihundert Gläsern an und erfuhr, dass mir jeder der Befragten nur zu gern selbst welche abgegeben hätte.

Immerhin kaufte ich dann nicht gleich einen Einmachapparat, sondern benutze den von Dorle mit – wenn er nicht gerade bei einer der anderen Nachbarinnen steht. Dorles Topf ist ein Gemeinschaftstopf. Erst nach und nach lernte ich, dass es hier auf dem Dorf Dinge gibt, die zwar einem Menschen gehören, aber offenbar vielen zur Verfügung stehen. Vom Topf bis zum Gabelstapler. An diese Sicht musste ich mich – die ich mir bis dahin viel darauf zugute gehalten hatte, selbst nicht gerade knausrig mit dem Eigenen umzugehen – erst gewöhnen. Mehr als einmal sprach ich mit Leuten aus dem Dorf über irgendein Problem, raufte mir zum Beispiel die Haare, weil mir der Abtransport dieser oder jener Kisten unmöglich schien. Und der andere entgegnete: »Mit einem Gabelstapler ist das doch leicht.« Wenn ich dann darauf hinwies, dass ich zufällig keinen Gabelstapler hätte, bekam ich zur Antwort: »Aber Kramer hat einen.« Dass irgendwer – ob ich ihn nun kannte oder nicht – das gesuchte Etwas besaß, wurde immer wieder als befriedigender Lösungsweg angesehen. Wenn ich nun entgegnen würde, dass ich »Kramer« aber nicht kannte, würde mir jeder antworten, dass er selbst ihn aber kenne.

Wenn ich – technisch schon etwas geschulter – sagte, dass man eine Gasflasche für den Gabelstapler bräuchte, würde man mir antworten, dass zum Beispiel mein Vermieter da und da eine liegen hätte. Denn auch das gehörte dazu: Wenn man auf dem Hof eines anderen ist, schaut man sich unbekümmert um, prüft alles Herumliegende und äußert sehnsuchtsvoll, was man mit diesem oder jenem – vom Besitzer zwischengelagerten – Gegenstand anfangen könnte. »Schade um den schönen Ofen« oder »Dieses Kabel ist noch einwandfrei!« höre ich manchmal andere sagen, wenn sie durch Christians Sammelsurium im Schafstall gehen, und fühle mich geradezu verpflichtet daran zu erinnern, dass das aber nicht Niemandsland, sondern eben Christians Aufbewahrungsplatz ist. Ich bin immer wieder überrascht, wie exakt viele Leute zu wissen scheinen, was alle anderen in ihren jeweiligen Schuppen aufheben. Das kann auch manchmal einen paradoxen Effekt haben wie damals, als Christian, der eines Tages tatsächlich seine Gasflasche suchte, von einem Handwerker, der nie bei ihm gearbeitet hatte, erklärt bekam, wo sie liege. »Ich nehme an, er hat für dich den Hühnerstall gebaut«, kam Christian wenige Tage später grinsend auf mich zu.

Es gibt im Dorf zwei Reihen mit Apfelbäumen; sie sind links und rechts der Feldwege gepflanzt, damit sich jeder aus dem Dorf davon nehmen kann. Aber es kommen auch Städter angereist, oft mit Leiter, Stiegen und Säcken, und pflücken alles weg, bevor wir selbst die Gelegenheit dazu finden. Vermutlich wissen sie nicht mal, dass es Diebstahl ist; das Zeug wächst da in Massen, werden sie denken. Auch auf den Kartoffelfeldern sehen wir im Herbst oft Städter stoppeln, und nicht jeder von ihnen hat vorher den Bauern gefragt. Nicht jeder von ihnen ist so arm, dass er auf kostenlose Kartoffeln angewiesen ist, mancher ist vielleicht nur geizig. Oder haben die Leute einfach Spaß daran, wollen sie ihren Kindern die Erde und ihre Früchte zeigen? Was sollen die armen Städter denn auch machen, die vor ihrer eigenen Haustür keine Felder haben, frage ich mich. Jedes Mal, wenn ich im Frühjahr oder im Herbst die Traktoren ausschwärmen sehe, schwillt mir beinah die Brust vor Stolz. Ich finde es ein erhebendes Gefühl, dort zu wohnen, wo die Nahrung herkommt.

Bevor ich mich selbst an Früchte und Kartoffeln wagen konnte, war erst einmal Holunderblütenzeit. Ab Mitte Mai erblühen an den Wegen, im Wald und am Rand meines Gartens die halbhohen Bäume und Büsche mit ihren gelblich-weißen, süßlich duftenden Dolden. Weil die Vögel, die im Herbst die Beeren fressen, mit ihrem Kot die Samen weithin verteilen und sie fast überall gedeihen, ist Holunder eigentlich keine Seltenheit; trotzdem erschienen sie mir anfangs kostbar und beinah exotisch, weil es sie in Frankfurt nicht gab.

Ich hörte, dass man die Dolden über Nacht in Wasser einlegen, das Wasser abseihen und mit Zitronensäure und Zucker zu Sirup verkochen könne, stellte eine Batterie frisch gespülter Glasflaschen bereit und näherte mich den Holunderbüschen mit einer Schere. Eben noch große Landfrau-Anwärterin und Sammlerin, überfielen mich plötzlich heftige Skrupel: Ich befürchtete, jede Blüte, die ich jetzt abschneiden würde, würde den Vögeln im Herbst an Früchten fehlen. Ich musste mir erst vor Augen halten, dass ja auch der im Reformhaus gekaufte Sirup von echten Bäumen gewonnen wurde und der Kauf von über weite Strecken transportierten Limonaden noch viel weniger ökologisch ist. Als im Herbst dann die Holunderbeeren reiften, gingen dieselben Skrupel wieder von vorn los, und absurderweise ergeht es mir bis heute mit allem so, was ich der Natur entnehme. Ohne zu zögern kaufe ich im Laden einen Sack Äpfel nach dem andern; wenn ich aber ein paar Äpfel selbst vom Boden auflese, werde ich automatisch vorsichtiger und bescheidener.

Das Selbermachen von Sirup und Marmeladen ist nicht unbedingt billiger. Von den Kosten für Zucker, neue Ringe und Deckel mal abgesehen: Von zehn Gläsern, die man einmacht, sind im Winter vielleicht noch fünf da. Der Rest wird verschenkt. Man gibt sie Kindern und Gästen oder nimmt sie als Nachtisch irgendwohin mit. Natürlich bekommt man auch viel zurück, besonders Dorle und Katharina produzieren jedes Jahr endlos viele Sorten von Gelees und Marmeladen. Es ist mir unmöglich, die Wege all dieses Gebens, Nehmens und Tauschens so zu überblicken, dass sich eine eindeutige Bilanz daraus ziehen lässt; auf jeden Fall wird hier eine gänzlich andere Ökonomie in Gang gesetzt als die, die mir aus dem Supermarkt vertraut ist. Vermutlich muss man noch viel mehr Jahre mit Einmachen verbringen, bis sich zwischen den drei Achsen Anschaffung, Vorratshaltung und Verbrauch eine gewisse Routine herstellt.

Die erste Generation Sirup schimmelte übrigens ohnehin, und mit meiner ersten Generation von Kompotten war es ähnlich. Dabei hatte ich alles genau nach Anleitung gemacht und Dorle zig Detailfragen gestellt. Nachdem das mit den Einmachfrüchten nicht so gut geklappt hatte, verlegte ich mich wieder auf Chutneys – manche schmeckten sehr gut, andere hatten so eine scheußlich graue Farbe, dass man wenig motiviert war, das Glas überhaupt wieder zu öffnen. Ich begann schon zu fürchten, es würde auf ein jahrelanges Trial and Error hinauslaufen, merkte dann aber, dass immerhin das Entsaften von Holunderbeeren idiotensicher zu sein scheint. Seither stelle ich mich jeden Herbst, wenn die Holunderbeeren reif werden, ein paar Abende lang in die Küche; Kacheln und Schürze sind von purpurrotem Saft befleckt; es dampft und riecht herb-fruchtig nach Holunder. Roh darf man Holunder ja ohnehin nicht essen, und in den Dolden lebt jede Menge kleiner Käfer, Raupen und Ohrenkneifer, sodass man die Dolden am besten gut ausschüttelt und vor der Verarbeitung noch ein paar Stunden draußen lässt, damit das Kleingetier die Flucht ergreifen kann.

Dann gebe ich die Beeren in große Töpfe mit etwas Wasser, koche Flaschen aus, bringe den Trichter, den ich mit einigem anderen Hausrat von meiner Großmutter geerbt habe, endlich mal wieder zum Einsatz; koche den Saft mit Zimt, Koriander, Ingwer, Nelken und Zucker auf und siebe ihn durch ein feines Netz. Aus einem Eimer Beeren gewinne ich so ein Dutzend Halbliterflaschen, die bis zum nächsten Sommer reichen.

Mein Garten glich einem großen Brennnesselfeld, als ich einzog, darum war ich zunächst mit dem Ausgraben und -reißen von Brennnesseln und dem Ziehen von Zäunen beschäftigt. Aber bereits im ersten Jahr habe ich auch ein paar Obstbäume und Flieder gepflanzt, Heidelbeersträucher gesetzt, die Rose geschnitten und festgebunden, eine Rosenhecke aus wilden Ablegern und ein Beet mit Malven, Pfingstrosen und Hibiskus angelegt.

Außerdem wollte ich ein Kräuterbeet. Im ersten Frühjahr war meine Küche daher von unzähligen Töpfchen blockiert, in denen ich glatte und krause Petersilie, Borretsch, Pimpernelle, Kerbel, Dill und Schnittlauch zog. Leider hatte ich für den Anfang ein schlechtes Jahr erwischt: Bis auf Borretsch und Pimpernelle fiel alles den Schnecken zum Opfer. Ich wusste ja nicht, was üblich war, aber im ersten Jahr stöhnten auch alle Nachbarn über Nacktschnecken; man konnte kaum einen Schritt tun, ohne auf einen der roten oder schwarzen Leiber zu treten. Ich setzte meine sorgsam gehätschelte Petersilie ins Beet, am nächsten Morgen war sie weg. Komplett. Man sah nicht einen nackten Stängel! Ich kaufte größere Pflanzen nach und durfte beobachten, wie sich die Schnecken zu ihnen hin und auf ihnen entlang wanden; manchmal ging ich abends zwei Mal ins Beet, um Schnecken abzusammeln und möglichst weit in den Wald zu tragen. Dann kapitulierte ich.

Wer braucht schon Petersilie? Aber Kürbisse wollte ich wenigstens! Wie jeder weiß, ist die Kürbiszucht das Einfachste vom Einfachsten. Ich wollte schöne orangefarbene Hokkaidos mit einer Schale, die man essen kann, zog mir ein halbes Dutzend Pflänzchen heran, setzte sie in ein Beet, freute mich über jede einzelne Blüte, bewunderte das Anschwellen des Fruchtknotens ... und sah schon wieder Nacktschnecken darauf sitzen! Als ob sie sich ein kleines Haus bauen wollten, nagten sie sich in den Minikürbis hinein und höhlten ihn von innen her aus.

Ich kaufte einen Anti-Schnecken-Zaun aus Metall, der teuer und nicht ganz leicht zu befestigen war. Nach vielen Mühen hatte ich den Schnecken zwei mal zwei Quadratmeter abgetrotzt. Der Kürbis blühte und blühte, aber es war ein verregnetes, sonnenarmes Jahr, und die Früchte blieben klein. Es blieb dabei: Pimpernelle, Borretsch und Schnecken. Pimpernelle und Borretsch kann man immerhin in den Salat tun, aber sobald die Pimpernelle blüht, verliert sie an Geschmack, während der

Borretsch, wenn er groß wird, viele stachelige Härchen entwickelt. Staunend musste ich feststellen, dass man auch mit einem eigenen Kräuterbeet von der Saison der jeweiligen Kräuter abhängig ist. Das ist eben anders als bei dem Schächtelchen Schnittlauch, das man im Tiefkühlfach liegen hat.

Ich versuchte es gelassen zu sehen: Der Borretsch war fast einen Meter hoch gewachsen, er war buschig und blühte in Kaskaden schimmernder mittelblauer Blüten. Manche Leute meinen, dies sei die »Blaue Blume« der Romantiker gewesen. Andere halten Kornblume oder Rittersporn für wahrscheinlichere Kandidaten – falls es überhaupt ein einziges botanisches Vorbild für dieses Symbol der Sehnsucht gab. Jedenfalls widmete ich das einstige Kräuterbeet unter der Rose in ein Beet für ausschließlich blau blühende Pflanzen um. Säte Kornblumen aus und pflanzte Lavendel und Rittersporn an, die dem Borretsch Gesellschaft leisten sollten. Den Rittersporn und die Kornblumen fraßen – wie könnte es anders sein – die Schnecken. Der Lavendel ging ein. Es blieb der Borretsch.

So kam es also, dass ich mich irgendwann in meinem Garten umsah und überlegte, was man außer Borretsch noch daraus gewinnen könne. Am üppigsten vorhanden waren eindeutig Brennnesseln. Angeblich werden Brennnesseln von den Raupen der Schmetterlingsarten Kleiner Fuchs, Tagpfauenauge, Landkärtchen und Admiral benötigt. Man solle daher beim Anlegen eines Gartens »eine Ecke voll Brennnesseln stehen lassen«, hatte ich schon mehrfach gelesen: dass ich nicht lachte. Im ersten Jahr ging es erst mal darum, für mich eine Ecke zu gewinnen, auf die ich unbeschadet treten konnte! Rechts von der Terrasse standen meterhohe Brennnesseln, vor der Terrasse empfing einen eine Brennnesselbarrikade, wenn man versuchte, auf die (von Brennnesseln überwucherte) Wiese zu gehen, und sogar auf der Terrasse selbst wuchsen Brennnesseln aus allen Ritzen.

Immer wieder hörte ich, wie insbesondere ökologisch angehauchte Menschen Brennnesseln dafür priesen, dass man aus ihnen Spinat kochen kann. Lange Zeit kannte ich aber niemandem, der sie auch tatsächlich aß, und ich selber mag nicht einmal echten Spinat. Dann hörte ich von einer Bekannten, dass man aus Brennnesseln Gelee kochen könne. Dazu legt man sie mitsamt etwas Pfefferminze kalt ein, gibt später Ingwer, Zitronenschale und natürlich Zitronensäure und Einmachzucker hinzu und kochte die Flüssigkeit zu einem Gelee. Manchmal verwende ich doppelt so viel Ingwer und nenne das Resultat Ingwergelee, mal nehme ich mehr Zitronenschale für Zitronengelee. Alle drei Sorten schmecken hervorragend. Und es ist eine großartige Verwendungsweise für Brennnesseln – wofür allerdings nicht mehrere hundert Quadratmeter, sondern nur die besagte »Ecke« notwendig ist. Aber wenn ich ganz ehrlich bin: Am deutlichsten schmeckt man Ingwer oder Zitrone, und die kaufe ich dazu. Ich habe mir schon überlegt, ob ich die Brennnesseln einfach weglassen sollte … aber dann wäre es ja kein Brennnesselgelee, ergo kein Produkt aus meinem Garten mehr! Deswegen bestehe ich darauf, dass man den Brennnesselsud mit seinem undefinierbaren, aber auch irgendwie subtilen Geschmack unbedingt als Grundlage benötigt.

Später habe ich mich dann tatsächlich ans Ernten von Brennnesseln als Gemüse gewagt und auch gelernt, ein paar Wildkräuter aus dem Garten oder der näheren Umgebung zu sammeln. Doch das Gärtnern selbst ist für mich eine ambivalente Erfahrung geblieben. Es handelt sich weniger um ein Anpflanzen als ums Ersetzen und Umschichten. Einerseits ist man stolz über jede Pflanze, die man zum Wachsen bringt, anderseits war die Stelle vorher ja nicht kahl, sondern ebenfalls bewachsen. Um eine »ursprünglich« wirkende, »natürliche« Bauernrabatte zu haben, graben wir die Erde um, zerstören Gräser und das, was wir Unkraut nennen, zerhacken Regenwürmer und Schneckenhäuser, machen Käfer und Ameisen heimatlos. Alles, damit nachher eine andere Pflanze dort wächst, wo früher Wildnis war – diese Tätigkeit hat weniger mit Natur zu tun als mit dem Bedürfnis des Menschen, seine Umgebung zu gestalten.

Was vielleicht auch Natur, nämlich die des Menschen ist. Ich war überrascht zu erleben, zu welchem Ausmaß dieser Drang des Gestaltens, diese Unruhe, die Dinge nicht so belassen zu wollen, wie sie waren, auch in mir wohnte, obwohl ich keine obsessive Garten- oder Blumenfreundin bin. Am Anfang kämpfte ich gegen die Brennnesseln, grub ihre Wurzeln aus und mähte sie nieder, das hatte noch seinen praktischen Sinn. Danach konnte ich mich einige Zeit an dem Wildwuchs der Wiese erfreuen, an den Gräsern, die mit ihren hellen Ähren im Wind schwankten, an den Blüten der Disteln, die ja durchaus eine schöne Farbe haben.

Früher oder später packte mich aber doch das Unbehagen, dass dies verwildertes, unbearbeitetes Land sei; so wie ein vollgerümpelter Fußboden noch im chaotischsten Menschen (also mir) hin und wieder den Aufräumtrieb weckt, hatte ich den Eindruck, der unbearbeitete Garten wirke lieblos. Ich meinte, dass ich »etwas tun«, dem Garten den Stempel menschlicher Achtsamkeit aufdrücken solle. Unter anderem legte ich unter viel Schweiß einen lockeren, gewundenen Pfad aus rötlichen Platten durch den ganzen Garten; zur Fortbewegung brauchte man ihn nicht, aber er bot dem Auge etwas Struktur. Und er signalisierte, dass dies – obwohl verwahrloster als die benachbarte Weide – immerhin ein Garten war.

Ich setzte ein paar Obstbäume und strich die alte Kinderspielhütte in Schwedenrot und Weiß. Im Internet bestellte ich einen gusseisernen Pavillon, an dem Glyzinien und Clematis hochranken sollten. Ich sah alles schon vor mir: den wunderschönen schwarzen, stabilen, doch zierlichen Pavillon und ringsherum jede Menge Grün mit Blüten in Blau und Weiß.

Was man dem Käufer im Internet vorenthalten hatte, war die Information, dass dieser Pavillon in 186 Einzelteilen geliefert wurde, die man selbst zusammenbauen musste. Ich war davon ausgegangen, die Spedition bringe das kuppelförmige Ober- und ein Unterteil. Tatsächlich kamen aber wenige Tage später zwei flache Pakete, zusammen fast zwei Zentner schwer. Es brauchte drei Leute, um die teils krummen Teile so weit zusammenzubiegen, bis man sie, wie in der mehrseitigen und trotzdem ziemlich undurchsichtigen Aufbauanleitung angegeben, zusammenschrauben konnte. Kurz bevor ich die Flinte ins Korn werfen wollte, kam zur Unterstützung ein Freund aus Berlin mit seinem Fahrradwerkzeug angereist. Fünf weitere Helfer waren nötig, um die Kuppel auf die Ständer zu stellen. Das Ergebnis sah wundervoll aus, die Mühe hatte sich gelohnt.

Und der Pavillon gefällt mir immer noch, und er sieht immer noch aus wie am ersten Tag: Keine einzige Kletterpflanze ist angewachsen. Nicht die Glyzinie, nicht die Clematis, nicht die Winden und die Feuerbohnen. Ein Knöterich, der angeblich bereits im ersten Jahr stark beschnitten werden muss, weil er bis zwanzig Meter wuchert, hat ein verholztes Ärmchen zur Kuppel hochgereckt und daraus ein paar Blättchen sprießen lassen – ich habe keine Ahnung, was sich in diesem Boden versteckt. Vielleicht fressen Wühlmäuse die Wurzeln auf. Oder sind es wieder die Schnecken? Ich hatte auch einmal weiß blühende Bodendecker rund um den Pflaumenbaum gepflanzt, keine zwei Wochen später war alles weg.

Ich kaufte Pflanzen, besuchte Gärtnereien und säte; besorgte mir Spaten und Schaufel, Harke und Rechen, Eimer und Schnellkomposter, Rosenschere und passende Scheren. Mehr Geld als geplant versenkte ich im ersten Jahr in diesem Garten. Mir war gar nicht klar gewesen, was für ein finanzieller Posten ein Garten werden würde, überhaupt: wie viele Anschaffungen ein Leben draußen erforderlich macht. Türmatten, ein grober Besen für die Terrasse, Gartenmöbel, Farben und Lasur, ein Sonnenschirm, eine kleine Außenlampe, Draht, um Rosen hochzubinden, Wegplatten, Pflanzpflöcke und Blumenerde. Und zum Lohn ein Garten mit Rosen, Borretsch und Brennnesseln.

Inzwischen aber auch mit einer kleinen Kirsche, einer Mirabelle und einer wilden Pflaume, mit Kapuzinerkresse und süß duftendem Geißblatt, mit Löwenmäulchen, Mohn, verschiedenfarbigem Lavendel und großen Beeten voll Pfefferminze, die duftet, wenn jemand durch den Garten geht und auf eines ihrer Blätter tritt. Die beiden Himbeersträucher spenden jedes Jahr immerhin fünf, sechs Früchte, und auch ein Beet mit Küchenkräutern habe ich inzwischen. Hartnäckig haben meine Freundin Dörte und ich immer wieder Pflanzen nachgesetzt, bis wir herausgefunden hatten, welche die Schnecken nicht gerne fressen. Und so viele Schnecken wie in jenem ersten Jahr habe ich auch nie wieder gesehen.

Auch in jenem Jahr allerdings gedieh keine hundert Meter weiter ein Garten, fast mitten im Wald, wo am Rande des Bachs eine kleine Lichtung ist. Da hatte sich Peter, der mit dem Traktor so gern durch die Gegend fährt, einen kleinen Garten geschaffen. Etwa drei mal acht Meter umgegraben, sie zum Schutz vor den Rehen eingezäunt, Furchen gezogen, gesät und ein paar Blumenzwiebeln gesetzt. Ein paar selbst gezogene Kürbispflänzchen, die ich ihm gab, setzte er einfach auf seinen Komposthaufen. Im Sommer kam man kaum mehr an diesem Haufen vorbei – dicht an dicht saßen die breiten grünen Blätter, und darunter orangefarbene, stattliche Kürbisse. Peter konnte Kräuter ernten – alle hübsch in Reihen ausgesät –, Salat und Zwiebeln, Gurken und Bohnen. Ich hatte ihm eine Dahlie gegeben, die hoch wuchs und prächtig blühte (meine wurde von der Ziege Lilly abgefressen, den Kopf halsbrecherisch durch den Zaun gestreckt).

Im Herbst fährt Peter mit seinem Traktor laut tuckernd in die Pilze und findet Rehkappen und Steinpilze in rauen Mengen. Man müsse nur wissen, wo man zu suchen habe, meinte Peter schon mehrmals andeutungsvoll; allerdings kann ich ihn ja schlecht danach fragen, dann wäre sein Geheimnis dahin. Ein glückliches Händchen für sämtliche Pflanzen, unerschöpfliche Vorräte an Brennholz und geheime Stellen mit Pilzen: ein mehr als gerechter Lohn, wenn man bereits auf diesem Gut geboren ist und im Rentenalter noch hier lebt und arbeitet.

DER GESANG DER HÜHNER

In der Nähe des Dorfes gibt es eine Hühnerfarm mit knapp 10 000 Legehennen, die in biologischer Freilandhaltung Eier produzieren. Bei meinen Spaziergängen hatte ich diese Hühnerfarm bereits hin und wieder aus der Entfernung gesehen; doch Hühner interessierten mich nicht, wie eigentlich alles, was Federn hat. Einige Jahre zuvor hatte ich für einen Zeitungsartikel die Produktion von Hühnern und Eiern recherchiert, das hatte mir genügt. Weil heutige Hühner so stark auf eine bestimmte Leistung – die Produktion von Eiern *oder* Fleisch – gezüchtet sind, sind die männlichen Küken überflüssig und werden noch am Tag des Schlüpfens aussortiert, begast und durch einen Schredder gedreht. Ein Vegetarier sollte das mitbedenken, wenn er Eier isst.

Und nicht allein das: Wenn man an Geburten oder überhaupt die Ausscheidung größerer Objekte durch eine an sich kleinere Öffnung dachte: Es konnte für die Hühner nicht angenehm sein, fast jeden Tag ein Ei zu legen. Ihr Instinkt gab ihnen ein, ungefähr ein Dutzend davon zu legen, sich dann daraufzusetzen und zu brüten. Dass man diesen Vorgang immer wieder vereitelte, ihnen oft genug sogar den Bruttrieb ganz wegzüchtete und sie sozusagen zu kleinen Eierlegmaschinen machte, schien nicht ganz fair.

Derart waren meine abstrakten und recht naiven, weil vom echten Ausmaß des Schreckens noch ziemlich weit entfernten Überlegungen gewesen, lange bevor ich ein Huhn aus der Nähe gesehen hatte. Aber darum hatte ich mir schon vor mehreren Jahren das Essen von Eiern abgewöhnt. Mit den entsprechenden Backbüchern kann man leicht ohne Eier backen; Frühstückseier ließ ich weg. Somit waren Eier – wie Hühner – in meinem Leben praktisch nicht existent.

Dann gingen meine Kusine Birgit, die im Herbst zum ersten Mal aus Frankfurt zu Besuch kam, und ich zwischen den Feldern in der Nähe der Hühnerfarm spazieren. Ich kannte den Besitzer, wir grüßten uns, und er bot von sich aus an, uns die Hühneranlage zu zeigen. Die sei nämlich gerade leer; einmal im Jahr würden alle Hennen ausgeräumt, zum Schlachter gefahren, die Ställe gereinigt und nach einigen Wochen mit neuen Hühnern bestückt. Man macht dies, weil Hühner nach ungefähr einem Jahr in die Mauser kommen und in der Zeit weniger legen; außerdem nimmt die Legeleistung ab, und die Eier werden mit zunehmendem Alter der Hennen immer größer, sodass sie nicht mehr in die Eierkartons passen. Ältere Hennen sind daher unwirtschaftlich; selbst wenn sie als Schlachtkörper nur wenige Cents abgeben, lohnt es sich, sie auszutauschen.

Die Anlage besteht eigentlich nur aus einer langgestreckten Halle; weil aber in der Biohaltung die Gruppengröße von 3000 Hühnern nicht überschritten werden darf, ist diese Halle in vier Ställe unterteilt. Im Vorraum sahen wir die vier Förderbänder, auf denen die Eier jeden Morgen aus der Halle kommen; ein Mitarbeiter sortiert sie von Hand in die Paletten ein. Der Besitzer öffnete eine Tür mit dem Schild »Achtung Seuchengefahr« – nicht, weil diese Hühner krank gewesen wären, sondern weil bei Großbetrieben gewisse Sicherheitsmaßnahmen vorgeschrieben sind. Drinnen befanden sich auf der einen Seite die Stangen und Förderbänder für Futter und Wasser, auf der anderen abgeschirmte Nestbereiche zum Legen.

Unten Betonboden, darauf Sand zum Staubbaden. Irgendwie alles Hightech; die Größe der Anlage war beeindruckend, ob im positiven oder negativen Sinne, ließ sich schwer sagen. Es war schwer vorstellbar, wie die Halle aussehen sollte, wenn sie »bewohnt« war.

Doch noch während der Besitzer wiederholte, dass sie jetzt leer sei, hörten Birgit und ich ein leises Singen. Man könnte es auch Fiepen nennen, aber Singen trifft es wirklich besser: Wenn Hühner hungrig oder durstig sind, aber auch, wenn sie sich wohl fühlen, geben sie angenehme, hohe Töne, fast eine Melodie von sich. Und diese Melodie hörte ich an jenem Tag zum ersten Mal.

Wir fragten, wo die Laute herkämen, und fanden unterm Fließband eine Henne. Und dort drüben noch eine, und eine dritte. Wir erfuhren, dass dies häufig geschehe: Beim Abtransport seien offenbar einige entwischt.

Was jetzt mit diesen Hühnern geschähe, fragten wir. Der Besitzer lächelte verlegen. Nun, die Tür nach draußen stehe offen, sie könnten hinauslaufen und ein Leben als freie Hühner beginnen.

Doch es war klar, dass das nicht geschehen würde. Und so werden diese Resthühner jedes Jahr von den Reinigungskräften getötet. Noch am selben Tag sollten die Männer kommen, alles komplett ausräumen, den Sand entfernen, jeden Rest von Kot mit dem Hochdruckreiniger wegblasen, die Halle desinfizieren.

Es tat Birgit und mir leid, diese drei Hühner zu sehen, die am Abend zuvor – der Transport beginnt immer nachts, weil die Hühner dann ruhiger sind – überlebt hatten, ohne rechte Versorgung in dem verlassenen Stall herumirrten und wenig später doch sterben sollten.

Aber es waren nicht unsere Hühner. Nicht unsere Anlage. Es war insgesamt nicht unser Problem! Wir bedankten uns für die Führung und gingen etwas bedrückt zu unserem Auto am Rand des Spazierwegs zurück. Natürlich weckt eine solche Situation in jedem Tierfreund den Wunsch zu »retten«. Die armen Hühner – hatten sie nach einem Jahr im treuen Dienst des Menschen nicht etwas Besseres verdient? Doch wie gesagt: nicht unser Problem.

Den gesamten Rückweg über diskutierten Birgit und ich das Pro (retten) und Contra (nicht unser Problem), dann trafen wir den Besitzer der Hühner zufällig bei der Post, und es schlüpfte mir heraus: Ob er, theoretisch, hypothetisch, prinzipiell, eventuell – ob er also etwas dagegen hätte, wenn ich mir die Hühner holte? Er lächelte und sagte, er habe gar nichts dagegen. Allerdings ergänzte er: »Die sind schon ziemlich ausgemergelt. Ich fürchte, an denen wirst du nicht mehr viel Freude haben.« Dieser Satz verunsicherte mich zunächst, dann ignorierte ich ihn.

Im Nachhinein bin ich versucht, alles auf Birgit zu schieben – zu behaupten, dass sie es war, die schließlich die Entscheidung traf. Tatsächlich aber liefen Pro und Contra noch eine Weile weiter – bloß blieb Contra rein theoretisch, während Pro bereits direkt aufs Praktische ging. Während wir einerseits an unserer Meinung festhielten, dass es verrückt sei, Hühner aufzunehmen – schließlich hatte ich nicht mal einen Stall –, durchsuchten wir andererseits Christians Scheune, um zu schauen, was notfalls als provisorisches Hühnerhaus herhalten konnte. Das alles geschah an einem Sonntag Anfang Oktober, es war schon kalt; die drei Hühner hatten nach den fast zwölf Monaten in der Anlage kaum Federn am Leib gehabt. Und schon wegen des Fuchses mussten sie – so viel wussten wir immerhin – nachts in einen Stall. Wir fanden dies und das, was man zusammenbasteln konnte; ich telefonierte den armen Peter herbei, der seinen Ruhetag genießen wollte und entsprechend sonntäglich angezogen war. Er versprach trotzdem zu kommen – aber nur um zu gucken und zu beraten. Irgendetwas mit dem Traktor herbeifahren würde er in diesen Klamotten nicht. Ich schnappte mir eine der alten Gänse-Transportkisten, die von früher noch überall herumstanden, und fuhr zurück zur Hühnerfarm.

Die Reinigungsmänner, es waren zwei, hatten gerade mit der Arbeit begonnen. Hoffentlich hatten sie die Hühner nicht schon erwischt! In langen Gummistiefeln und Overalls liefen sie mit dem Hochdruckgerät durch die Hallen; ich erklärte ihnen, dass ich mit dem Besitzer abgesprochen hätte, dass ich die Hühner haben dürfe. Sie waren entgegenkommend, aber mit den Hühnern nicht sonderlich zimperlich, fingen sie teils mit der Hand, teils mit dem Kescher; ließen sie an den Füßen baumeln, während sie sie zu der Transportbox trugen.

Die Hühner schrien fürchterlich. Der Schrei, den sie ausstießen, ähnelte nichts, was ich seither je aus ihrem Schnabel gehört habe; es waren gellende Schreie, wahre Todesschreie, die mich noch tagelang verfolgten.

In diesem Moment war ich mir sicher, dass unsere Entscheidung richtig gewesen war. Diese Hühner waren noch nicht am Ende. Sie wollten leben, ganz eindeutig! Ich gelobte mir, sie nie so zu tragen, und wartete ab, bis alle in der Box beisammen waren.

Und es wurden immer mehr. Drei waren es in der vorderen rechten Halle, aber einige hatten sich noch in den anderen Teilen der Anlage versteckt. Mit jedem Huhn, das herbeigetragen wurde, freute ich mich – noch eins gerettet –, und gleichzeitig wurde mir immer mulmiger: Wo sollte ich mit all den Tieren hin? Am Ende waren es insgesamt zehn.

Als ich auf meinen Hof zurollte, hupte ich mehrmals. Birgit hatte aus den Brettern und Gittern, die wir in der Scheune gefunden hatten, eine Art Verschlag mit einem sehr kleinen Auslauf zusammengestellt; und Peter hatte natürlich doch den Traktor in Gang gesetzt und eine große Holzkiste herbeigeholt. Sonntagsstaat hin oder her, er nagelte ein paar Bretter an die eine Seite, damit es nicht ganz so zugig war, und ein großes Stück Dachpappe obendrauf. Jetzt hatten die Hühnchen einen etwa anderthalb Meter großen Unterstand und vielleicht sechs Quadratmeter Auslauf – nur für die ersten Tage. Bis wir eine bessere Lösung hatten.

Aus der Nähe sahen die Hühner ziemlich erbärmlich aus. Wenige waren noch voll befiedert, die meisten nur teilweise bedeckt und zwei fast nackt. Wir stellten ihnen Wasser hin und Getreide, das ich von meinem Vermieter geschenkt bekommen hatte, und wir schauten ihnen zu, wie sie frisches Wasser tranken: Die Schnäbel flink eingetaucht, die Köpfe nach oben und in den Nacken gelegt, die Augen fast andächtig dabei geschlossen oder rollend. Sie nahmen immer nur winzige Schlucke und ließen das Wasser in den Kropf kullern; sie hatten Durst gehabt, und dann noch die Aufregung – man merkte beim Zugucken richtig, wie erleichternd das Trinken war.

Sie fraßen auch und hielten sich generell nicht lange mit Schüchternheit auf. Sofort erkundeten sie ihr kleines Gehege und fingen an, Gras zu rupfen, als hätten sie nie etwas anderes getan. Sie scharrten mit beiden Füßen und pickten nach Insekten, Würmern und Körnern. Obwohl sie als Freilandhühner Auslauf gehabt hatten, hatten die wenigsten von ihnen je

Gras oder gar einen Wurm gesehen. Der Auslauf in der Anlage war längst kahlgescharrt und mit Mulch bedeckt.

Wenn Hühner scharren, sind sie immer ganz eifrig bei der Sache. Alles muss beiseite geschafft, von unten untersucht und bepickt werden; dazwischen schaut man mit den kleinen Augen nach oben und zu allen Seiten, es könnte ja ein Fressfeind kommen. Wenn sie ruckartig ihre Köpfe hoben und uns beäugten, sahen wir überraschenderweise kaum Misstrauen darin.

Es ist immer wieder großartig zu sehen, dass in diesen hochgezüchteten Hühnern noch alles angelegt ist, was ein richtiges Huhn ausmacht. In den ersten Tagen wetzen sie hin und her und klären dabei auch – nicht immer freundlich, doch wenigstens unblutig – die Rangordnung. Paradoxerweise ist es aber nicht diese normale Hühneraggression, weswegen sie anfangs so wenige Federn haben, sondern weil sie in großen Anlagen ihre Rangordnung nicht klären können. Hierin unterscheidet sich auch das Gros der Biohaltung nicht von der üblichen Massentierhaltung. Man sagt, dass ein Huhn nur mit bis zu 50 Artgenossen die soziale Ordnung im Blick behalten kann. Sind es mehr – zum Beispiel 2500 – lässt sich keine stabile Ordnung mehr herstellen. Jede pickt jede, und die Getriezte läuft und flattert weg in der Hoffnung, dass es woanders ruhiger ist. Dazu kommt die stressbedingte Autoaggression. In Landwirtschaftskatalogen kann man daher jede Menge chemischer Mittel angepriesen finden, die dem Federausreißen in konventionellen Betrieben ein Ende bereiten sollen. So kuriert man ein nicht tiergerechtes Übel mit dem nächsten, statt die Tiere so leben zu lassen, wie sie es brauchen: In kleinen Gruppen wird das Picken wieder Mittel zu einem überschaubaren, endlichen Zweck. Die ersten zwei Wochen wird die Hierarchie geregelt, danach ist mit den Rangeleien Schluss.

Peter verabschiedete sich irgendwann, und Birgit und ich hingen über der Absperrung und bewunderten unsere Hühner. Diese Spezies war uns völlig fremd; ohne Federn sahen sie noch sonderbarer aus. Angeblich sind Hühner mit Dinosauriern verwandt, deren nächste lebende Verwandte – was natürlich relativ ist. Vermutlich teilen sich Dinosaurier und Hühner bloß einen viele Millionen Jahre zurückreichenden Zweig unseres tierischen Stammbaums. Doch wenn sie relativ nackt sind, die Beine staksig unten am Körper, die Flügel auf den Rücken geklemmt, sehen sie tatsächlich ein bisschen aus wie Miniaturausgaben eines Tyrannosaurus Rex.

Dringend mussten wir herausfinden, was Hühner eigentlich alles brauchten. Es ist natürlich höchst leichtsinnig, zuerst ein Tier anzuschaffen und sich danach erst kundig zu machen, bloß ließ sich in diesem Fall an der Reihenfolge nichts ändern. Den Rest des Tages saßen Birgit und ich vorm Internet. Dort gibt es ein ausgezeichnetes Forum mit Hunderten erfahrener und engagierter Hühnerhalter – manche kalkulieren streng wirtschaftlich, andere sind tierschützerisch motiviert. Die meisten bewegen sich irgendwo in der Mitte: Sie bemühen sich, ihre Tiere anständig zu behandeln, nutzen und schlachten sie aber auch. Wenn man die Antwort auf eine bestimmte Frage nicht auf Anhieb in den tausend Threads dieses Forums findet, melden sich noch am selben Tag andere User und haben Ratschläge parat. Unter anderem erfuhren Birgit und ich, dass man bei diesen sogenannten Legehybriden, die wir da geerbt hatten, darauf achten muss, dass sie genug nährstoff- und vor allem eiweißreiche Spezialnahrung bekommen; ansonsten würden sie, die auf Hochleistung gezüchtet waren, sich schnell verausgaben. Und dass wir tatsächlich möglichst rasch einen fuchs- und mardersicheren Stall brauchten. Bei ebay wurde ein fahrbares

Gestell mit Hühnerstall angeboten, in das sich Birgit sofort verliebte. Der Stall konnte leicht versetzt werden, sobald ein Stück
Wiese von all diesem eifrigen Scharren »hühnermüde« geworden war; die Hühner wohnten etwas erhöht in einem kleinen
Wagen und spazierten morgens über eine kleine Leiter herab.
Birgit wurde nicht müde, mir die Vorzüge dieses Stalls zu preisen. Dabei übersah sie geflissentlich, dass dieser Stall kurz vor
der polnischen Grenze stand, dass man eine Anhängerkupp-
lung brauchte (die mein Kombi nicht hatte) und dass die Fahrt
auch ohne Anhänger viele Stunden dauerte. Ich druckte eine
Routenbeschreibung aus und hielt sie Birgit unter die Nase –
es half nichts. Birgit war und blieb verliebt. Bis heute antwortet sie jedes Mal, wenn ich über ein hühnerbezogenes Problem
berichte, mit einem sehnsüchtigen Seufzer und der Erklärung,
wir hätten damals »eben doch« den fahrbaren Stall ersteigern
sollen.

Am Abend gingen Birgit und ich nochmals hinaus und
schauten, wie sich unsere Hühner am Abend verhielten; wie
wir gehofft hatten, zogen sie sich bei Anbruch der Dunkelheit
in die halb zugenagelte Kiste zurück. Wenn sie da zusammen-
rückten, würden sie hoffentlich nicht zu sehr frieren. Sicher-
heitshalber stellten wir noch einen großen Karton zur Däm-
mung davor. Wir surften weiterhin durch das Hühnerforum
und sanken irgendwann erschöpft aufs Sofa. Wir waren zufrieden mit dem, was wir bisher geschafft hatten, fragten uns
aber auch, wie es wohl weiterging. Und plötzlich fingen wir
beide an, hysterisch zu lachen. Wir lachten und lachten und
krümmten uns fast; aber wir lachten nicht aus Vergnügen, sondern nur, weil die Anspannung nachließ. Und das Entsetzen.
Wir machten Witze über die Hühner, die wie gerupfte Suppen-
hühnchen ausgesehen hatten; so nackt, dass man sich ekelte,

sie anzufassen. Unter den wenigen Federn waren sie ledrig und heiß, sie sahen absurd aus, und so hässlich. Wir mussten uns den Ekel und das Mitleid und all diese Gefühle ob der 10 000, von denen wir jetzt 10 »gerettet« hatten, einfach von der Seele lachen. »Ich konnte sie kaum anschauen, so schlimm sehen die aus«, sagte Birgit, »ich hab immer halb an ihnen vorbeigeschaut.« Mir war es genauso gegangen. Ich würde mich sicher an den Anblick gewöhnen, und überhaupt an den Gedanken, Geflügel zu besitzen; ich hoffte sehr, dass ihnen noch einige gute Monate oder gar Jahre bevorstanden. Aber schön – nein, schön anzusehen waren sie am Anfang nicht.

Beim Tischler bestellte ich eine Gartenhütte; zwar war er für die ganze Woche ausgebucht gewesen, wollte die anderen Termine aber verschieben. Dass eine Schar nackter Hühner Schutz vor Fuchs und Kälte braucht, leuchtete ihm unmittelbar ein. Zwei Tage später halfen mehrere Männer aus dem Dorf, darunter einer, den ich gar nicht kannte, beim Aufstellen des Hühnerhauses. Es maß 1,60 mal 1,80 Meter. Drinnen gab es zwei Stangen zum Schlafen, darunter ein Brett für den nächtlichen Kot, einen hühnergerechten Ausgang und ein Fenster.

Die Hühner gewöhnten sich schnell an ihr neues Zuhause, und ich musste mich daran gewöhnen, jeden Abend zum Schutz vor dem Fuchs das Türchen zu schließen und es morgens wieder zu öffnen. Plötzlich war ich auf eine Weise verpflichtet, die man als kinderloser Mensch so nicht kennt. Ich musste jeden Abend um eine bestimmte Uhrzeit zu Hause sein; und wenn ich morgens länger schlafen wollte, musste ich in Kauf nehmen, dass zehn Hühner damit nicht einverstanden waren und mich dies später auch wissen ließen. Hühner seien »richtige kleine Preußen«, sagte meine Mutter halb erstaunt, halb anerkennend, als sie einmal zu Besuch kam und die morgendliche Pflicht übernahm. Alles muss genauso gemacht werden wie jeden Tag, und um genau dieselbe Uhrzeit. Einmal begann das Huhn, das als Erstes den Kopf durch die Tür steckte, meine Mutter empört anzugackern; nach eingehender Prüfung stellten wir fest, dass sie die Tür ungefähr zwei Zentimeter weniger hoch geschoben hatte als sonst.

Meine Hühner stammen ja alle aus derselben Zuchtlinie, sind nämlich »Produkte« der weltweit operierenden Firma Lohmann Tierzucht, die ihre Hühner, Bruteier und dazu passende Impfstoffe in aller Herren Länder verkauft. Auf deren Website kann man sich über meine Hühner kundig machen. »Als Braunleger empfiehlt sich die Lohmann Brown Classic Henne. Die robusten Tiere sind in vielen Märkten der Welt zu Hause und zeigen eine sehr ergiebige Legeleistung an attraktiv braunen Eiern. Auch diese Henne ist für die alternative Haltung gut geeignet.«

Sämtliche dieser modernen Hühnerzüchter werden gerühmt für ihre »hohe Legespitze, großes Durchhaltevermögen in der Legeleistung«. Weil solche Firmen Labors unterhalten, in denen Futterzusammensetzung, Lichtverhältnisse und sonstige Umweltbedingungen exakt ausprobiert und in Bezug auf die jeweilige Sorte Huhn optimiert werden, lässt sich das sogar in Zahlen angeben, und die Website informiert: »Eier je Anfangshenne in 12 Legemonaten 295–305. Durchschnittliches Eigewicht 63,5–64,5 g. Schalenbruchfestigkeit > 35 Newton. Futterverwertung 2,1–2,2 kg/kg Eimasse. Lebensfähigkeit während der Legeperiode 94–96 Prozent.«

Wie bei jeder extremen Zucht sind diese Hochleistungshühner denkbar nah miteinander verwandt. Braun, mittelgroß, mit leicht gebogenen gelben Schnäbeln und Kämmen, die nach dem

Jahr in der Farm wenig durchblutet und hellrosa sind, langsam aber wieder ihre knallrote Farbe annehmen.

Doch obwohl nur eineiige Zwillinge oder Klone enger verwandt sind, sind diese Hühner individuell so verschieden! Und wenn man sie aufmerksam genug beobachtet, erkennt man sie nicht nur an der Befiederung und den farbigen Ringen, die ich ihnen umstreife, sondern auch an ihrer Stimme und ihren Gewohnheiten. Miss Brooks zum Beispiel (die erste Generation benannte ich nach Figuren aus George Eliots Romanen), eine etwas kleinere Henne mit schrägem Kamm, schätzte ihre Ruhe. Jeden Tag, wenn die anderen mittags noch herumscharwenzelten, zog sie sich zurück und fing schon mal an zu dösen. Erst nach und nach gesellten sich die anderen dazu. An sonnigen Tagen, auch im Winter, breiteten sie dabei ihre Flügel aus, um jeden Sonnenstrahl einzufangen, verrenkten Beine, Hälse und Flügel. Wenn man Hühner zum ersten Mal so liegen sieht, ein Mosaik aus absurd gelagerten Federn, Schnäbeln und halbnackten Leibern, hätte man meinen können, irgendeine Vogelgrippe hätte sie niedergestreckt. Später nehmen sie Bäder in staubiger, trockener Erde, bewerfen mit den Beinen ihr Gefieder, um Hautschuppen und etwaige Parasiten zu binden, graben dabei tiefe Kuhlen und schließen so verzückt die Augen wie eine Katze neben dem Kamin. Wenn sie dann mit geplustertem Gefieder aufstehen und sich schütteln, entsteht eine Wolke, dass man denkt, es brenne.

Während Miss Brooks die ruhige Gangart bevorzugte, war die Contessa das glatte Gegenteil. Zunächst hatte sie kaum Federn am Leib, was ich als Indiz für einen unterwürfigen, niedrigen Status missverstand. Tatsächlich jedoch pickte Contessa nach allem und jedem. Von diesem Standesbewusstsein sowie von ihrem vielzackigen, krönchenförmigen Kamm rührte auch ihr Name her. Die Contessa war ein sehr spezielles Tier; sogar Gäste, die nur einen Nachmittag hier verbrachten, lernten sie von den anderen zu unterschieden. Zog der Hühnertrupp nach links, lief Contessa nach rechts, spazierte er aus dem Stall, flog Contessa hoch auf die Heuraufe, um zu sehen, wohin man von dort gelangen konnte. Mehr als einmal musste ich sie abends einfangen, weil sie einen geheimen Durchschlupf gefunden, sich die Stelle aber leider nicht gemerkt hatte. Vor allem beschwerte sie sich jedes Mal, wenn sie mit einem ihrer Streifzüge Erfolg gehabt und ein neues Abenteuer erlebt hatte, danach aber bemerkte, dass sie allein gelassen war. Dann gackerte sie los, und sie hatte eine schrille Stimme. Wenn dieser Alarm losging, sprangen alle Menschen hoch, um sie zu suchen.

Mein Lieblingshuhn aber war Gwendoline: ein großes, voll befiedertes, prächtiges Tier. Trotzdem besaß Gwendoline keinerlei Durchsetzungsvermögen und ließ sich von allen anderen wegpicken; das magerste Huhn brauchte sie nur scheel anzusehen, und ihr kräftiger Körper wackelte davon. Gleichzeitig war Gwendoline zutraulich und suchte von Anfang an die Nähe zu Menschen, lange Zeit war sie das einzige Huhn, das sich auf den Arm nehmen ließ. In der Sonne schimmerten ihre Federn rötlich; wenn man sie anfasste, hatten sie etwas Seidiges an sich. Auch wenn sie es wohl nicht wirklich schätzte, ließ sie viele Kinderhände über sich ergehen. Die kleineren Kinder, die sich oft mehr für die Hühner interessieren als für die deutlich größeren Schafe, waren glücklich, wenn ich Gwendoline einfing und ihnen hinhielt.

Einmal passierte Gwendoline ein Malheur, das sie mir noch liebenswerter machte. Sie hatte im Schafstall nach Würmern gesucht, und ich war an mein Wohnzimmerfenster getreten, von wo aus ich manchmal ein paar zusätzliche Körner streue.

Ganz aufgeregt fing sie an mit den Flügeln zu schlagen, und weil sie ja so vorzüglich befiedert war, hob sie tatsächlich ungefähr einen Meter ab. Es muss ein enormes Erfolgserlebnis gewesen sein, nie habe ich eins meiner Hühner so hoch und weit fliegen gesehen. Gwendoline schaffte gute anderthalb Meter in meine Richtung, hatte aber das Gitter, das das Gehege der Schafe begrenzte, übersehen. Sie flog also schön wie ein Kakadu, stieß an das Gitter und stürzte ab. Direkt in die Badewanne, aus der die Schafe trinken. Gwendoline schwamm ein paar Sekunden wie eine Ente; weil ich sofort aus dem Haus lief, um sie vor dem eventuellen Untergang zu bewahren, bekam ich nicht mit, wie es weiterging. Als ich bei ihr ankam, hatte sie sich schon aus der Wanne gerettet, war patschnass und zog sich für den Rest des Tages verstört in den Schafstall zurück. Ihre nassen Federn lösten aus dem Stroh den Urin wer weiß wie vieler Schafe. Als ich sie am Abend einfing und in den Stall brachte, stank sie erbärmlich. Ich fragte mich, wie lange sie wohl traumatisiert bleiben würde, aber schon am nächsten Tag lief sie wieder mit den anderen Hühnern herum, und keines schien ihren Geruch zu bemerken.

Bald hatte ein Habicht die Anwesenheit der Hühner bemerkt, im Winter hatte er wohl wenig andere Beute und kam drei Mal vorbei. Das erste Mal hörte ich die Hühner panisch schreien, sah ihn aber nur noch, als er wieder im Abflug war. Das zweite Mal schaute ich rascher aus dem Fenster; da rüttelte er mit halb ausgebreiteten Flügeln von oben an dem Gitter aus Kaninchendraht. Er drehte den Kopf in meine Richtung, fixierte mich prüfend und versuchte dann doch tatsächlich noch länger, an den Maschen zu rütteln, bevor er davonflog. Ich war überrascht, wie wenig Angst er vor mir hatte, öffnete das Fenster und schrie ihm einige Schimpfworte hinterher.

Zum Dank kam er mir beim dritten Mal noch näher, so nah, dass umgekehrt ich Angst vor ihm hatte! Ich hockte in einer Nische neben der Hühnerstalltür; aus dem Augenwinkel sah ich ihn anfliegen und auf dem Boden landen, keine fünf Meter neben mir. Wieder drehte er sich zu mir um, ich erschrak über den festen Blick, den starken Schnabel, seine beiden Greife. Ich fragte mich, ob er vielleicht überlegte, mich anzugreifen; doch er besann sich des zweifelhaften Rufs der Gattung Mensch und verschwand.

Mehrere Male sah ich ihn danach auf einem Ast in den Bäumen sitzen; anders als Falke oder Milan kreist der Habicht nicht, sondern stößt aus dem Versteck auf seine Beute herab. Zum Glück lebt er nur im Winter hier am Waldrand. Im Sommer verschwindet er, andere Greifvögel werden am Himmel sichtbar, möglicherweise vertreibt ihn die Nahrungskonkurrenz. Dann lasse ich die Hühner laufen. Sie, die bis vor kurzem nie frei gewesen sind, werden allesamt zu Abenteurerinnen, hüpfen auf Baumstämme, balancieren auf ihnen, schnappen nach herunterhängenden Zweigen mit Beeren, tauchen durchs hohe Gras, wandern weit in den Wald hinein.

Man fragt sich, ob der Zweibeiner Mensch auch so unelegant läuft, denn perfekt ausbalanciert wirken Hühner beim Gehen nicht. Dafür ist es niedlich, wie sie o-beinig und mit weit gespreizten Füßen, den bepuschelten Popo in die Höhe gereckt, auf dem Boden herumpicken. Sie bringen einen zum Lachen, wenn sie, so schnell sie können, von Bein zu Bein hüpfend der Futterschüssel entgegeneilen. Nach ein paar Monaten bekamen auch die Armseligsten wieder Federn, aber so lange dauerte es gar nicht, bis ich völlig in sie vernarrt war.

In den nächsten Wochen stellte ich mir einen Gartenstuhl neben den Auslauf, weil ich ihnen so gern beim Scharren und

Picken und Trinken zuschaute; ich hoffte eigentlich, dass niemand bemerken würde, wozu der Stuhl diente, weil ich es selbst etwas albern fand, in meiner Freizeit Hühner zu beobachten. Merkte dann aber, dass Freundinnen von mir, die zu Besuch kamen, sich ebenfalls Stühle neben das Gitter stellten, dabei eine Tasse Kaffee tranken oder rauchten. Den Hühnern beim Herumwuseln zuzuschauen hat etwas ähnlich Beruhigendes, wie im Urlaub aufs Meer zu sehen.

DAS REH, DAS DIE
ABENDNACHRICHTEN LIEBT

Den Hühnern wuchsen die Federn nach, ihre Kämme färbten
sich leuchtend rot, und sie flitzten in meinem Garten herum,
als ob sie nie anders gelebt hätten. Tatsächlich hatten sie es ja
noch relativ gut gehabt – sie gehörten zu den »glücklichen«
Hühnern, die nicht in Käfigen oder Bodenhaltung hatten leben müssen. Die artgerechte Haltung, die das EU-Biosiegel den
um das Wohl der Tiere besorgten Kunden garantiert, bedeutet
für die Hühner jener Farm deutlich mehr Auslauf und weniger Stress als eine Anlage ohne Siegel. Aber ist das wirklich artgerecht? Ab welchem Grad der Verbesserung gegenüber einer
üblichen, grausamen Praxis ist etwas bereits gut genug?

Während meines Philosophiestudiums hatte ich mich viel
mit Moralphilosophie und einer Unterdisziplin, der Tierethik,
beschäftigt. Es handelt sich um eine relativ junge Disziplin, die
danach fragt, inwieweit wir eigentlich verpflichtet sind, nicht
nur Menschen, sondern auch Tiere moralisch zu berücksichtigen. Die klassische Morallehre – nicht lügen, nicht stehlen,
nicht quälen, nicht töten – bezieht sich ja erst einmal nur auf
das Verhalten gegenüber unseren Mitmenschen. Rechtlich gesehen sind Tiere wie Sachen zu behandeln. Die meisten Menschen allerdings lehnen auch Tierquälerei moralisch ab – und
zwar nicht nur, weil man damit auch dem Besitzer der jeweiligen »Sache« schadet, sondern wegen des Tiers selbst, auch wenn
es ein Wildtier ist, das niemandem »gehört«. Dem üblichen
Verständnis nach haben Tiere sehr wohl Anspruch auf etwas
wie Schonung und Rücksicht, wenn auch anscheinend weni-

ger als Menschen. Es ist also unklar, *welche* und *wie weitge-*
hende Rechte sie uns gegenüber haben. Mit solchen Fragestel-
lungen beschäftigt sich die Tierethik.

Dabei haben natürlich auch Menschen früherer Zeiten schon
die Notwendigkeit einer gewissen Moral gegenüber Tieren gesehen; die willkürliche Quälerei galt fast immer als moralisches
Übel. Aus den Gedichten und Erzählungen aller menschlichen
Kulturen kennen wir die Freundschaft und den schonenden
Umgang des Menschen mit dem Tier; oft wird von einzelnen
Menschen berichtet, deren Tierliebe noch weiter ging. Vom
asiatischen Raum mit seinen hinduistischen und buddhistischen Traditionen einmal ganz abgesehen, sind uns auch aus
allen Epochen des Abendlands Vegetarier bekannt. Diese Tradition beginnt mit Pythagoräern und Platonikern in der Antike und reicht über zahlreiche Mönche und Häretiker im Mittelalter bis hin zur Neuzeit mit ihren berühmtesten Vertretern
wie Leonardo da Vinci, Shelley, George Bernard Shaw und Leo
Tolstoi.

Natürlich sind nur solch große Namen überliefert, aber ich
persönlich nehme an, dass der Gedanke des Vegetarismus so
alt ist wie die menschliche Kulturtechnik der Vorratshaltung
beziehungsweise des effektiven Ackerbaus. Ab dem Zeitpunkt,
zu dem der Mensch für sein Überleben nicht mehr auf den
Fleischverzehr angewiesen war, konnte die Frage nach dem
Verhältnis von Mensch und Tier neu gestellt werden; und ich
bin mir sicher, ab diesem Moment – der unter anderem aus
Gründen des Klimas menschheitsgeschichtlich unterschiedlich erreicht war – haben es immer wieder Menschen getan.

In einer Antikensammlung wies mich meine Mutter einmal
auf ein altägyptisches Relief hin, das eine Kuh zeigt, die gemolken wird – und der eine Träne im Auge steht. Es ist anzu-

nehmen, dass sie um ihr Kalb weint, das ihr genommen worden ist. Bereits dieser altägyptische Steinmetz teilte offenbar diesen Schmerz. Sympathie – Mit-Gefühl – für das Tier empfand der Mensch schon vor Jahrtausenden, und sicher erkannte er auch dessen Lebenswillen an. Emotional wie verstandesmäßig können wir Menschen uns in andere »hineinversetzen« und ahnen, dass jeder andere Mensch und auch jedes Tier ein Wesen für sich, ein eigenes »Ich«, ein Subjekt von Wünschen und Empfindungen ist. Es gibt keinen Grund anzunehmen, dass diese Einsicht ein Privileg des modernen Menschen ist, im Gegenteil. Vermutlich war sie für die, die ständig Umgang mit Tieren hatten, schon immer naheliegend. Antike Tierdarstellungen zeigen das jahrtausendealte Interesse des Menschen am Tier in nützlicher, kultischer, sozialer, aber auch rein ästhetischer Hinsicht. Die Tierfigurensammlung des 2001 verstorbenen Numismatikers Leo Mildenberg zum Beispiel präsentierte Spezies aus dem gesamten Tierreich, von der Fliege, dem Skarabäus und der Heuschrecke über den Frosch, die Eidechse und das Krokodil bis hin zu Ente und Pfau, Haushuhn und Kampfhahn. Als Zeichnung auf Gefäßen, vor allem aber in figürlicher Gestalt aus Bronze, Silber, Gold, Fayence und Keramik begegnen uns ein watschelndes Entenküken, ein kauernder Bär, ein springender Löwe, ein ruhendes Wildschwein oder die Affenmutter mit ihrem Kind, außerdem ein Trinkgefäß in Form eines Rinds und eine Gürtelschnalle, die von einem liegenden Kamel geziert wird.

Der Igel stand Pate für Gewichte und Rasseln; in der Antike, so erfahren wir, wurde er als »zähmbares Haustier, das Mäuse und Schlangen bekämpfte«, gehalten. Haben die damaligen Keramiker dieses Tier nur geformt, weil es so nützlich war, oder werden sie nicht auch über seine runde Körperform, seinen putzigen Gang, das Schnüffeln und Schmatzen geschmunzelt haben, so wie wir es heute tun, wenn wir einen Igel im Garten haben?

Aus dem Gebiet des heutigen Afghanistan, dem damaligen Baktrien, ist ein elf Zentimeter hohes, bronzenes Schminkgefäß in Form einer Gans überliefert, das aus dem zweiten Jahrtausend vor unserer Zeitrechnung stammt. Der Körper der Gans diente vermutlich als Gefäß für Augenschminke. »Über die mögliche symbolische Bedeutung der Gans kann nichts ausgesagt werden«, schreibt der Ausstellungskatalog. Vielleicht gab es keine – vielleicht faszinierte den Künstler einfach nur die Anmut der Gans?

Diese Interpretationsnot, deren vorherrschende Maxime besagt, dass in früheren Zeiten angeblich alles primär von einem Nutzen bestimmt sein musste, ist typisch für unsere heutige restriktive Interpretation früherer Tier-Mensch-Beziehungen. Beispielsweise streiten sich Anthropologen und Verhaltensforscher immer wieder über die Anfänge der Hundezucht. Man versucht sie rein zweckmäßig, als praktische Notwendigkeit zu erklären: Hat man Wölfe zum Jagen benutzt oder hielt man sie sich zum Schutz vor anderen Raubtieren? Genauso plausibel wie diese beiden Erklärungen ist es aber, dass Menschen einst verwaiste Wolfsjunge fanden – zahlreiche Sagen erzählen davon – und sie zu sich nahmen, einfach weil sie niedlich sind. Weil sie einen Fürsorgetrieb in ihnen weckten, der irgendwo auf der allen Menschen vertrauten Skala von Mit-Puppen-Spielen bis zum eigentlichen, biologisch notwendigen Kinder-Aufziehen liegt.

Der frühe Mensch wird, sofern das übrige Nahrungsangebot ausreichend genug war, ohne eigennützige Hintergedanken bisweilen ein wildes Jungtier aufgenommen haben, ebenso wie es Menschen heute tun. Gerne erzählen die Leute in der Gegend, in der ich wohne, wie gestandene Bauern und Jäger sich mal ein kleines Wildschwein, einen Frischling, als Haustier schnappten oder ein Rehkitz mit der Flasche aufzogen. Bei einer Familie im Nachbarort kommt solch ein Reh bis heute, so wird behauptet, abends über die Terrasse ins Wohnzimmer und legt sich zur Tagesschau mit auf die Couch. Man muss bedenken, dass Niedersachsen mit Hochsitzen nur so gepflastert ist – daher hat die Adoptivfamilie ihrem Sofa-Reh auch ein reflektierendes Halsband umgehängt. Während wir in dem Reh das »Rotwild« und das zukünftige »Wildbret« sehen, nehmen wir es eben gleichzeitig auch als Lebewesen wahr.

Jedes kleine Kind erkennt, wenn es im Buggy durch die Fußgängerzone geschoben wird, im anderen Buggy das andere Kind und zeigt entzückt mit dem Finger darauf; mit derselben Verständlichkeit und demselben Entzücken erkennt das Kind aber auch in dem ihm weitaus weniger ähnlichen Tier eine verwandte Seele. Diese Impulse sind, bei Kind und Erwachsenem, sicher so alt wie der Mensch als anteilnehmendes, soziales Lebewesen überhaupt; und damit vielleicht viel älter als der Homo sapiens. Auch im Tierreich interessieren sich Angehörige einer Spezies für die Angehörigen einer anderen Spezies. So setzte sich zum Beispiel meine Katze Nana einmal neben den Tragekorb einer Freundin, in dem ein Neugeborenes lag, und schnurrte; so beobachtete mein Huhn Gwendoline neugierig den kleinen Bock Emil und umgekehrt. Unter Tieren sind sogar speziesüberschreitende Adoptionen bekannt – die Löwin säugt eine junge Antilope, die Gorillafrau legt sich ein Kätzchen an die Brust. Die Gorilladame Koko, eines der prominentesten Beispiele für die Versuche, Menschenaffen die amerikanische Taubstummensprache beizubringen, liebt es,

Katzen und Kaninchen zu »halten«. Ihr Gefährte Michael schimpfte einmal über eine Katze, nachdem er beobachtet hatte, wie sie eine Amsel erlegte. Diese Sympathie unter Tieren kommt völlig unabhängig von der Sicht des anderen als potentielle Beute vor und ist allgegenwärtig – wieso sollte es mit uns Menschen anders sein? Wieso sollten ausgerechnet wir in einer fremden Spezies nicht verwandte Lebewesen erkennen?

Unsere heutige Haustierhaltung ist ein modernes Phänomen, aber man sollte sie mit dieser Feststellung nicht gleich abwerten: Genauer könnte man sagen, sie sei eben die aktuelle Ausprägung eines uralten Systems. Gerade die früheren Menschen, je unzivilisierter sie waren, haben desto näher mit anderen Tieren, domestizierten oder frei lebenden, zusammengelebt. Enger als der unsere war ihr Tages- und ihr Jahresablauf mit dem von Tieren synchronisiert; man beobachtete die Vogelzüge in den Süden, aus dem Fress- und Wanderverhalten wilder Säugetiere schloss man auf Wasser, bevorstehenden Regen und das Vorkommen von Futter. Und man musste sich teilweise nach den Bedürfnissen der Tiere richten, wenn man sie als Nutztiere hielt. Vielleicht ist unsere Haustierhaltung nur der Versuch des modernen Menschen, in seiner Umgebung bis zu einem gewissen Grad jene Vielfalt an Spezies, jenen alltäglichen Umgang mit anderen Tieren wiederherzustellen, der für unsere Vorfahren Hunderttausende von Jahren lang selbstverständlich war.

Während meines Studiums musste ich allerdings feststellen, dass die Mehrzahl heutiger Philosophen das keineswegs so sah. Statt sich von den Gemeinsamkeiten und gleichzeitig so unterschiedlichen Denk- und Lebensweisen des Menschen und der mannigfaltigen Tierarten faszinieren zu lassen, haben neuzeitliche Philosophen eine strenge Grenze gezogen zwischen dem Menschen hier, dem Tier dort. Hier herrschten Weitsicht und Vernunft, dort blinder Trieb. Die einen sind Geist, die anderen Materie. Wir haben eine Seele, sie sind Maschinen. Tatsächlich waren einige frühneuzeitliche Philosophen wie René Descartes so weit gegangen, Mensch und Tier als Maschinen anzusehen, wobei der Mensch aber nach eigener Vernunft handeln könne, während das Tier ganz der Funktionsweise seiner Organe unterworfen sei. Die Maschinenmetapher ist heute nicht mehr ganz so beliebt und wirkt doch noch nach, wenn viele Menschen das Tier als rein instinktgesteuertes Wesen verstehen. Gesteuert heißt: Es überlegt, plant, entscheidet oder handelt nicht von sich aus. Die Biologie hält angeblich sämtliche Fäden der bloßen Marionette Tier in ihren Händen.

Viele Philosophen scheuen sich, von tierischem »Denken« zu sprechen. Denken, behaupten sie, könnten nur Wesen, die über Sprache verfügen. Tiere haben entsprechende Sprachen angeblich nicht. Wenn man bei ihnen dennoch Kommunikationssysteme entdeckt, sind es eben nur »Laute« oder »Signale« – echte Sprache also nicht. Man muss sich nur einmal die seit Jahrzehnten geführte Debatte um die Sprachfähigkeit der Menschenaffen anschauen. Kaum zeigte sich, dass Schimpansen und Gorillas Mehrwortsätze bilden konnten, fanden sich Linguisten, die einwendeten, das sei noch keine hinreichend anspruchsvolle Syntax; der Anforderung an »echte« Sätze genügten die Konstruktionen der Affen nicht.

Ähnlich wird man in früheren Büchern zum Unterschied zwischen Mensch und Tier angegeben finden, dass der Werkzeuggebrauch die einen von den anderen scheide. Dann hat man festgestellt, dass nicht nur Affen Werkzeuge zum Knacken von Nüssen und zum Angeln von Termiten benutzen, sondern auch Krähen und andere Vogelarten und dass generell viele Problemlösungsstrategien im Tierreich ausgesprochen komplex sind. Und schon hieß es auf Seiten derer, die die große Kluft zwischen Mensch und Tier aufrechterhalten wollen, Werkzeuggebrauch allein mache nicht den Unterschied, sondern die Fähigkeit, Werkzeug *herzustellen.* Dummerweise beherrschen zahlreiche Tierarten auch das. Nun habe ich doch tatsächlich bei einem Wissenschaftler gelesen, von richtigem Werkzeuggebrauch könne man erst sprechen, wenn das Werkzeug zum Herstellen des Werkzeugs absichtlich hergestellt (und nicht einfach gefunden worden) sei. Wie weit will man diese absurde Kette von zu liefernden Beweisen, dass Tiere denken und planen und handeln können, noch erweitern? Wie viele Wörter muss ein Satz in der korrekten Reihenfolge enthalten, um ein »Satz« zu sein?

Es ist ja völlig offensichtlich, dass nur Menschen höhere Mathematik beherrschen, dass nur wir Kernspintomographen bauen, Wörterbücher und Enzyklopädien mit mehreren zehntausend Einträgen anlegen. Kein Mensch (und kein Tier bezweifelt) das. Was ich allerdings anzweifle, ist die Behauptung, dass man beim Tier nicht von Denken, Überlegen, Problemlösen und sogar von Entscheidungen sprechen kann. Auch hier gibt es gewiss einen Unterschied: Das Tier legt im Konfliktfall keine Tabelle mit Pros und Contras an, schon gar nicht auf dem Computer. Doch sehen wir oft ein Tier zögern, das vor zwei Möglichkeiten steht. Sicher wägt es zwischen Handlungsoptionen ab. Kaum ein Mensch, der täglich mit Tieren zu tun hat, bezweifelt dies. Vom Hobbyzüchter bis zum nüchternsten Bauern verwenden sie – wir – alle eine Sprache, die Tieren Gedanken und Absichten unterstellt. Und zwar nicht, weil wir zu doof sind, um die Einwände der Philosophen und Biologen der alten Schule nachzuvollziehen, sondern weil diese Einwände völlig unpragmatisch sind. Wer Tiere beobachtet, merkt rasch, dass es am sinnvollsten ist, sie mit all den Wörtern zu beschreiben, die viele Philosophen aus unserem tierbezogenen Wortschatz verbannen wollen: Wörter nämlich, die sich auf tierische Gefühle, Absichten und Gedanken beziehen.

Die Kuh ist *überrascht*, weil der Wassertrog plötzlich an anderer Stelle steht, und *überlegt*, ob sie gefahrlos daran vorbeilaufen kann. Die Elster *glaubt*, die an die Markise geknotete Schnur würde sich gut zum Nestbau eignen, und *probiert aus*, ob sie sich andersherum ziehen lässt. Mein Kater Merlin kommt durch die Katzenklappe, flitzt dorthin, wo bisher sein Futternapf stand, und bremst ab, *weil ihm einfällt*, dass ich den Napf gestern verstellt habe. Meine Schafe wissen genau, dass ich ihnen nichts anhaben kann, solange ich aus mehreren Metern Entfernung mit ihnen schimpfe, also genießen sie noch ein paar letzte Bissen vom Rosenstrauch in meinem Garten, bis ich schließlich bei ihnen bin; habe ich aber die große Spritzpistole dabei, deren Wasserstrahl sie hassen, springen sie sofort davon. Seine Bienen seien sauer, erklärt mir der völlig unsentimentale Hobbyimker, wenn er im Sommer die Waben mit der letzten Honigernte entnimmt; sie wissen, sagt er, dass es nur noch wenige Blüten gibt. So aggressiv werden sie, dass er das letzte Schleudern der Waben – anders als die Schleuderungen im Früh- und Hochsommer – viele hundert Meter vom Stock entfernt vornehmen muss.

Es ist viel komplizierter und unplausibler, tierisches Verhalten *ohne* intentionales Vokabular zu beschreiben – also ohne von Absichten und Handlungen zu sprechen –, als auch bei Tieren von bestimmten Formen von Wünschen und Denken und Willen auszugehen. Unter anderem ist tierisches Verhalten erfindungsreich, individuell und komplex. Tiere fühlen nicht nur physisches Wohl und Schmerzen, sie empfinden auch Neugier, das Bedürfnis nach einer reichhaltigen Umgebung und nach sozialem Miteinander. Warum also zählen ihre Unversehrtheit und diese Bedürfnisse, schließlich: ihr Leben weniger als wir?

Wenn man es so formuliert, hat sich die Frage der Tierethik »Müssen wir Tiere moralisch berücksichtigen?« in ihr Gegenteil verkehrt: »Wieso berücksichtigen wir sie so wenig?« Man sollte vorsichtig sein, hier mit reiner Verwandtschaft zu argumentieren, also zu sagen: Die Tiere stehen uns weniger nah, eben weil sie keine Menschen sind. In früheren Zeiten tat man(n) auch die Ansprüche des weiblichen Geschlechts oder die kolonialisierter Völker mit diesem Argument ab, dass sie eben anders seien, nicht Teil des Wir. Heute lehnt man solche Argumente ab, spricht von Sexismus oder Rassismus; deswegen wird man oft hören, wie Tierethiker andere, die Tiere keinen moralischen Wert zumessen, des »Speziesismus« beschuldigen.

Schieben wir die grundsätzliche Beantwortung der Frage nach dem moralischen Wert der Tiere auf. Gehen wir einfach davon aus, dass der Mensch dem Menschen gegenüber mehr und strengere Pflichten hat als gegenüber dem Tier. Doch so verallgemeinernd lässt sich von Pflichten gegenüber sämtlichen Tieren nicht sprechen; diese hängen anscheinend auch von der Situation ab. Wenn ich eine meiner Katzen im Haus mit einer Maus sehe, jage ich sie ihr ab. Ich kann und will das ewige Spielen der Katze nicht sehen, das Quieken der Maus nicht minutenlang hören. Zumal die Maus meistens nicht gegessen wird. Wenn sich dieser Kampf direkt vor meinen Augen abspielt, verstehe ich das Quieken der Maus gewissermaßen auch als Hilferuf an mich. Ich trenne also Katze und Maus und schaue, in welchem Zustand die Maus ist; wenn sie sich nach ein paar Schockminuten wieder selbstständig fortbewegen kann, setze ich sie im Wald aus. Ist ihr Rückgrat gebrochen, praktiziere ich Euthanasie.

Dennoch würde ich nie im Wald nach verwundeten Mäusen auf die Suche gehen. Ich würde einem hungrigen Fuchs kein Kaninchen entreißen. Ich pflege die Klauen meiner Schafe, aber ich baue im Wald kein Hospital für humpelnde Rehe. Wenn ein Igel sich allerdings mit gebrochenem Bein durch meinen Garten schleppt, bringe ich ihn tatsächlich zum Tierarzt. Es gibt also so etwas wie Natur, die man sich selbst überlässt, und dann wieder den Wunsch, auch Tieren Hilfe zu leisten – ist die Grenze zwischen beidem reine Willkür?

Ich glaube nicht. Ich stelle es mir so vor, dass Verantwortung etwas ist, das nicht wie mit einem Schalter ein- oder ausgeknipst wird, sondern dass sie sich in verschiedenen Graden entfaltet. Wie Kreise mit unterschiedlichen Radien, aber mit demselben Zentrum. Im innersten Kreis stehen – für uns Menschen – wir Menschen. Ganz außen uns unbekannte Tiere in der Wildnis, deren Bedürfnisse und Freuden und Leiden wir nicht kennen und die in ihrem Leben zu stören für sie schlimmer als jede Fürsorge wäre. Dazwischen liegen diverse weitere Kreise. Relativ nah bei uns sind noch unsere Haustiere. Meine Katzen zum Beispiel, die Anspruch auf gute medizinische Versorgung haben, weil sie eng mit mir leben, weil ich sie auch als Freunde betrachte. Das Leid tierischer Freunde ignoriert man nicht.

Anders steht es vermutlich mit den Nutztieren: Auch ihnen schulden wir Pflege und eine gewisse medizinische Versorgung. Schließlich sind wir es, die die Tiere in ihrer Freiheit einschränken oder sie dieser sogar ganz berauben; wer Tiere in den Stall einsperrt, muss sie füttern und tränken und die Feuerwehr rufen, wenn es brennt. Wer sie auf der Weide hält, immer an denselben Ort bindet, muss sie eventuell mit Impfungen vor dem starken Infektionsdruck durch den eigenen Kot schützen, dem wild lebende und weiterziehende Herden entgehen können. Das Nutztier hat ein Anrecht auf unsere Fürsorge, vielleicht nicht so sehr wie ein Haustier, aber doch viel mehr als ein wild lebendes Tier.

Und es stimmt nicht, dass sich diese Fragen nur wir sentimentalen (Ex-)Städter stellen und Landwirte grundsätzlich gröber sind. Dorle hatte mir erzählt, wie sie ihre Lieblingsgans einmal im eigenen Schlafzimmer, auf der Bettdecke, ihre Gösseln großziehen ließ, weil die anderen Gänse sie zu arg bissen. Auch mit dem Thema Schlachten geht jede Familie anders um: Die einen ziehen Tiere mit der Flasche auf, geben ihnen Namen und verspeisen sie, wenn sie erwachsen sind. Die anderen hüten sich, Schlachttieren Namen zu geben. Der hiesige Schornsteinfeger, der auf einem kleinen Hof in der Nähe aufgewachsen ist, erzählt: »Und dann hat die Mutter auf jeden Tiefkühlbeutel den Namen unserer Sau Polly geschrieben, und wir konnten keinen einzigen davon essen. Wir haben Pollys Fleisch schließlich verschenkt.«

Der Umgang mit dem Haus- und dem Nutztier ist individuell sehr unterschiedlich; »frühere Zeiten« waren auch diesbezüglich, und auch für die gehaltenen Tiere, teilweise bessere Zeiten (was Auslauf, Produktivität und ortsnahe Schlachtung anging), teilweise besonders hart (wenn man an die heute als tierquälerisch verbotene Anbindehaltung denkt). Trotzdem lässt sich sagen, dass wir heute der Idee, dass man Tieren gegenüber eine Verpflichtung übernommen hat, sobald man sie nutzt, in ganz großem Maßstab zuwiderhandeln. Die Wildtiere werden (außer im Rahmen der Jagd) geschützt und haben ein gewisses Anrecht auf einen natürlichen Lebensraum. Wenn wir Tiere jedoch als Nutztiere halten, dann unterwerfen wir sie uns gleich ganz.

In meinem ersten Jahr auf dem Land besuchte ich mehrmals Höfe mit Tieren; zunächst einfach nur, weil ich mir Tiere anschauen wollte, die ich selbst nicht halten konnte, wie Schweine und Kühe. Dann auch, weil ich sehen wollte, wie gut oder schlecht es ihnen bei den verschiedenen Haltungsformen ging. Man muss dazu sagen, dass die Frage der Tierhaltung nur den einen von zwei Aspekten tiergerechter oder ungerechter Produktion ausmacht; der andere betrifft bereits die Züchtung. Von den Milchkühen haben über fünfzig Prozent eine chronische Euterentzündung (Mastistis), die Legeorgane der Legehennen sind anfällig für Tumoren oder Entzündungen, und bei Schweinen und Masthähnchen führt das beschleunigte Wachstum zu Skelettproblemen. In einer interessanten, aber auch schrecklichen Studie haben Agrarwissenschaftler Masthähnchen Schmerzmittel ins Futter gemischt; vorher flogen diese ihre Sitzstangen nicht an, unter Medikamenteneinfluss jedoch sehr wohl; ihr gesamter Bewegungsradius wurde größer. »Tiergerechte« Sitzstangen allein helfen also nichts, wenn das Tier schon so gezüchtet wurde, dass das Anfliegen eines leicht erhöhten Sitzes zu schmerzhaft ist.

So gut es geht, hat man unsere Nutztiere zu hochproduktiven Einheiten gezüchtet, aber der Rest ihrer Genetik und ihres Körperbaus hat sich der Leistung der verzüchteten Teile eben nicht angepasst. Die meisten Tiere, so geben einem viele und nicht nur explizit tierschützerische Veterinärmediziner zur Auskunft, sind zum Zeitpunkt ihrer Schlachtung daher krank. Sie leiden nicht an Krankheiten, die für uns Menschen gefährlich wären; es sind Krankheiten – wie eben Mastitis und schmerzhafte Skelettveränderungen –, die nur sie, nicht aber den Verbraucher beeinträchtigen, also nimmt der Mensch sie ungerührt in Kauf.

Leistung, Krankheit und Gesundheit der Tiere kann man von außen nicht beurteilen, wenn man kein Tierarzt ist; doch wie Tiere gehalten werden, das kann man sich anschauen – wenn man nicht im Supermarkt einkauft. Wer im Supermarkt einkauft, muss ohnehin davon ausgehen, dass die Tiere in den kostengünstigsten, das heißt in den allermeisten Fällen auch: am wenigsten tiergerechten Mastanlagen gelebt haben. Ställe mit zigtausend Schweinen, die zwischen den drei Stationen Zucht und Mast und Schlachtung viele hundert Kilometer eng gedrängt und ohne Liegemöglichkeit im Transporter verbringen müssen, sind keine Seltenheit. Solche Anlagen oder die riesige Legehennenproduktion einiger weniger Firmen, in deren Händen die Hälfte der Weltmarktproduktion an Eiern liegt, bekommt man als Kunde natürlich nie zu sehen. Man darf sich auch nicht täuschen lassen von ein paar bunten Kühen, die irgendwo neben der Straße grasen: Aha, das geht doch, die haben es doch wirklich schön! Nein, wenn man wirklich wissen will, wo die tierischen Produkte herkommen, die man isst, kann man sich bei dem Verkäufer im Reformhaus oder der Bäuerin auf dem Erzeugermarkt erkundigen, von welchem Betrieb das eben gekaufte Ei seinen offiziellen Stempel bekommen hat. Wenn man einen Ausflug aufs Land macht, fragt man bei einem Hof, auf dem es nach Mist riecht, ob man sich den Stall mit den Kühen oder Schweinen ansehen darf.

So machte auch ich in meiner neuen Umgebung mehrmals Ausflüge zu Höfen, deren Produkte ich aus den Bioläden kannte; und obwohl dies schon Biohaltung war, also deutlich besser als die konventionellen Systeme, war ich schockiert. Mein erster Besuch auf einem anthroposophisch geführten, überregional anbietenden Ökohof hat mich um meinen Glauben an die vermeintlich so ausgetüftelten Tierschutzbestimmungen und Kontrollsysteme gebracht.

Vielleicht entsprach es sogar allen Bestimmungen. Nur meinen Vorstellungen von artgerechter Tierhaltung entsprach es nicht. Ich sah Schweine, die einen Koben voll Stroh und dazu einen Auslauf hatten – doch maß beides jeweils wenige Quadratmeter, hatte Betonboden und war voller Kot. Es stimmt, dass Schweine sich gerne suhlen und wühlen; trotzdem wollen sie nicht den ganzen Tag im eigenen Mist stehen. So viel wusste ich immerhin über Schweine, dass sie, wenn man ihnen genug Platz lässt, eine Ecke des Geländes zum Absetzen von Kot nutzen und den Rest nach Samen, Wurzeln und Kleintieren zerwühlen. Eine Stallhaltung auf wenigen betonierten Quadratmetern berücksichtigt das nicht.

Ich erkundigte mich nach den Milchkühen; sie waren auf der Weide, immerhin. Allerdings begegnete ich auch zwei Kälbern, die erst wenige Tage alt waren. Wie allgemein üblich, standen sie auch hier in ihren Kälberhütten, also Plastikhütten mit einer Grundfläche von 135 x 115 cm. Davor ein Gitter, dessen Raum noch mal einen Quadratmeter maß. Hier stehen die Kälber mehrere Wochen. Man trennt sie kurz nach der Geburt von ihren Müttern und sperrt sie in diese Einzelboxen, weil das eine schnellere Aufzucht, eine geringere Belastung des Immunsystems als eine Haltung auf Stroh und dadurch geringere Arzneimittelkosten garantiert.

Man fragt sich, ob das Immunsystem nicht vielleicht noch besser wäre, wenn man das Kalb bei der Mutter trinken, schlafen und leben ließe. Aber das geht natürlich nicht, denn die Kälber bekommen nur preiswerten Milchaustauscher in Eimern angerührt, die Milch selbst will schließlich der Mensch! Nur ein minimaler Prozentsatz der Landwirte lässt die Kälber mit den Milchkühen laufen; wenn man von der Landstraße aus Herden mit Kälbern auf der Weide sieht, sind das fast immer Fleischrinder.

Einmal erlebte ich eine Kuh, der kurz zuvor das Kalb weggenommen worden war. Sie war noch im Stall und schrie fast ohne Unterlass mit tiefen, dröhnenden Lauten. Ihr zwei Tage altes Kalb stand in der Juli-Mittagssonne in seiner »Hütte«; es war braun wie Nugat, ein kleiner Bulle, mit wundervollen langen Wimpern. Sein Atem ging um ein Vielfaches schneller als der des Kalbs in der Nachbarbox, die im Schatten stand. Ich ging zu dem Büro des Hofs und machte darauf aufmerksam, dass die Box des einen Kalbs ungeschützt in der Sonne stehe. »Wir geben es weiter«, sagte die Dame mit unverbindlichem Lächeln. Nun, vielleicht hat sie wirklich mit ihren Kollegen im Kuhstall gesprochen. Doch an einem System, bei dem Kälber wochenlang in so einer Hütte stehen, allein, und nichts zu tun haben, als mehrmals täglich einen Eimer Milchaustauscher leerzusaufen, während ihre Mutter sich die Seele aus dem Leib schreit, ist doch grundsätzlich etwas falsch.

Die Hühner des Hofes hielt man in umsetzbaren Ställen; sie sind nach Aussagen vieler Experten momentan das einzig vertretbare, hühnergerechte System. Rund um die transportablen Ställe grenzt man Parzellen von Weideland ab, die Zäune werden alle paar Wochen oder Monate umgesetzt. So haben die Hühner Erde fürs Staubbad und frisches Grün. In solchen

Ställen hält man auch etwas kleinere Mengen von Hühnern, 1000 pro Stall, jeweils 25 Hühner hatten hier sogar einen Hahn. Ihr Gefieder war dicht, ihre Kämme rot; vor allem aber waren sie leise. Von anderen Anlagen kenne ich ein ständiges Gackern und Kreischen – ich vermute, es liegt an dem ständigen Hacken und Ausweichen, also dem Stress. Die Hühner, die ich hier sah, schienen ein angemessenes Sozialleben entwickelt zu haben; jedenfalls kreischten sie überhaupt nicht. Natürlich wurde ab und zu etwas gegackert; aber die meiste Zeit saßen sie auf ihren Stangen, badeten in der Erde oder gingen in kleinen Grüppchen, bewacht von ihrem Hahn, irgendwelchen hühnermäßigen Spaziergewohnheiten nach.

Auch diese Hühner sind keine alten Rassen; obwohl Bio, sind sie so stark auf Legeleistung gezüchtet, dass die männlichen Küken am Tag des Schlüpfens »entsorgt« werden müssen. Einmal im Jahr werden sie zum Schlachter gefahren, kopfüber in Elektrobädern, die nicht immer volle Wirkung zeigen, betäubt und dann auf Fließbändern weiter zum Schlachten gefahren. Doch bis dahin geht es immerhin halbwegs gut.

Ich machte diesen Ausflug zu den Hühnern mit meiner Kusine Birgit. Der Anblick des nugatfarbenen, heftig atmenden Kalbs hatte unsere Stimmung gedrückt. Als Birgit danach die gesund wirkenden, zutraulichen Hühner sah, wurde sie vor Erleichterung richtig fröhlich. Sie werde von nun an nur noch Eier aus transportablen Ställen kaufen, sagte sie, auch wenn sie vielleicht etwas teurer waren. Es fühlte sich ein wenig so an, als sei das Dilemma damit gelöst.

Es war ein schöner Sommertag; wir fuhren durch Dörfer voller Backsteinhäuser und Bauernhöfe, mit hellblauen Fensterläden und Türen und mit kleinen Nebengebäuden, die man am liebsten aufkaufen und abtragen und bei sich auf dem Hof wieder aufbauen wollte. Birgit schwang sich zu der These empor, man könne mit Backstein gar nicht hässlich bauen, selbst wenn man es versuchte. Darauf würde ich mich nicht verwetten, aber die Gebäude dieser Gegend gaben ihr recht. Wir besuchten eine große, ökologisch bewirtschaftete Mühle; die Straßen rundum hatten schon so putzig altertümelnde Namen: An der Aue, Kirchsteig, Schmiedestraße, Triftweg, im Thaa, Twiete. Die Trift ist der Weg, über den man das Vieh zur Weide treibt; eine Twiete bezeichnet eine kleine Gasse; was ein Thaa ist, fand ich nicht heraus.

Der Bäcker der mühleneigenen Bäckerei schenkte uns Brötchen, wir hielten ein kleines Picknick, fuhren weiter über Land und kamen an einem Hofladen mit Heidelbeeren, Kartoffeln und Blumen vorbei. Die Heidelbeeren – dick, tiefblau und süß – standen in einem Kühlschrank mit selbst gemachten Würsten. Wir fragten, ob der Schweinestall zu besichtigen sei. Die Frau vom Hof zögerte kurz, so wie uns auch der Angestellte des vorigen Hofes etwas überrascht gefragt hatte, woher wir denn kämen. Wir ließen uns von ihr den Weg in den Stall zeigen und standen wenig später in einer fenster- und lichtlosen Hölle voller Ammoniakgestank. Im matschigen, kotdurchsetzten Mist lagen und standen etwa vierzig, fünfzig sehr schmutzige Schweine. Ihre wachsamen kleinen Augen waren zu erkennen; woher sie Wasser und Futter bekamen, konnte man nicht sofort ausmachen. Zwei der Schweine humpelten leicht. Dann entdeckten wir den Nippel mit dem Wasser – ein Nippel für alle Schweine – und die Schütte, weniger als zwei Meter lang. Wie sich vierzig Schweine eine so kleine Schütte teilen sollten, ohne sich zu bekämpfen und zu beißen, verstanden wir nicht. Wenigstens war damit das Humpeln erklärt.

Dies war nun kein biodynamischer Hof; doch auch in konventionellen Betrieben steht den Schweinen Licht zu (50 Lux, acht Stunden am Tag). Aber wer kontrolliert es? Sicher, der Tierarzt, wenn er überhaupt manchmal gerufen würde, müsste sehen, dass ein Nippel für so viele Schweine nicht ausreicht, dass das zusätzlichen Stress schafft. Soll er seinen Klienten anzeigen? Nicht einmal Birgit und ich, die wir von dem Hof gar nicht abhängig waren, trauten uns, der Frau im Hofladen unsere Missbilligung zu zeigen. »Wie trinken die Schweine?«, fragten wir. »Aus dem Nippel, da ist neben der Schütte so ein Nippel«, antwortete sie. Für eine weitere Nachfrage fehlte mir der Mumm.

Ein Blick in die Kataloge der Anbieter landwirtschaftlicher Gerätschaften erklärt besser als Quadratmeterzahlen und Bestimmungen, wie es Tieren in der Landwirtschaft geht. Als Trägerin gülleresistenter Thermo-Stallstiefel bekam ich solch einen Katalog regelmäßig zugeschickt. Da werden »fed-Pick« und »Kannibalöl« angeboten, beides laut Katalog das »ideale Mittel gegen Federfressen und Kannibalismus bei Geflügel und Schwanzbeißen bei Ferkeln«. Außerdem Hühnerbrillen aus Kunststoff, »gegen Federfressen und Kannibalismus«. Für freiheitsliebende Hühner Flügelklammern aus Stahl. Für das Kupieren der Schwänze von Ferkeln (per Gesetz erlaubt ohne Betäubung) ein »Heißschneidegerät. Auch zum Trennen und Verschmelzen von Schnüren und Seilen. Die Spitze trennt und sterilisiert in einem Arbeitsgang.« Ein Kastrationsgerät zum Einhängen des Ferkels kopfüber zwecks (ebenfalls betäubungslosem) Aufschlitzen und Entnehmen der Hoden. »Mit diesem Gerät kann die Kastration von Ferkeln durch eine Person erfolgen. Durch die senkrechte Lage des Ferkels ist eine

Verletzung des Darmes ausgeschlossen und das Tier verhält sich sehr ruhig. Das Gerät ist geeignet für Ferkel im Alter von 14 Tagen bis 6 Wochen – dadurch zeitsparend.«

Für Kälber, die ihre Mütter vermissen und daher an anderen Kälbern saugen: »Viehsaugentwöhner. Elastisches Material sowie eine Schraube gewährleisten eine einfache Verstellmöglichkeit und damit verbunden eine einwandfreie Befestigung im Nasenknorpel der Jungtiere.« Für Schweine, die mehr Auslauf haben als diejenigen, die wir in ihrem Kot liegen gesehen hatten: »Schweinenasenring. Mit Bajonettverschluss. 30 mm. Verhindern wirksam das Wühlen der Schweine.« Ich hatte den Katalog nach unserem Ausflug wieder hervorgekramt, und als ich das las, rief ich bei der Firma an: Wieso durften Schweine nicht wühlen? Nun, wenn man die Schweine auf einer Grasfläche hielte, würden sie diese zerstören, erklärte mir der Angestellte der Firma; wenn man das nicht wolle, biete sich eben der Nasenring an.

All diese Ringe werden ohne Betäubung angebracht, und für Schweine ist die Nase ein Tastorgan, also wesentlich empfindlicher als eine menschliche oder eine Rindernase. Auch bei Biohaltung ist laut EU-Verordnung das Anbringen von Nasenringen erlaubt. Manche Höfe lassen ihre Schweine neben dem Hofladen laufen – wegen des Gesamteindrucks, zur Freude der Kunden und deren Kinder. Allerdings setzen sie vorher den Schweinen den Ring an, damit sie den Boden nicht zerwühlen. Doch was für einen Sinn hat der Freilauf, wenn man nicht nach Schweineart wühlen kann?

Und wie viel Schutz bietet unser Tierschutzgesetz? Wenn man es genauer studiert, gewinnt man den Eindruck, dass es eigentlich nur gelegentliche sadistische Anfälle, wie sie Kinder bisweilen überfallen, wirklich verbietet, während in der Landwirtschaft jedes Jahr millionenfach angewendete schmerzhafte Praktiken qua Ausnahmeregelung gestattet sind. So beginnt Artikel 5 unseres Tierschutzgesetzes mit dem Satz: »An einem Wirbeltier darf ohne Betäubung ein mit Schmerzen verbundener Eingriff nicht vorgenommen werden.« Doch unter 5 (3) werden dann alle gängigen Maßnahmen ausgenommen: Ohne vorherige Betäubung erlaubt ist das Kastrieren von Rindern, Schweinen, Schafen und Ziegen; das Kürzen des Schwanzes bei Lämmern und Ferkeln; das Enthornen junger Rinder; das Abschleifen der Eckzähne von Ferkeln (natürlich nur, sofern es »unerlässlich« ist); die Kennzeichnung unter anderem durch Brandtätowierung sowie »das Absetzen des ersten krallentragenden Zehenglieds bei Masthahnenküken, die als Zuchthähne Verwendung finden sollen«. Diesem Grundprinzip – einer durch unzählige Ausnahmen ausgehöhlten Bestimmung – gehorcht der Aufbau unseres gesamten Tierschutzgesetzes.

Auch für mich selbst stellte sich immer wieder die Frage, was es eigentlich hieß, meine Tiere »gut« zu behandeln: *Wie* gut sollte das eigentlich sein? Der dreimalige Besuch des Habichts hatte mir gezeigt, dass es aufwendig werden würde, den Hühnern Freiheit zu schenken *und* Sicherheit. Allerdings schien mir, dass ich ihnen, indem ich sie aufnahm, für ihr Restleben stillschweigend etwas versprochen hätte. Diesen wenigen Hühnern wollte ich, auch symbolisch, stellvertretend für die vielen Namenlosen, einen guten Ort zum Leben bieten. Also würde ich umfangreicher und aufwendiger für sie sorgen müssen als zum Beispiel auf einem Nutztierhof.

Gleichzeitig wusste ich, dass ich finanziell rasch an meine Grenzen stoßen würde, wenn ich alle meine Hühner wie Haustiere hielt. Kurz nachdem ich die ersten zehn Hühner aufgenommen hatte, ahnte ich bereits, dass ich auch die Hühner, die im nächsten Jahr übrig blieben, aufnehmen würde. Wie sollte ich das Wissen ignorieren, dass da wieder mehrere durch die leeren Hallen irrten? Es würden also immer mehr werden, und Tierarztkosten können hoch sein, und so schwor ich mir, es den Hühnern so gut gehen zu lassen wie möglich, sie aber bei Krankheiten nicht zum Tierarzt zu bringen, sondern sie notfalls durch einen Nachbarn euthanasieren zu lassen. Die Kein-Huhn-zum-Tierarzt-Prämisse war bei meinem derzeitigen Budget die einzige Möglichkeit, die Aufnahme dieser und weiterer Hühner zu garantieren.

Ich weiß nicht, wie es dem Leser geht, aber ich selbst glaubte an diese pragmatische Prämisse – bis zum ersten Krankheitsfall, dann sah ich, dass sie nicht funktionierte, und knickte ein. Es war einfach unmöglich, Hühner, die ich sozusagen persönlich kannte, neben der eigenen Terrasse oder direkt vor dem Küchenfenster dahinsiechen zu sehen. Sie wurden langsamer, sie kauerten sich zusammen, verzogen sich in eine Ecke und schlossen tagsüber häufig die Augen. Einem Huhn hing ein Stück abgestorbenes Gewebe aus der Kloake. Dies wies auf eine Eileiterentzündung hin, eine »Berufskrankheit« bei diesen Hühnern, die so viel legen. Auch Miss Brooks guckte eines Tages ein Stück Darm heraus. Sie hatte einen Legedarmvorfall, den man operieren kann. Auf das Huhn Hetti trat ich gar selber mit vollem Gewicht, als ich, müde von einer Reise zurückgekehrt, nur rasch nach dem Rechten sehen wollte. Die zutrauliche Hetti folgte mir, setzte sich hinter mich … Auch bei ihr stülpte sich ein Teil des Gedärms aus der Kloake. Ich geriet in Panik: Eben noch war da ein gesundes Huhn gewesen, jetzt hatte ich selbst es praktisch zerstört! Ich rief in der Tierklinik an (es war Sonntagabend) und danach Katharina, die sofort mit ihrem Bus vorbeikam und Hetti und mich zur Klinik fuhr. In einer einstündigen Operation flickte der Tierarzt den Darm zusammen, während Katharina die Narkosemaske über den kleinen Schnabel und ich Hettis Beine hielt (weil Notdienst war, waren keine anderen Assistenten präsent).

Mit manch anderen Hühnerkrankheiten fuhr ich zu einer vierzig Kilometer entfernten Vogelspezialistin, die auch dann oft weiterwusste, wenn ein normaler Tierarzt ratlos war. Allerdings zahlt man dann für eine Bauch-OP bei einem Huhn so viel wie für die bei einem Papagei. Zig Mal überlegte ich, ob ich einen »Fall«, also ein Huhn, nicht lieber aufgeben sollte, um mir die Kosten zu ersparen. In zwei von drei Fällen blieb die Behandlung nämlich ohne Erfolg. Aber dann dachte ich wieder an die, bei denen wir Glück gehabt hatten. Mein Lieblingshuhn Gwendoline zum Beispiel wurde am Ende des zweiten Winters schlapper und schlapper und hörte auf zu essen. Ich überlegte tatsächlich, den Nachbarn anzurufen ... Aber dann brachte ich Gwendoline doch zur Ärztin. Die konnte zwar nicht sagen, woran Gwendoline krankte, gab ihr aber eine Aufbau- und eine Cortisonspritze. Gwendoline begann wieder zu fressen und wurde fit und aktiv. Eine Woche später sah man ihr die Krankheit – was immer es auch gewesen sein mochte – nicht mehr an.

Während der Genesungszeit quartierte ich das jeweilige Huhn anfangs in der Duschkabine ein, die ich dick mit Zeitungen auslegte (ich selbst duschte derweil in der Badewanne, meine eigene Hygiene kam also nicht zu kurz). Dort konnte ich Nahrungsaufnahme und Ausscheidungen kontrollieren, ein Huhn leichter für das Verabreichen von Medikamenten greifen; und dort waren sie sicher vor den Schnäbeln ihrer Gefährtinnen (denn Hühner sind erbarmungslos, wenn sie die Schwäche eines anderen spüren). Nach ein, zwei Tagen in der Dusche wurden auch die scheusten Hühner zahm; sie fingen an, leise zu flöten, wenn sie mich die Treppe ins Obergeschoss hochkommen hörten. Mehrmals täglich brachte ich ihnen kleine Portionen ihrer Lieblingsspeisen (gekochtes Ei, Kartoffelpüree, Nudeln, Quark) und merkte, dass sich mein Haus tatsächlich immer mehr in einen norddeutschen Ableger der Daktari-Station verwandelte.

Und mein Garten in ein Außengehege. Teilweise sah es sogar eher aus wie ein Slum – sagte Dörte in ihrer ungeschminkten Art und hatte völlig recht damit. Aus Kartoffelkisten und Treibhausfolien hatte ich den Hühnern ein Außengehege gebastelt. Es erinnerte an etwas, in dem Obdachlose sich an den Rändern der Großstädte vor Wind und Regen schützen. Ich schämte mich ein bisschen vor meinem Vermieter, der mir so ein schönes Haus überlassen hatte, das jetzt von Plastikplanen und Hühnerkot umgeben war.

»Wieso liegt in der Landwirtschaft eigentlich immer so viel Plastik herum?«, fragte Dörte kopfschüttelnd. Zuerst wusste ich nicht, was sie meinte, dann schaute ich mich mal etwas genauer um: ein Napf mit Regenwasser für die Katzen, ein weiterer, aus dem ich den Hühnern Muschelkalk anbot; ein alter Mayonnaiseeimer, aus dem die Gänse tranken, mehrere ineinandergestapelte Eimer zum Futterholen; ein schwarzer Eimer für Blumenerde, ein weiterer zum Aufbewahren kleinen Geräts und einer für leere Plastiktüten; ein Berg Folie zum Abdichten für den Winter; ein Autoreifen mit dem Salzleckstein und einer für den Mineralleckstein; ein großer Karton (immerhin kein Plastik) zum Sammeln der Schnüre, die abfielen, wenn man Heuballen aufschnitt und und und. Man braucht unheimlich viel Stauraum, und Regale, und Selbstdisziplin, um alles so aufzubewahren, dass sich das Auge anderer nicht daran stört.

Irgendwann gab ich Dörtes Drängen nach und kaufte einen kleinen grauen Gartenschrank mit Spitzdach. Der erste sommerliche Sonnenstrahl schlug bei ihm ein wie ein Blitz und ließ seine Tür in zwei Hälften bersten. Jeder Windstoß pustete ihn um. Liegend trug der längliche Schrank weniger zur Verbesserung des Allgemeineindrucks bei, als ich erhofft hatte, und hieß bei Dörte und mir seither nur noch »der Sarg«. »Habe das Schäufelchen in den Sarg getan«, sagte Dörte gerne, oder: »Ich hol mal den Blumendraht aus dem Sarg.«

Die Freundschaft zwischen Dörte und mir hatte rasch eine Selbstverständlichkeit entwickelt, an der wir in der Stadt wohl jahrelang hätten arbeiten müssen. Wenn Dörte in der Gegend war, brauste sie mit ihrem kleinen Auto vorbei; sie werkelte im Garten, ob ich da war oder nicht. Anfangs skeptisch, befreundete sie sich bald mit den Hühnern; während sie in der Erde wühlte, reihten sich die Hühner erwartungsvoll an der Beetkante auf, in der Hoffnung auf einen Wurm. Später war das nicht mehr nötig: Dörte fing an, die Würmer zu den Hühnern zu *tragen*.

Als ich die Hühner bekam und der Habicht uns klarmachte, dass wir die Hühner auch vor einem Angriff von oben schützen mussten, wagte ich mich mit Dörte an ein weiteres großes Projekt: Ich wollte sechzig zusätzliche Quadratmeter für die Hühner komplett mit Maschendraht überdachen. Dafür mussten wir erst einmal einen gewöhnlichen Zaun ziehen und dann eine entsprechend große Fläche von Maschendraht zusammenflechten und darüber ausbreiten, allerdings so gut abgestützt, dass er in der Mitte nicht auf den Boden hing.

Dazu kam an drei aufeinander folgenden Wochenenden meine Hamburger Freundin Bettina herbei, die hier draußen auf dem Land ganz neue Seiten von sich zeigte. Bisher kannte ich sie als jemanden, der stets einen guten Weißwein und eine Palette köstlicher Vorspeisen zur Hand sowie für jede Party das perfekte Outfit hat. Doch in ebendieser Bettina schlummert auch ein echter Landmensch, ich würde fast sagen: ein Hütehund. Selbst mit Hunden aufgewachsen, legte sie großes Talent an den Tag, die Schafe zusammenzutreiben. Wenn die Herde mal wieder ausbüchste, schlüpfte Betti in ihre Gummistiefel, stapfte hinaus und kam wenig später mit einer Schar artig trippelnder Schafe zurück.

Auch die Aufgabe, ein sechzig Quadratmeter großes Hühnergehege zusammenzustückeln, von Hand, im November, war offenbar ganz nach ihrem Geschmack. Ich holte vom Baumarkt Pfähle, Pfosten, Maschendraht und Blumendraht. Wir gruben Pfähle ein, schlugen Pflöcke in die Erde, spannten Zaun, hieben Krampen ins Holz, wickelten Draht mit bloßen und nicht immer warmen Fingern. Vergilbte Blätter wehten von den mächtigen Eichen herunter, am Himmel zogen Wolken herauf und vorüber; Vögel, deren Stimmen wir nicht zu identifizieren wussten, schrien aus dem Wald. Dörte und ich trugen meistens Mützen, Bettina aber hasst Mützen, ihre schulterlangen Haare verknoteten sich im Wind. So verbrachten wir mehrere Wochenenden, jeweils sechs Stunden am Tag. Auf diese Weise entstehen ganz andere Freundschaften als die, die ich aus der Stadt kannte; wenn man sich also nicht nur abends auf ein Bier trifft, sondern gemeinsam Probleme löst und den Jahreszeiten standhält.

Langsam nahm das Gehege Gestalt an. Wir verteilten ein paar Äste und Baumstümpfe darin, bastelten abends auf dem Fußboden meiner Diele ein kleines Tor. Keinesfalls durfte ich die Hühner allein ins Gehege lassen, sondern musste auf Bettina warten. »Ich will auch dabei sein, wenn die Hufe der Mustangs über die Weide donnern!«, hatte sie gesagt. Und dann öffneten wir das Gehege, und die Hufe donnerten; oder vielmehr scharrten die kleinen Krallen, was das Zeug hielt. Wunschgemäß hüpfte ein Huhn auf den Baumstumpf. Ein anderes balancierte auf einem Ast. Auf dem Maschendraht sammelte sich das letzte Herbstlaub. Es gab noch ein paar Würmer, und Schneckeneier in Hülle und Fülle: So hatten wir uns das mit den glücklichen Hühnern vorgestellt.

Es war schließlich Bettina, die mich den Gänsen näher brachte, die schon die ganze Zeit auf meinem Hof lebten. Eine Freundin aus Berlin hatte sie eines Tages Ferdinand und Esmerald getauft, aber wir wurden das ganze erste Jahr nicht wirklich per Du. Danach eigentlich auch nicht. Das liegt zu einem Großteil daran, dass die beiden ein äußerst garstiges Gemüt besaßen und Schnäbel, mit denen sie in Nullkommanix durch jede Jeans beißen konnten. Und es auch häufig taten: Einmal stürzten sie sich auf einen Freund, der beim Waten über die durchnässte Weide im Matsch stecken blieb; als er mit den Armen um sein Gleichgewicht ruderte, witterten sie die Gelegenheit und flatterten aus großer Entfernung los. Angeblich verdrehen Gänse beim Beißen sogar ihre Schnäbel, nehmen die menschliche Haut also gleichsam in den Schraubstock. Für diese These sprechen die Blutergüsse, die mir die Bisse dieser beiden zugefügt haben und die sich jeweils viele Wochen, teils sogar Monate hielten.

Manche Leserin wird dies nicht glauben wollen. Generell habe ich beobachten dürfen, dass Außenstehende, bevor sie die beiden kennenlernten, oft keine Vorstellung von der Bösartigkeit von Gänsen beziehungsweise Gantern haben. Mit Gänsen verbinden sich Assoziationen von Sicherheit sowie der Tempel- und Säulenromantik antiker Kulissen; dem Vernehmen nach haben Gänse schließlich das Kapitol bewacht. »Ja, das sind gute Wachhunde«, sagten die meisten Leute also, bevor sie mit Esmerald und Ferdinand Bekanntschaft machten, und nickten wissend. Aber sie wussten eben nicht, wie es um diese speziellen Gänse bestellt war! Ein Wachhund soll anschlagen, wenn sich ein Fremder dem Grundstück nähert. Es war aber nie die Rede davon, auch den Bewohner selbst fernzuhalten.

Diese Einschränkung der universellen Zisch- und Beißregelung für Gänse kannten Ferdinand und Esmerald leider nicht. Das war insbesondere in den ersten Monaten ein Problem, bevor ich meine Zäune fertiggestellt hatte. Jedes Mal, wenn ich zum Auto wollte, musste ich vorsichtig den Kopf zur Haustür rausstrecken und prüfen, wo sich die beiden gerade befanden. Wenn die Luft rein war, konnte ich bis zum Gartentor und von da zum Auto huschen. Da die beiden Gänse aber Autos liebten und deren Kotflügel gern stundenlang mit zärtlichen Schnabelhieben bedachten, war es gar nicht so leicht, dann auch in das Auto zu kommen. Oft musste ich eine Seite antäuschen, dann schnell auf der anderen ins Auto einsteigen und schließlich, um nicht einem der beiden bissigen Tolpatsche (die nämlich keinerlei Respekt vor fahrenden Autos zeigten) über die Schwimmhäute zu fahren, nacheinander in sämtliche Spiegel gucken.

Leider sind Autospiegel aber auf andere Autos und nicht auf die Höhe von Gänsen eingestellt. Die Gänse reichten knapp bis zur Kühlerhaube, wenn sie also vor dem Auto saßen, sah ich sie nicht und musste die Fahrertür öffnen – mit der Konsequenz, dass die beiden sofort auf mich zuschnellten. Natürlich *hätte* man da zum eigenen Schutz die Fahrertür schnell zuschlagen können – aber Gänse sind nicht besonders flink in ihren Reflexen. Die Gefahr war also groß, eine der Gänse, die ohne Rücksicht auf eventuelle Gefahren ihre zischenden Köpfe in den Fahrerraum streckten, zu verletzen. Ließ man die Autotür offen, war man ihrem Zischen und Beißen hilflos ausgeliefert.

Meine Besucher traf es noch härter. Einem uralten menschlichen Instinkt folgend suchten sie sich als Erstes eine Art Waffe. Bald standen rund um mein Haus, in meinem Garten und auf dem Weg zum Schafstall unzählige Stöcke, Rohre und Stiele von alten Besen. Einem ungeschriebenen Gesetz folgend, verwendete keiner meiner Gäste eine Waffe, die ein anderer bereits erprobt und an meine Hauswand gelehnt stehen gelassen hatte; jeder suchte sich eine neue Schaufel, einen Besen, ein Metallrohr oder einen Ast. Diese Gerätschaften musste ich in unregelmäßigen Abständen wieder entfernen und an ihren eigentlichen Aufbewahrungsort zurückbringen; aber bis ich das wieder einmal tat, reihten sich diese Stöcke und Rohre um mein Haus wie Robinson Crusoes Palisadenzaun.

Dabei kann man sich leicht gegen Gänse wehren, weil sie auf schnelle Reaktionen nicht eingestellt sind. Wenn sie sich aggressiv nähern, schnappt man sie mit einer Hand von hinten am oberen Drittel ihres Halses; und wenn man es dabei schafft, ihren Flügeln auszuweichen, mit denen sie nämlich ebenfalls sehr schmerzhaft zuschlagen können, kann man sie nach dem Drag-and-Drop-Prinzip an irgendeine Ecke des Gartens ziehen, wo sie nicht mehr stören und, beleidigt über das erlittene Unrecht vor sich hin schnatternd, erst einmal Stolz und Gefieder wieder aufrichten.

Der Respekt, den man sich mit diesem kleinen Handgriff bei anderen Städtern erwerben kann, ist enorm; sobald man mit einer bissigen Gans fertig wird, hat man praktisch das Vordiplom Landbevölkerung geschafft. Leider erreichten die meisten meiner Gäste nie diese Stufe, egal, wie lange sie mit den beiden befasst waren. Meine arme Mutter zum Beispiel schleppte, als sie im Sommer eine Woche lang Haus und Tiere hütete, immer einen Stock mit sich herum. Einmal wollte sie zwei Müllsäcke zu den Tonnen bringen; sie griff sie mit einer Hand und mit der anderen einen Stock. Wenn sie aus dem Einflussbereich der Gänse erst einmal herausgekommen wäre, wollte sie den Stock weglegen und bequem mit einem Sack in jeder Hand zum Müll gehen. Die Gänse aber dachten wohl, meine Mutter schaffte heimlich die tollsten Vorräte außer Haus.

Sie folgten ihr den gesamten Weg im Watschelgang und wären ihr auch näher gekommen, wenn meine Mutter sich nicht mit dem Stock Respekt verschafft hätte. Der Weg zu den Mülltonnen beträgt ungefähr zweihundert Meter. Die Gänse folgten die ganze Strecke; dort aber verläuft die Straße, und weil meine Mutter Angst hatte, dass sich die Gänse mit den vorbeifahrenden Autos anlegen könnten, trieb sie die beiden danach den ganzen Weg zum Haus wieder zurück.

Damit zählte sie bereits zu den wenigen Mutigen, die sich von den Gänsen nicht in ihrer Bewegungsfreiheit einschränken ließen. Andere Freundinnen erklärten, sie würden das Haus gerne einmal als Feriendomizil nutzen – aber nur ohne Gänse; Kinder stellten ihre Eltern auf die Mutprobe, ob sie sich trauen würden, aus dem Haus zu gehen, wenn das Gänsepaar in der Nähe stand; und ein befreundeter Musiker begann am ersten Abend, nachdem er den Hof und seine Bewohner kennengelernt hatte, auf seiner Gitarre ein Lied zu komponieren, das »Gans oder gar nicht« heißen sollte und dessen Refrain lautete: »Kill all humans, kill all humans«.

Meine Freundin Bettina nannte die beiden die »Generäle« und entwarf für sie in Zeiten, in denen wir uns als Freiberuflerinnen um unser Einkommen Sorgen machten, stets neue Projekte. Zu ihren besten Ideen zählte, dass die Gänse auf der Fläche vor meinem Haus einen Exerzierplatz einrichten und dort andere Gänse zu Wachgänsen ausbilden könnten; aber auch Kampfeinsätze in »Schurkenstaaten« sowie hoch bezahlte Wadenbeißkuren für Manager waren im Gespräch.

Der Refrain des Gitarristen wiederum war insofern irreführend, als sich die Aggression der beiden Gänse nicht nur gegen Menschen, sondern auch gegen alle anderen Lebewesen richtete. Insbesondere gegen die Schafe, wenn diese abends oder an kalten Tagen den hundert Quadratmeter großen Schafstall aufsuchen wollten. Für die Gänse war klar, dass der Stall ihnen gehörte, da verstanden sie genauso wenig Spaß wie bei ihrem Garten, ihrem Haus und ihrem Auto. Gegen die Kamerunschafe mit ihrem kurzen und verhältnismäßig glatten Fell hatten sie keine Chance, aber die flauschige Jana bot sich für den Nahkampf geradezu an – obwohl sie einen solchen Kampf nie provozierte. Ihr schieres Dasein war den Gänsen ein Dorn im Auge, und wie auf ein geheimes Signal hin schossen die beiden immer wieder auf Jana zu, verbissen sich in ihrem Fell, versuchten, die Augen zu treffen, erwischten dann aber nur den Hals; und sie blieben in diesen Hals verhakt, egal auf welche Weise Jana versuchte, sie loszuwerden.

Im Allgemeinen sind, zumal weibliche, Schafe gutmütig und für den Kampf nicht prädestiniert; aber im Laufe der Monate entwickelte Jana doch ein paar Techniken, die ihrerseits brutal aussahen, aber gerechtfertigt waren. Spaziergänger, die solche Kämpfe zufällig beobachteten, gaben mir dann regelmäßig mit den Worten Bescheid: »Dein großes weißes Schaf zermatscht gerade deine Gänse. Aber man muss dazu sagen, die Gänse haben angefangen.«

Und zwar versuchte Jana dabei, die Gänse vor ihre Beine zu zerren und über sie hinwegzutrampeln. Wenn eine Stallwand in der Nähe war, schob sie die in ihren Kopf verbissenen Gänse gegen die Wand und drückte kräftig nach. Jedes Mal fürchtete ich, die Gänse könnten das kaum überleben; aber nicht nur überlebten sie es, sie lernten auch kein bisschen dazu. Spätestens am nächsten Tag hingen sie wieder in Janas Fell. Nachdem diese Kämpfe so oft glimpflich ausgegangen waren, nahm ich sie eine Zeitlang gar nicht mehr ernst, bis eines Tages Esmerald (abgekürzt Esmi) plötzlich blutete und stark humpelte. Am Vortag hatte Jana den in ihren Hals verbissenen Esmi einmal über den Betonboden geschleift; dabei musste es zu dieser Verletzung gekommen sein. Der Fuß sah nicht gut aus, und er besserte sich an den folgenden Tagen nicht.

Es war Neujahr, eine denkbar schlechte Zeit für Tierarztbesuche. Und die Gänse waren denkbar schlechte Patienten, das kam noch hinzu. Irgendwann raffte ich mich auf und rief bei der Tierärztin an, die mir empfahl, mit der Gans vorbeizukommen.

Vorbeikommen, das sagt sich so leicht. Ich rief eine Freundin herbei, wenig später standen wir ratlos am Zaun. Wir hielten jede ein Bettlaken in der Hand und zwischen uns einen großen Umzugskarton. Der vage Plan sah vor, dass wir Esmi mit Hilfe der Bettlaken einfangen und in den Karton stecken würden; sobald wir aber versuchten, diesen vagen Plan zu konkretisieren, löste er sich in Zischen und Beißen auf. Das größte Problem war eigentlich nicht der verletzte Esmi, sondern der unversehrte Ferdi. Sehr wohl gelang es nämlich, den einen Ganter in die Ecke zu treiben. Nur waren wir dem zweiten dann hilflos ausgeliefert.

Das war im Grunde das erste Mal, dass die beiden etwas Charakter bewiesen; dadurch stiegen sie in meinem Ansehen gewaltig: Sie bissen also nicht nur grundlos, sondern auch wenn es um die Verteidigung ihres Gefährten ging, der seinerseits schepperte wie ein rostendes Auto und quietschte wie ein flüchtendes Schwein. Bei dieser Gelegenheit machte ich auch Bekanntschaft mit den Flügeln der Gänse, die zum Fliegen ungeeignet, aber zum Kämpfen durchaus brauchbar sind.

Unter großem Einsatz gelang es uns dann doch, Esmi in den Karton zu stopfen; sein Körper passte perfekt hinein, Hals und Kopf schauten oben heraus. Mit mehreren Schnüren und

Gürteln verkeilten wir den Karton so, dass er ihn nicht aufdrücken konnte, aber des Kopfes Herr zu werden, gelang uns nicht. Manchmal, wenn Esmi eingeschüchtert war, zog er den Kopf ein; wenn er dann aber wieder frischen Mut gefasst hatte, schnellte er heraus. Es blieb gefährlich. Wir stellten den wackelnden und bebenden Karton hinten in den Kofferraum, und während der ganzen Fahrt schnatterte er empört.

Zu viert war es nicht unmöglich, Esmi so festzuhalten, dass die Tierärztin seinen Fuß anschauen und ein Röntgenbild anordnen konnte. Aber die beiden Arzthelferinnen, die Esmi dann auf den Röntgentisch hieven mussten, taten uns leid. Mit meinem Handy fotografierte ich die Prozedur durch das Glasfenster der Tür zum Röntgenraum. Ich habe mehrere Fotos gemacht, eigentlich wollte ich das Schönste ausdrucken und der Praxis zum Dank zuschicken. Leider ist auf keinem der Fotos wirklich etwas zu erkennen, dafür war der Kampf zu heftig; nur die grünen Bleiwesten sieht man deutlich, der Rest – die Arme, Flügel, Beine und Köpfe von Gans und Menschen – sind ständig in Bewegung und verwischt.

Schließlich erhielten wir das ernüchternde Ergebnis: Esmis Wunde am Fuß hatte sich so schlimm entzündet, dass bereits eine bakterielle Arthritis vorlag. Das Fußgelenk wies starke Kalkablagerungen auf; die Tierärztin wagte keine Prognose abzugeben, ob das reversibel war. Für den Fall, dass ich es versuchen wollte, stellte sie mir eine erschreckende Aufgabe: Ich sollte Esmi (und zur Gesellschaft am besten auch Ferdi) in einen trockenen, zugfreien Raum stellen, ohne viel Bewegung. Zehn Tage lang. Und an jedem dieser zehn Tage zwei Mal täglich einen dünnen Schlauch durch Esmis Schnabel in den Hals einführen und ihm Schmerzmittel und ein Antibiotikum verabreichen. Die Tierärztin machte es mir einmal vor, und sogar bei ihr wehrte sich Esmi so stark, dass es fast unmöglich schien.

Ein paar Tage hielt ich Esmi im Haus, hatte eine Hälfte des Gästezimmers freigeräumt und sie mit Plastikplanen ausgelegt. Draußen schrie Ferdi in größter Not nach seinem Partner, schlüpfte durch sämtliche undurchschlüpfbaren Zäune, ortete Esmi im Menschenhaus, umkreiste dieses Haus bei Tag und bei Nacht und stieß ständig Ortungsschreie aus, die Esmi nach Leibeskräften zurückgab. Daraufhin verlegte ich beide in eine leere Pferdebox oben am Hof. Als die beiden wieder vereint waren, stießen sie das gänsetypische Triumphtrompeten aus, mit langgestreckten Körpern und waagerecht nach vorn weisenden Hälsen.

Gut, jetzt waren sie also zu zweit. Mit der Behausung waren sie natürlich nicht zufrieden, obwohl ich tagsüber das Licht anmachte und das Radio laufen ließ. Vor allem hasste Esmi die Behandlung. Und ich hasste sie ebenfalls! Allein war es kaum zu schaffen, den Kerl einzufangen, aus der Box zu holen, zu fixieren, den Schlauch einzuführen und die Medikamente einzugeben. Also musste ich irgendwen um Hilfe bitten, zehn Tage lang, zwei Mal am Tag. Handwerker, die Hofladenbesitzerin, Freunde. Keiner beschwerte sich, aber etwas peinlich war es mir schon. Mir schien die Gutmütigkeit der Leute etwas überstrapaziert – vor allem, weil die Gänse ja so bissen! Wenn ich in die Box ging, versuchte ich Esmi einzufangen und Ferdi abzuwehren, aber selten kam ich heil davon. Beim Einführen des Schlauchs biss Esmi mich in Hände und Finger. Gänse haben nicht nur oben und unten am Schnabelrand, sondern auch an der Seite der Zunge scharfe Zacken. Vor jeder von Esmis Behandlungen musste ich all meinen Mut zusammennehmen, und nachher fühlte ich mich wie durch den Reißwolf gedreht.

Die zehn Tage schleppten sich hin; es war Januar, nass und kalt; weil ich auch bei den Schafen viel zu tun hatte, kam ich gar nicht mehr aus den klammen Stallklamotten raus. Andauernd war ich als Möchtegern-Tierpflegerin unterwegs, noch dazu in einem wenig aussichtsreichen Fall, und von den Patienten gehasst. Selten in meinem Leben habe ich eine so anstrengende Zeit durchlebt.

Nach zehn Tagen sperrte ich Esmi wieder in seinen Karton und brachte ihn erneut zum Röntgen. Als die Bilder fertig waren, machte mir die Tierärztin wenig Mut. Die Entzündung war nicht mehr akut, die Arthritis aber auch nicht zurückgegangen. Die Ablagerungen am Gelenk waren noch genauso groß. Wenn ich Esmi aus der Pferdebox ließ, würde er wieder humpeln und Schmerzen haben. Die Ärztin schlug Euthanasie vor; ich sagte nichts. Sie erwähnte Amputation, doch wir beide wussten, eine so freiheitsliebende Gans käme mit nur einem Fuß nicht zurecht. Als dritte und letzte Möglichkeit blieb, Esmi weiterhin jeden Tag Schmerzmittel zu geben, bis ans Ende seines Lebens, allerdings nicht durch den Schlauch, sondern auf etwas Brot. Und zu hoffen, dass er nicht mehr humpeln musste. Die Tierärztin gab mir eine weitere Flasche Schmerzmittel mit, zum Ausprobieren. Das Thema Euthanasie war damit noch nicht endgültig vom Tisch.

Es war schon dunkel, als ich nach Hause fahren wollte. Verstört, wie ich war, verwechselte ich die Auffahrten auf die Autobahn und fuhr in die falsche Richtung. Kehrte wieder um, fuhr an die Seite, wollte eine Freundin anrufen, steckte aber in einem Funkloch. Hinten schnatterte Esmi verärgert, und ich hatte das Gefühl, ich kann nicht mehr. Als ich schließlich erschöpft zu Hause ankam, ging ich zur Familie meines Vermieters. Die Gänse gehörten der älteren Tochter, ich wollte sie fragen, was ihrer Meinung am besten war. Auch sie fand, ich solle es eine Zeitlang mit den Schmerzmitteln versuchen. Ihr Vater erinnerte mich allerdings daran, dass das auf Dauer vielleicht eine Strapaze für Esmi war. »Du hast mehr für dieses Tier getan, als jeder andere getan hätte«, sagte er wörtlich, ich habe die Sätze bis heute im Ohr. »Aber man muss auch wissen, wann man es nur noch für sich tut und das Tier damit quält. Zehn Tage, länger solltest du es nicht probieren.« Ich hatte mehr für Esmi getan als jeder andere … Das war es ja gerade. Insgeheim hatte ich irgendwie damit *gerechnet*, dass ich für meine Mühen vom Schicksal mit einem gesunden Ganter belohnt würde – völlig abwegig natürlich! Und wenn wir ihn doch einschläfern mussten, hatte ich ihm noch die letzten zwei Wochen zur Hölle gemacht.

Schweren Herzens setzte ich das Ganterpaar am nächsten Tag in meinen Garten. Ich übte, Esmi und Ferdi mit Toast zu füttern, wobei ich auf Esmis Stück immer ein paar Tropfen Schmerzmittel gab. Dann packte mich eine Art Trotz: Ich könnte die Dosis später ja wieder hochschrauben, überlegte ich mir; aber die Nieren sind beim Geflügel empfindlich, es war sinnvoller, es fortan mit weniger Schmerzmittel zu versuchen. Wie man es mir früher bei eigenen Krankheiten beigebracht hatte, begann ich, das Medikament auszuschleichen. Ein paar Tage gab ich die halbe Dosis, dann ein Viertel, dann ließ ich es ganz weg. Und wartete – wer wusste schon, wie lange das Zeug im Blut blieb? Aber Esmi watschelte und watschelte. Der Fuß blieb noch einige Monate geschwollen, doch das Humpeln kehrte nie zurück. Wie früher flitzte Esmi auf mein Küchenfenster zu, wenn ich ihm und Ferdi Apfelhälften hinauswarf, und entwickelte sich später sogar zu einem zahmen Freund.

Als meine Kusine Birgit ihren zweiten Besuch ankündigte, war ich etwas auf der Hut. Nach dem ersten hatte ich mich als Besitzerin von zehn Hühnern wiedergefunden; ich bereute das nicht, aber noch mehr Tiere sollten es nicht werden. Der Hühnerstall und das Außengehege hatten ziemliche Summen verschlungen, und auch arbeitsmäßig war ich mit den inzwischen dreiundzwanzig Schafen bereits hinreichend versorgt. Dachte ich.

Birgit meldete sich für die zweite Januarwoche an, und wir hatten vor, sehr viel zu schlafen, zu essen, zu lesen, fernzusehen. Notfalls würden wir einen kleinen Spaziergang machen, dann aber wieder sehr viel schlafen und fernsehen, damit die Faulenzerei gut ausbalanciert blieb. Zwar sahen wir den Bäuchen einiger Schafe an, dass sie bald lammen würden; aber es ist schwer, an einem Schafsbauch abzulesen, wann genau er sich seines Inhalts zu entledigen gedenkt. Insbesondere Kamerunschafe sehen oft, wenn sie gefressen haben, aus wie kleine Tonnen auf Streichholzbeinchen. Eines Tages wollte ich um die Mittagszeit einmal ein schönes heißes Bad nehmen; davor schaute ich kurz durchs Badezimmerfenster hinüber zum Stall: Es war alles normal. Als ich eine Viertelstunde später aus der Wanne stieg und wieder hinausschaute, stand neben dem Stall ein winzig kleines weißes Lämmchen und schrie nach Leibeskräften. Weit und breit war kein Mutterschaf zu sehen.

Ich kannte mich mit Schafsgeburten inzwischen hinreichend aus, um zu wissen, dass bei einem Lamm, das ohne Aue in der

Gegend herumschrie, etwas nicht in Ordnung war. Birgit wiederum, die sich *mit mir* schon lange auskannte, empfahl mir, ich solle mich erst einmal beruhigen. Die meisten meiner Sorgen sind nämlich übertrieben. Bei den geringsten Anlässen frage ich mich, ob ich vielleicht bei meiner Arbeit einen Fehler gemacht habe, ob ich eine Reise gut genug organisiert und mich auch wirklich nicht im Datum vertan habe – oder eben, ob eins meiner Tiere krank ist. Das Schwierigste für mich im Laufe dieser ersten Zeit mit den Tieren war eigentlich herauszufinden, wann meine Sorge berechtigt und wann sie übertrieben war. Doch anders als in anderen Kontexten waren meine Sorgen im Zusammenhang mit den Tieren sogar meistens berechtigt. Wenn man seine Tiere sorgsam und regelmäßig beobachtet, erkennt man schnell kleine Abweichungen im Verhalten. Und weil Tiere wie Schafe und Hühner versuchen, ihre Schwächen möglichst lange vor Herdenmitgliedern und potentiellen Fressfeinden zu verbergen, ist übergenaues Beobachten auch oft die einzige Chance, eine Krankheit früh genug zu bemerken.

Damals aber besaß ich dieses Vertrauen in mein eigenes Urteil noch nicht. Panisch versuchte ich meine Haare trockenzurubbeln *und* mich zu beruhigen – aber was ich durch das Badezimmerfenster sah, war entmutigend. Die Herde war in den Stall zurückgekehrt und trabte dabei zwangsläufig an dem kleinen weißen Lamm vorbei. Immer wieder versuchte es, bei einem der Erwachsenen Anschluss zu finden, doch die stießen es mal mehr, mal weniger harsch weg. Und wenn ich von einem kleinen Lamm spreche, ist das keine Verniedlichung: Es war wirklich das kleinste Lamm, das je bei uns geboren wurde, wenig größer als ein drei Monate altes Kätzchen. Birgit und ich gingen zum Stall hinüber, und von dort sahen wir auch seine Mutter. Mit einem zweiten Lamm, ebenfalls frisch geboren, stand sie weit weg auf der Weide. Diese Mutter nannte ich übrigens immer Schoko, weil ihr Fell ein wunderbares Dunkelbraun hatte; ich hatte sie immer besonders gemocht, weil sie so lautstark auf meine Rufe antwortete. Ihr anderes Lamm hatte eine normale Größe, und Schoko schien sich auch um es zu kümmern. Auf die Rufe des Winzlings am Stall aber reagierte sie nicht. – Und obwohl ich weiß, dass es unsinnig ist, Tiere nach solchen Kriterien zu beurteilen, fand ich nach diesem Tag nie mehr zu meiner Bewunderung für die »redselige« Schoko zurück.

Ich rief Christian an, der einen Angestellten mitbrachte; wir fingen Schoko ein, setzten sie hin und legten ihr versuchsweise das kleine Lämmchen an. Doch immer, wenn dieses zu trinken versuchte, stieß Schoko es brutal zurück – wie jede Aue, die bereits ein eigenes Lamm hat und gar nicht einsieht, ihren Euter auch noch einem Fremdling zugänglich zu machen. Offenbar erkannte Schoko den Kleinen nicht als ihr eigenes Lamm. Wir rätselten, was während meines gerade mal viertelstündigen Bades vorgefallen sein mochte, und erklärten uns den Vorgang so, dass Schoko ihr erstes Lamm in einer Art Sturzgeburt neben dem Stall verloren hatte und dann auf die Weide gegangen war, um dort in Ruhe ihr zweites zu gebären. Möglich ist auch, dass Schoko beide Lämmer an einer Stelle gebar, den Winzling wegen seines Größenunterschieds aber nicht haben wollte; doch weil ich nicht noch schlechter von Schoko denken wollte als unbedingt nötig, entschieden wir uns für die erste Version.

Wir beschlossen, Schoko und ihre beiden Lämmer in den Stall zu bringen, den Rest der Herde auszusperren und zu hoffen, dass die Familie irgendwie zusammenfand. Vermutlich war uns allen von Anfang an klar, dass wenig Aussicht auf Erfolg bestand. Um Schoko und die beiden Kleinen nicht noch weiter zu irritieren, schlich ich mehrmals durch einen Nebeneingang in den Stall, um unbemerkt nachzuschauen. Sie machten keinerlei Fortschritte. Es brach einem fast das Herz zu sehen, wie das kleine Lamm schrie und sich der Mutter zu nähern versuchte, während diese es mit dem Kopf zur Seite stieß, sodass es immer wieder zu Boden ging. Es war klar, dass das Lamm nicht lange durchhalten würde. Wenige Stunden nach der Geburt müssen Lämmer Milch von der Mutter erhalten, sonst sterben sie. Ihr anderes Lamm hatte Schoko bereits gründlich trockengeleckt; dem Kleineren aber klebte das Fruchtwasser noch auf dem Fell, und im Stall war es kalt.

Ich begann, im Internet nach Informationen und Telefonnummern zu suchen, war aber noch unentschlossen. Falls Schoko das kleinere Lamm nicht akzeptierte, müsste ich es notfalls von Hand aufziehen. Das würde viel Arbeit bedeuten. Mir fehlte das Know-how, und ich brauchte Hilfe. Ich würde eine Verpflichtung eingehen, die ich nicht ablegen konnte, wenn es mir nach einer Woche zu viel wurde – ich hatte keine Ahnung, wie lange Schafe Muttermilch brauchten, aber zwei, drei Monate waren es bestimmt.

Wie in allen Zweifelsfällen, die meine Tiere betrafen, rief ich auch dieses Mal meine Freundin Charlotte an und erzählte ihr von dem Dilemma. Ich fragte sie, ob sie schlecht von mir denken würde, wenn ich das Lamm nicht aufziehen, sondern es sterben lassen würde. »Ich würde nicht schlecht von dir denken, ich könnte dich verstehen«, sagte Charlotte. »Es wird sicher höllisch viel Arbeit. Trotzdem rate ich dir, es aufzuziehen.« Das war genau der Ratschlag, den ich brauchte, kurz und präzise. Eine klügere Antwort hätte Charlotte nicht geben können, und noch monatelang zog sie mich mit diesem Telefongespräch auf. »Haha, und das ist das Lamm, das du angeblich nicht aufziehen wolltest«, sagte sie, wenn Emil – so nannte ich den weißen Winzling – später bei mir über die Sofas sprang. Oder: »Klar, das wär dir ganz leicht gefallen, den einfach sterben zu lassen« – wenn ich Charlotte und ihrer Familie einen unserer zahlreichen Besuche abstattete, von Emil wortwörtlich auf der Ferse gefolgt.

Charlotte also riet mir zu, und von da an saßen meine Kusine Birgit und ich abwechselnd am Internet und am Telefon. Ich habe keine Ahnung mehr, wie viele Schafsexperten, Tierärzte, Apotheken, Rinderzüchter und Schafhalter ich an jenem Nachmittag anrief. Anscheinend brauchten Lämmer nach der Geburt eine spezielle Milch, die Kolostralmilch, die ihren Verdauungstrakt in Gang bringt und die Abwehrkräfte stärkt. Notfalls konnte man welche von Kühen nehmen, aber auch Kühe liefern diese besondere Milch nur direkt nach einer Geburt, und keine der Kühe in der Umgebung hatte gerade gekalbt. Von einer Spezialfirma gab es auch Kolostralmilchpulver, aber es wurde so selten nachgefragt, dass kein Geschäft und kein Tierarzt welches vorrätig hatte; wie ich später erfuhr, frieren viele Schafhalter für einen späteren Notfall etwas Kolostralmilch gesunder Mutterschafe ein.

Charlotte hatte mir noch die Handynummer von Stefan, einem Elbdeichschäfer, gegeben. Der arme Mann, schon beim ersten Anruf war er gleich so hilfsbereit und konnte nicht ahnen, wie oft ich in den folgenden Wochen noch von seiner Handynummer Gebrauch machen würde. Mehrere seiner Schafe hatten kürzlich gelammt, sagte er, ich könne Kolostralmilch von ihm haben. Er beschrieb mir den Weg, mit dem Auto dauerte es bis zu ihm eine Stunde, und uns lief langsam die Zeit davon. Um 16 Uhr, da war Emil bereits gut zweieinhalb Stunden alt und ohne Nahrung, fuhr ich los; demnächst würde die Sonne untergehen; Stefans Schäferei lag hinter Bleckede an der Elbe, dorthin war ich noch nie gefahren, und ich besitze keinerlei Orientierungssinn.

Natürlich verfuhr ich mich, wo immer möglich. Außerdem wurde ich allmählich selbst hungrig, weil Birgit und ich in der Aufregung das Mittagessen ausgelassen hatten. Aber sobald ich an meinen eigenen Hunger dachte, dachte ich an den des kleinen Lamms. Zwei Mal rief ich von unterwegs mit dem Handy bei mir zu Hause an, Birgit ging aber nicht dran. Ich fragte mich, ob irgendetwas passiert war, weswegen sie wieder in den Stall hinüber musste; und tröstete mich – ziemlich herzlos – mit dem Gedanken, wenn das Lamm gestorben wäre, riefe sie mich sicher gleich an. Dann würde ich umdrehen und mir im Supermarkt etwas zu essen holen … Sonderbar, wie nüchtern man sein kann, während man sich doch gerade bemüht zu helfen. Vielleicht ist diese Nüchternheit nur ein Schutzraum, den man sich instinktiv errichtet, weil man weiß, wie viel schiefgehen kann. Und noch lag mir Emil persönlich ja nicht besonders am Herzen, er stellte mich vor eine eher abstrakte moralische Aufgabe, war eben irgendein hilfsbedürftiges kleines Lamm.

Es war bereits dunkel geworden, als ich bei Stefans Schäferei hinter den Elbdeichen ankam; ich selbst wohne ja nicht gerade direkt unter Menschen, aber bis dahin war mir nicht klar gewesen, wie abgelegen man in Deutschland wohnen kann. Zu der Zeit besaß Stefan bereits knapp 2000 Mutterschafe. Bei einer späteren Gelegenheit erzählte er mir, dass er hatte Schäfer werden wollen, seitdem er vierzehn Jahre alt war; mit neunzehn hat er seine erste eigene Herde aufgebaut. Bis er so weit war, Angestellte bezahlen zu können, ist er nie in Urlaub gefahren; als er fast vierzig war, sind seine Familie und er zum ersten Mal richtig verreist. Als ich ihn fragte, ob er das Gefühl hätte, dadurch etwas verpasst zu haben, sagte er, nein, er bedauere es nur, dass er so wenige Schäfereien in anderen Teilen Europas kennenlernen konnte; dafür hätte er sich zu früh selbstständig gemacht.

Stefan besitzt genau die Ruhe und Sanftheit, die man von einem guten Hirten erwartet; er ist freundlich zu seinen Tieren, und seine Ställe strahlen Gemütlichkeit aus. Wie telefonisch verabredet, hatte ich eine kleine Flasche für die Kolostralmilch mitgebracht und naiverweise angenommen, die werde dann halt irgendwo aufgefüllt; stattdessen aber ging Stefan mir voran in die Ställe mit den Mutterschafen. Den Winter über waren sie auf den Deichen gewesen, wenn die Zeit zum Lammen kam, brachte er sie in den Stall. Der erste Stall war voll mit Auen und ihren Lämmern; in einer Ecke war ein Pferch für Waisenkinder. Ein Lamm, das ich von all den anderen nie hätte unterscheiden können, war durch die Abtrennung geschlüpft und zwischen den anderen untergetaucht; vielleicht nur aus Neugier, vielleicht wollte es Milch vom Euter einer fremden Mutter stibitzen. Es fiel Stefan sofort auf, er griff es und packte es zurück in den Pferch. Obwohl es so voll war, herrschte hier doch eine ganz ruhige, wohlige Atmosphäre; es war kalt, aber über allem lag warmes, gelbes Glühbirnenlicht. In dem Moment hatte ich das Gefühl – nicht zum ersten und erst recht nicht zum letzten Mal –, dass man eigentlich gar nicht genug Schafe besitzen kann.

Die Lämmer waren höchstens ein paar Tage alt, die Mütter standen in voller Wolle, waren groß und breit. Stefan musste sie im Laufen packen und auf die Seite werfen, dann fühlte er nach, wie viel Milch im Euter war. Manche Euter hatten die Lämmer gerade leergetrunken, doch dann erwischte Stefan ein Schaf, von dem sich eine kleine Portion direkt in die Flasche abmelken ließ. Er melkte vielleicht fünf Schafe in drei verschiedenen Ställen; mit jedem Zentimeter, den der Pegel stieg, wurde ich glücklicher. Als Kind hatte ich einmal bei einem Besuch auf einem Bauernhof Milch getrunken, die frisch aus dem Euter kam, doch seitdem nur solche aus dem Supermarkt gekannt. Dass die Milch der Schafe so warm war, war zwar streng genommen nicht überraschend, aber doch irgendwie ergreifend. Genauso wie mich am Anfang bei jedem warmen Ei die Ehrfurcht gepackt hatte, wurde mir erst in diesem Moment richtig bewusst: Milch ist Körperflüssigkeit, gespendet von einer Kuh oder einem Schaf.

Als die Flasche voll war, war ich beinah wie betrunken. Nicht von der Milch natürlich, ich kostete sie nicht. Sondern von dieser Atmosphäre in den Ställen, von dieser Wärme, die die Schafskörper ausströmten, von all diesen Müttern, die sich vor ihre Jungen stellten und sie nährten und sich kümmerten und dabei so anspruchslos und friedfertig waren.

Von Stefan, der übrigens keinen Cent für seine Mühen annehmen wollte, ließ ich mir das Aufwärmen und Flaschegeben erklären. Es war stockduster, als ich den Weg über den Deich zurück auf die Landstraße fuhr. Und vor allem war ich voller Sorge darüber, was mit dem kleinen Lamm in der Zwischenzeit geschehen war. Sobald mein Handy wieder Empfang hatte, rief ich zu Hause an.

Aber nicht meine Kusine Birgit ging dran, sondern Charlotte. Charlotte, die nach meinem Anruf geahnt hatte, dass Schwierigkeiten zuhauf im Anmarsch waren, war gekommen, um ihre Hilfe anzubieten. Sie hatte eine zunehmend verzweifelte Birgit vorgefunden, die die undankbare Aufgabe hatte, untätig auf meine Rückkehr zu warten. An der Situation im Stall hatte sich nichts geändert, immer noch stieß Schoko das kleine Lamm weg; es schien bereits schwächer geworden zu sein. Und wieder einmal hatte Charlotte genau das Richtige getan: Sie hatte das Lamm aus dem Stall geholt und in die Küche gebracht. Dort hielten Birgit und sie es nun abwechselnd an ihren jeweils recht üppigen Busen gepresst, damit es wenigstens etwas Wärme bekam.

Und vermutlich war es auch die Wärme, die Emil damals überleben ließ. Vier scheußliche Stunden lang hatte er hungrig und vergeblich nach seiner Mutter geschrien. Als ich endlich, mit Kolostralmilch und einer Babynuckelflasche, nach Hause kam, wirkte er schon sehr entkräftet. Bei Lotte und Birgit lagen die Nerven blank, am liebsten hätte sie alle fünf Minuten bei mir auf dem Handy angerufen, gestand mir Birgit nachher, um zu fragen, wo ich sei. Aufgrund der Schnelligkeit, mit der die Kräfte des Tierchens nachließen, hatten sie beide befürchtet, dass es wohl nicht mehr lange durchhalten würde.

Wir wärmten die Milch in der Mikrowelle auf, und dann bekam der Kleine aus den Händen von Lotte und Birgit seinen ersten Schluck. Und den zweiten und noch einige folgende. Als er eine gute Portion weggesaugt hatte, döste er weg – auf Lottes Unterarm, die kleinen Beine unterm Körper gefaltet, das Köpfchen vornüber geknickt. Aus der Nähe betrachtet war er übrigens keineswegs komplett weiß. Sein Kopf ist schwarz, und seine Schultern sind wie mit einem schwarzen Umhang bedeckt; sein Hinterkopf aber wird von einer weißen Blesse geziert, die viele seiner Brüder in ähnlicher, aber eben nicht exakt derselben Weise haben. Heute erkenne ich ihn schon von weitem allein an der Zeichnung auf dem Hinterkopf.

Zum Wiegen legten wir ihn in die Schüssel meiner Salatschleuder und stellten diese auf die Waage; zusammengekringelt passte er genau auf den Boden der Schlüssel, und dort schlief er richtig ein. Wir ließen ihn einfach in der Schüssel schlafen und bewunderten ihn wie ein kleines Kind. Diese Klauen! Diese Nase! Dieses Atmen! An neugeborenen Wesen ist einfach alles entzückend.

Er war wirklich ein Winzling; sein Körper passte auf eine Hand, er wog gerade mal 1200 Gramm, wohingegen ein normales Lamm ungefähr 2 bis 3,5 Kilo wiegt. Auf der Rückfahrt hatte ich mir Emil als Namen überlegt. Und kaum hatte ich seinen Namen offiziell verkündet, wachte er auch schon wieder auf und trank den Rest der Milch. Danach wurde er wieder müde, makste ein paar Schritte über den Küchenfußboden, schmiegte sich an die Wand und schlief ein.

In den folgenden Tagen schlief er immer, wenn er im Haus war, an den sonderbarsten Plätzen ein. Vor allem Wände hatten es ihm angetan, vielleicht weil man sich so schön anlehnen konnte. Wenn er aber merkte, dass er pinkeln musste, stand er auf und stakste woanders hin, wo er ganz konzentriert alle vier Beine spreizte und dann unendlich langsam eine gar nicht so kleine Pfütze produzierte; später kamen dann noch andere Ausscheidungen dazu. Aber immer stand er dazu auf. Birgit und ich hatten ihn oft auf uns liegen, wenn wir uns abends auf den Sofas lümmelten. Aber wenn er musste, wurde er unruhig, fing an zu zappeln und verlangte, auf den Boden gesetzt zu werden; offenbar haben Lämmer durchaus Ansätze hygienischer Instinkte oder so etwas Ähnliches wie eine Veranlagung zur Stubenreinheit – nur nicht besonders konsequent.

Mir jedenfalls war nicht klar, warum es aus seiner Perspektive besser war, nicht gleich hier, sondern einen Meter weiter sein Geschäft zu machen. Höflich war es allerdings.

Und er war anhänglich. Er machte keine Unterschiede zwischen Birgit und mir, die wir uns die Aufgaben der nächsten Tage teilten. Eine Zeitlang vertraute er grundsätzlich grünen Gummistiefeln, denn die hatten wir in jener Zeit meistens an. Die ersten Nächte, in denen er alle drei Stunden Milch brauchte, nahmen wir Emil zu uns ins Haus, obwohl der Tierarzt dagegen war. (Angeblich drohte Vermenschlichung.) Er schlief abwechselnd neben Birgits und meinem Bett in einer kleinen Kiste, die er mehrmals pro Nacht verließ, wenn er hungrig wurde; dann hörte man seine Klauen auf dem Holzfußboden klappern. Mit zwei Tagen überkam ihn, wie die meisten Lämmer, ein akuter Hüpfanfall. Er hatte herausgefunden, dass er springen und dabei sogar eine kleine Pirouette drehen konnte. Jenen Nachmittag verbrachten wir drei hüpfend. Birgit und ich hüpften und Emil antwortete mit einem Hüpfen; wir waren bald außer Puste, er aber nicht.

Aus Astrid Lindgrens Bullerbü-Büchern waren wir natürlich längst mit dem Füttern von Lämmern vertraut; Pontus hieß Lisas Flaschenlamm. Irgendwie hörte sich dort alles viel einfacher an: Man musste nur ab und zu auf die Weide gehen und dem Lamm eine Flasche geben. Außerhalb von Småland gelten andere Regeln. Wir hängten den offiziellen Ernährungsplan für Emil an den Kühlschrank – die ersten vier Tage musste man fast alle zwei Stunden füttern, in den nächsten Tagen acht Mal, dann sechs Mal, mit jeweils steigenden Milchmengen. Dabei war darauf zu achten, dass die Milch nicht so heiß war, dass sich Emil das Mäulchen verbrannte, aber auch nicht zu kühl, weil sich die Milch dann nicht mehr verdauen ließ.

Man musste genug füttern, aber auch nicht zu viel – dann geriet die Milch in den falschen der vier Lämmermägen, und das Lamm bekam Durchfall. Wir rechneten alles pi mal Daumen um, denn die Mengenangaben des Schafzüchterverbands galten für normal große Fleischlämmer, Emil aber war ja ein Kamerunmischling und sogar für einen solchen besonders klein.

Emil blieb nicht das einzige Flaschenlamm. Einen Tag nach seiner Geburt begann auch Jana, das große weiße Wollschaf, erneut zu lammen. Ich merkte es erst, als die Geburt schon abgeschlossen war und sie mit drei blökenden, wackeligen Lämmern unter dem Vordach stand. Ich schnappte mir die drei Neugeborenen und lockte die Mutter damit in den Stall. Bei Janas ersten Zwillingen hatte ich beobachtet, dass sie am Ende nur noch an einer Euterhälfte saugten und sich sogar darum stritten. Jonas, der deutlich größere, boxte das etwas zurückgebliebene Joylein heftig weg. Ob Jana Drillinge ernähren konnte, musste sich erst noch herausstellen; dazu war es besser, wenn sie im Stall blieb. Und ich dachte, die Gesellschaft von Drillingen, bei denen ja oft einer »über« ist, wenn die anderen zum Beispiel saugten, täte auch dem mutterlosen Emil gut.

Ich bestellte Jens, den Tierarzt. Er meinte, in Janas Euter sei genug Milch, aber eins der Lämmer sei ziemlich schwach; ich solle auch ihm ab und zu eine Flasche geben. Wie schon Janas Zwillinge aus dem Vorjahr waren auch diese drei schwarz-weiß gefleckt wie Kälber. Es waren zwei Mädchen und ein Junge; wir nannten sie Julchen, Jane und Josh. Julchen war weiß mit schwarzen Punkten und pflegt bis heute gern ein wenig für sich zu stehen, die Wand oder den Himmel anzusehen und zu träumen. Jane war von Anfang an ein selbstbewusstes kleines

Schaf, mit einem kulleräugigen, divenartigen Gesichtsausdruck wie die junge Bette Davis; sie wich der Mutter nie von der Seite und bekam von ihr auch die meiste Milch. Josh war das schwächste Lamm und deutlich kleiner als seine Schwestern; auf seiner Nase treffen sich die Spitzen zweier schwarzer Rauten, weswegen Birgit ihn anfangs das Schachbrettschaf nannte. Er ist heute ein richtig dicker Brummer, und zutraulich dazu; er liebt Besucher und läuft gerne neben ihnen her, den Kopf unter eine Hand gedrückt.

Im Stall richteten wir einen kleinen »Lämmerschlupf« ein: eine Ecke des Stalls, die mit Gittern so abgetrennt wird, dass die Lämmer durchschlüpfen können, die Mütter aber nicht. Dort hängte ich eine Wärmelampe auf und legte darunter einen sehr großen orangefarbenen Teddy. Ich hatte ihn im Alter von zehn Jahren bei einer Tombola mit der Losnummer 1001 gewonnen – endlich fand ich die ideale Verwendung für ihn. Ich wollte, dass Emil, den wir auf Anraten des Tierarzts so viel wie möglich im Stall ließen, etwas zum Kuscheln hatte. Insgeheim hoffte ich, die Wärme würde auch das eine oder andere weitere Lamm anziehen, damit Emil nicht so alleine wäre … und es funktionierte. Oft sah man Julchen und Emil, noch regelmäßiger aber Josh und Emil im Lämmerschlupf beieinander liegen. Die Gesichter hatten sie einander zugewandt, ihre Körper und Beine an die Extremitäten des Teddys geschmiegt.

Leider zeigte sich bald, dass es dem Mutterschaf Jana nicht gut ging. Sie lag apathisch im Stall und fraß nicht mehr. Ich rief Jens, doch obwohl Jana so geschwächt war, war es gar nicht so leicht, sie für die Untersuchung zu fassen zu bekommen. Es ging eigentlich nur, indem man ihr mit beiden Händen in die Wolle griff und sich mit vollem Gewicht dranhängte. Das war natürlich mein Part, während Jens Thermometer und Spritzen aus dem Auto holte. Als er zum Stall zurückkam und ich mit Jana im Mist rang, sagte er, er bedaure es sehr, die Kamera nicht dabeizuhaben. Ich trug damals praktisch rund um die Uhr eine dicke, braune und immer dreckiger werdende Daunenjacke. Weil sie so weich war und weil viel Stroh im Stall lag, machte es mir nichts aus, wenn Jana mich ein, zwei Meter liegend über den Boden zog. Und erst dann gab Jana auf, sodass wir Temperatur messen und ihr Spritzen geben konnten.

Jens diagnostizierte eine Gebärmutterentzündung und eine Euterentzündung, und so bekam Jana mehrere Tage lang täglich eine Antibiotikumspritze. Zwei Mal täglich maß ich Fieber. Jedes Mal das Ins-Fell-Klammern und das Herumgerutsche im Mist. Außerdem musste ich von nun an nicht nur Emil, sondern auch die Drillinge füttern, weil Janas Euter kaum mehr Milch gab. Mit den üblichen Lämmersaugern kamen wir – Lämmer, ich und sogar die findige Charlotte – nicht zurecht. Ich kaufte also noch mehr Babyflaschen. Um diese verflixte Temperatur halten zu können, bis alle satt waren, bastelte ich eine mit Styropor ausgekleidete Box, in die vier Flaschen nebeneinander passten. In meiner Küche standen überall umgedrehte, gespülte Flaschen und ausgekochte Sauger. Milchpulver war über den Boden verstreut, die Rührmaschine klebte vor Milch, und an den Kacheln trockneten Spritzer an. Meine einst braune Jacke war mit Flecken von Milch übersät – »Du siehst aus wie eine junge Mutter!«, kicherte Charlotte –, aber ebenso von weiteren lammbezogenen Körperflüssigkeiten, die ich nicht genauer untersuchen wollte, und von Stroh und Mist von meinen täglichen Rutschtouren mit Jana. Unter den dreckstarrenden Jeans waren meine Beine von den Gantern zerbissen, denn all diese Geburten, Janas Krankheit und die damit verbundenen Komplikationen fielen in dieselbe Zeit, in der auch Esmi krank war und versorgt werden musste. Ich hatte das Gefühl, kaum hatte ich die Medikamente für das eine Tier beiseite gelegt, kamen die für ein anderes dran; kaum waren die Babyflaschen ausgespült und ich hatte kurz, ganz kurz, die Beine hochgelegt, war bereits die nächste Fütterung fällig.

Emil konnte nach ein paar Tagen in größeren Intervallen gefüttert werden. Nachts stellte ich mir den Wecker auf vier Uhr, rührte die Milch an, stapfte in den Stall, wo die Lämmer bereits warteten, und fütterte sie. Christian hatte mir eine starke Taschenlampe gegeben, die ich von da an kaum mehr aus den Händen legte. Auch als die Lämmer groß genug waren, um die ganze Nacht ohne Milch auszukommen, musste ich noch mehrere Wochen lang sechs Mal am Tag füttern, und vier Mal davon war es dunkel: um acht morgens, um fünf Uhr nachmittags, um acht Uhr abends und nachts um elf. Ich sah den Mond zunehmen und abnehmen, ich hörte die Vögel im nächtlichen Wald, ich gewöhnte mich an den Geruch des Schafstalls so sehr, dass ich beim nächtlichen Füttern von Emil manchmal mit ihm im Arm einnickte, und die schlaftrunkenen Schafe gewöhnten sich an mich. Emil ist leider nicht annähernd so verschmust, wie er niedlich ist, doch nach der letzten Flasche blieb er ganz gern bei mir auf dem Arm liegen; ich dachte, er brauche ein wenig Körperkontakt, so ohne Mutter; dann wurde er müde und fing an, tief zu schnaufen. Ich verkroch mich in meine Jacke und versuchte, den kalten Luftzug durch die große Stalltür und das Rascheln der Ratten in anderen Teilen des Stalls zu ignorieren.

Außerdem hallten oft sonderbare Geräusche, die weder von Ratten noch Schafen stammten, durch den Stall. Manchmal meinte man ein Schlurfen zu hören, dann wieder ein Geräusch wie von einem alten Wagen oder einer Kutsche. Einmal war ich so irritiert, dass ich am nächsten Morgen nachfragte, ob jemand den Pferdewagen angespannt habe; alle, die in Frage kamen, verneinten. Die Dorfstraße war zweihundert Meter weit weg, weitere Gebäude lagen dazwischen; ohnehin war der Hall der Räder so laut und deutlich gewesen, als stünde ein Wagen direkt am oder gar im Stall. Zum Glück glaube ich kein bisschen an Gespenster; aber manche Freundin kam, nachdem sie die Geräusche einmal gehört hatte, nachts nicht mehr zum Füttern mit in den Stall.

Aus Hamburg und Berlin setzte ein richtiggehender Fläschchentourismus ein. Emil folgte mir ja nach wie vor auf der Ferse, als ob ich seine Schafsmutter wäre. Weil ich mit ihm aber auch manchmal im Dorf unterwegs war und nicht wollte, dass er vor Schreck über die Autos auf die Straße lief, gewöhnte ich ihm eine Leine an. Solange ich dabei war, konnte man die Leine jedem Menschen in die Hand geben, den er auch nur ein bisschen kannte. Meine vierjährige Freundin Charlie aus Berlin führte Emil glücklich kreuz und quer, bot ihm ab und zu etwas Futter an, ging in die Hocke und streichelte ihm über den Kopf. Wir Erwachsenen haben damals vor allem auf das Kind geachtet, auf sein Lächeln und seine rührende Fürsorge; aber es gibt zahlreiche Fotos, auf denen man sieht, dass sich auch Emil dem Mädchen zuwandte. Wenn man in der Berliner Wohnung auf Charlies Hochbett steigt, begegnet man bis heute Emils überlebensgroßem Bild.

Als er größer wurde, kaufte ich Emil ein kleines blaues Geschirr, und Leute mit Kindern, die uns im Dorf entgegenkamen, sagten manchmal: Schau mal, ein kleiner weißer Hund! Erst aus der Nähe bemerkten sie, dass es ein Lamm war. Häufig besuchten wir Katharina und Charlotte, bei denen Emil ohne Scheu Küche, Diele und Schlafzimmer erforschte. Wenn ihm dann plötzlich auffiel, wie weit er sich entfernt hatte und dass ich nicht in der Nähe war, schrie er laut auf, ich antwortete, und er kam wieder zu mir. In Katharinas Küche lag ein Flickenteppich mit Fransen, mit denen er gern spielte. Er wurde nicht müde, auf ihnen herumzukauen und sie hin und her zu schieben. Einmal briet Katharina gerade Lamm in der Pfanne. Ich fand es sonderbar, oben das tote Fleisch und unten den quicklebendigen, von der Köchin heiß geliebten Emil zu sehen.

Und egal, was Jens über die Gefahr der Vermenschlichung sagte: Einmal am Tag erlaubte ich Emil, mit zu mir ins Haus zu kommen. Besonders gern kletterte er auf meine Sofas. Wie ein Menschenkind, das herausgefunden hat, dass es etwas Neues kann, sprang auch er, sobald er groß genug dafür war, auf das Sofa, runter vom Sofa, wieder auf das Sofa. Manchmal legte er sich kurz hin und faltete die Beinchen wie eine Katze. Es schien gemütlich zu sein, aber lange hielt er es ohne Bewegung nicht aus, es war ja auch alles so aufregend! Also sprang er wieder runter vom Sofa und trippelte woanders hin.

Ich habe mich manchmal gefragt, was aus Lämmern würde, denen man eine Art Sesamstraße zeigen würde, nur halt für Schafe. Also irgendetwas, das ihre Intelligenz anregt und fördert, mehr, als ein gewöhnlicher Stall es tut. Ich will damit nicht behaupten, dass sich Lämmer normalerweise langweilen, sie scheinen sich zwischen den wiederkäuenden Alten äußerst wohl zu fühlen. Bietet sich ihnen aber mehr, zeigt sich, dass sie einen Überschuss an Neugier haben, wie jedes Kleinkind, das von seinen Eltern noch viel zu lernen und daher abzugucken hat. »Die Intelligenz eines Schafs findet sich in konzentrierter Form beim Lamm und nimmt beim Heranwachsen stetig ab«, hatte mir ein ehemaliger Zeitungskollege einmal gesagt. Er hatte so recht. Als Lämmer waren sie flink, neugierig, pfiffig. Als erwachsene Schafe … nun, eine gewisse Neugier erhielten sie sich. Aber die geborenen Naturforscher waren sie nicht.

Wie bei den erwachsenen Schafen, war auch bei Emil der Gedanke ans Fressen Hauptantriebskraft. Er verstand schnell, wo ich das Kraftfutter aufhob, darum musste ich die Tonne immer gut verschließen. Als Nächstes fand er das Lager fürs Hühnerfutter, also verschloss ich auch das. Wenn er an Schaf- und Hühnerfutter nicht herankam, marschierte er unter den Küchentisch, um dort nach Brotkrümeln zu suchen. Wenn es auch die nicht gab, verspeiste er im Wohnzimmer Zeitungen und Briefumschläge. Ständig musste man ihm etwas entreißen. Einmal verschluckte er sich an einer Brötchentüte und rang so lange mit dem Atem, dass ich Jens in der Praxis anrief. »Wo hat er die Tüte denn her?«, fragte er streng.

»Er war bei mir im Wohnzimmer«, antwortete ich kleinlaut.

Und erhielt wieder eine Predigt zum Thema Vermenschlichung. Mit der Jens sicher auch recht hatte – grundsätzlich. Allerdings habe ich später erfahren, dass viele Menschen, die privat Lämmer mit der Flasche großziehen, diese im Haus halten; manchmal sogar wochenlang. Danach geben sie sie zu den Schafen in den Stall, und sie verhalten sich ganz wie Schafe. Ich selbst setzte Emil nach seinen Besuchen im Haus vor die Tür, er verstand, was das bedeutete; selbstständig flitzte er ums Haus und schlüpfte durch die Gitter zurück in den Stall. Er hatte klare Bezugspunkte: Wenn ich da war, war ich die Mutter, und er wich mir nicht von der Seite. Sobald ich weg war, gehörte er der Herde an.

Je älter er wurde, desto mehr verschoben sich die Prioritäten, aber ganz erloschen ist seine Bindung an mich bis heute nicht. Trotzdem konnte ich ihn schon als Halbwüchsigen nicht mehr an der Leine spazieren führen; er kam ein Stück weit mit, aber es fehlte ihm die Herde. Ich musste ihn zu jedem Schritt überreden. Einmal folgte er mir im Alter von einem Jahr über die Weide, die Herde blieb am Stall zurück und schaute uns hinterher. Emil folgte mir ein Stück, zögerte, traute sich noch ein Stück. Ich ging ein paar weitere Schritte in Richtung Wald, drehte mich wenig später um und sah ihn nur noch von hinten. In gestrecktem Galopp, mit leuchtend weißem Hintern und fliegendem Schwanz, rannte er zu den anderen zurück. Dort angekommen, reihte er sich ein und hielt gemeinsam mit seiner Herde nach mir Ausschau. Sie wollten schon gern wissen, wo ich hinging; aber es war ihnen doch auch suspekt.

Die meisten meiner Schafe kann ich an ihrem Äußeren von anderen unterschieden, und an fast alle habe ich bestimmte Erinnerungen, die belegen, welch eigene Persönlichkeiten sie sind. Doch unter all diesen besonderen Schafen ist Jana noch etwas ganz Besonderes. Sie hat ein liebes, sanftes, ausdrucksvolles Gesicht mit dicht bewimperten Augen. Meine Mutter nennt sie immer das Madonnengesicht. Ein Mutterschiff nannte sie Birgit. »Du bist eine gute Mutter«, flüsterte ihr später ein Freund zu, der ein paar Tage zum Helfen kam. Denn sie war ja auch eine gute Mutter; es war nicht ihre Schuld, dass ihr Euter zerstört war. Von ihrer Krankheit hatte sie sich eine Woche nach der Geburt der Drillinge wieder erholt. Manchmal trat sie dann an das Gitter des Lämmerschlupfs, wenn ich ihre Kinder fütterte. Kein einziges Mal versuchte sie, mich wegzudrängen oder ihre Lämmer vor mir zu beschützen, ruhig schaute sie uns zu. Sie schien genau zu wissen, dass ich weder eine Gefahr für ihre Kinder noch eine Konkurrenz für sie selber war.

Nach wie vor fütterte ich die drei plus Emil aus der Styroporbox; sobald sie mich sahen, galoppierten sie auf mich zu; ich kippte die Box und ließ sie alle parallel saugen – theoretisch. Manchmal tranken zwei über Kreuz. Oder einer fand den letzten freien Sauger nicht und steckte sein Köpfchen wahllos zwischen den anderen durch; mit der einen Hand hielt ich dann die Box, mit der anderen die vierte Flasche. Ersatzflaschen führte ich in einem ausgepolsterten Eimer mit. Die Lämmer saugten so stark sie konnten, schubsten das vermeintliche Euter mit ihrer Stirn an. Je größer sie wurden, desto stärker musste ich gegenhalten; später versuchten sie, mich mit ihren durchaus spitzen Klauen zu erklettern. Auch bei ihren echten Müttern sind Lämmer nicht gerade zimperlich, sie stoßen die Euter und klettern auf ihren Müttern herum, wenn diese ruhen.

Doch obwohl ich sie zweieinhalb Monate mehrmals täglich versorgte: Die Drillinge wussten, dass ich nur für die Nahrung zuständig war. Jana war und blieb ihre Mutter. Ihr folgten sie, bei ihr lagen sie, nach ihr riefen sie, ihr antworteten sie mit ihren hellen Stimmchen. In den ersten ein, zwei Wochen hatte Emil ein paar Mal bei Jana Anschluss gesucht, aber sie schob ihn jedes Mal weg. Auch später lag er in den Ruhezeiten nie so nah bei ihr wie ihre drei leiblichen Kinder – doch immerhin in ihrer Nähe. Er gehörte irgendwie mit zur Familie. Jana hatte sich an ihn gewöhnt. Vielleicht lag es daran, dass Janas Bindung an ihre Lämmer ohnehin nicht mehr im Säugen bestand, vielleicht daran, dass Emil stets mit ihren Lämmern zusammen war. Nach wie vor war ich, wenn ich da war, für Emil die »Mutter«; doch wenn ich den Stall verließ, orientierte er sich an Jana.

Der Fütterungsplan am Kühlschrank zeigte immer größere Intervalle an, schließlich waren es nur noch zwei Flaschen am Tag; längst hatten die Lämmer gelernt, mit Grashalmen und Heu nicht nur herumzuspielen und damit wie Kinder »Luft zu rauchen«, sondern sie auch tatsächlich zu fressen. Ich konnte die Milchmenge reduzieren. Mitte April wuchs das erste frische Grün auf der Weide, es wäre grausam gewesen, Jana länger im Stall und dem abgezirkelten kleinen Vorplatz einzusperren; und so öffnete ich eines Tages das Gitter.

Für die Lämmer war es das erste Mal »draußen«. Zielstrebig steuerte Jana das Ende der Weide an, wo der Rest der Schafherde graste. Sie ging in der Mitte, ein ruhiges, breites Muttertier mit leicht wiegendem Gang. Zu ihrer einen Seite trabten zwei ihrer Drillinge, zur anderen der dritte und Emil; die vier kleinen Schwänze wippten. In einer Reihe marschierten sie unternehmungslustig und siegesgewiss in die Freiheit, wie Cowboys beim Ritt in den Sonnenuntergang.

Ich hatte vorgehabt, die vier noch länger mit der Flasche zuzufüttern; als ich aber sah, dass sie mit dem Gras und Heu gut zurechtkamen, stellte ich das Füttern früher als geplant ein. Während Josh bis heute ein anhänglicher Teddybär geblieben ist, haben mich Jane und Julchen von dem Tag an komplett vergessen. Wie die anderen Lämmer, die auf der Weide bei ihren Müttern aufgewachsen waren, wurden sie scheu und liefen sofort davon, wenn ich in ihre Nähe kam. Erst mit anderthalb, als fast Erwachsene, begannen sie wieder, mich interessiert zu beäugen. Ein weiteres Jahr dauerte es, bis sie sich freiwillig mal wieder – kurz! – von mir berühren ließen. Beim Impfen und Entwurmen war Julchen sogar eine der Scheusten: Einmal packte sie im Pferch eine solche Panik, dass sie aus dem Stand mit der Stirn nach vorne gegen das Gitter sprang und es aus der Verankerung riss. Dabei hatte sie an derselben Stelle, mit mir, einen Gutteil ihrer ersten Lebensmonate verbracht.

Ich fand es sehr schade, denn Julchen war ein richtig süßes Schaf geworden, mit flockiger weißer Wolle und einer niedlichen kleinen Schnute, die sie beim Nachdenken und/oder Wiederkäuen gern nach links und rechts auszustrecken pflegt. Dieses süße Schaf, das vor wenigen Tagen noch auf der Suche nach weiteren gefüllten Flaschen auf mir herumgestakst war, nahm nun lieber vor mir Reißaus.

Emil dagegen geriet durch seine Anhänglichkeit manchmal in – aus seiner subjektiven Sicht – vertrackte Situationen. Wenn ich am Stall zu arbeiten hatte, blieb er bei mir, auch wenn die Herde auf die Weide ging. Da ich aber schlecht dort bleiben konnte, bis sie nach Stunden zurückkam, musste ich ihn früher oder später allein lassen. Er schaute um sich und bemerkte: Er war mutterseelenallein! Wie Leonie Swann in ihrem Schafskrimi *Glennkill* so treffend geschrieben hat, finden Schafe das Alleinsein unerträglich: »Kein Schaf kann das aushalten.« Wenn Emil merkte, dass sich seine Herde entfernt hatte, blökte er und rannte suchend hin und her. Meistens waren die anderen ja nicht allzu weit weg. Doch einmal konnte sogar ich sie nur ganz am hinteren Rand der Weide gerade noch so sehen; der viel kleinere Emil mit seinem begrenzten Blickfeld hatte keine Chance. Er blökte und blökte. Aus dem Wohnzimmerfenster beobachtete ich seine zunehmende Verzweiflung und überlegte schon, hinauszugehen und ihn zu seiner Herde zu führen.

Da sah ich, dass nach einem seiner Rufe Jana auf der Weide den Kopf hob. Endlich hatte sie ihn gehört. Auf sein nächstes Blöken antwortete sie mit ihrem satten, ruhigen Bass. Emil schöpfte Hoffnung und rannte nach vorn. Jana setzte sich in

Bewegung und ging – obwohl sie ihn noch längst nicht sehen konnte – auf ihn zu.

Dies war das Verhalten einer Mutter ihrem Lamm gegenüber. Erwachsene Schafe antworten einander manchmal, aber sie verlassen dafür nicht ihre Plätze und holen einander schon gar nicht irgendwo »ab«. Genau das aber tat jetzt Jana. Es lagen etwa zweihundert Meter zwischen den beiden. Emil lief in Richtung ihrer Rufe, und sie verschwand zwischen den Büschen der Allee, auf der er näher kam. Vielleicht eine halbe Minute später sah ich beide wieder aus den Büschen auftauchen und Seite an Seite zurück zu den anderen Schafen gehen. Mit Beharrlichkeit hatte er sie also doch dazu gebracht, ihn zu adoptieren. Mehr denn je bewahrheitete sich, dass Jana eine gute Mutter, eine echte Madonna war.

Veterinärmediziner haben einmal erforscht, dass sich Schafe zwei Jahre lang an die Gesichter von Menschen erinnern, die sie versorgten. Das bezweifle ich nicht im Geringsten, hatte aber zunächst geglaubt, dass sich das auf erwachsene Schafe bezog. Dass Emil sich später an Birgit erinnern würde, hielt ich für unwahrscheinlich; und es wurde umso unwahrscheinlicher, je länger Birgit nicht zu Besuch kam. Schließlich wurden es anderthalb Jahre, bis sie wieder kommen konnte. Ich musste ihr Emil zeigen, es gab noch zwei ähnlich farbige Böckchen, sie erkannte ihn nicht. Aber er erkannte sie! Als wir abends zum Stall hinübergingen und uns zwischen die Herde hockten, kam Emil auf sie zugelaufen. Berührte ihr Gesicht mit seiner Nase, schnupperte an ihrer Brust und an den Schultern und ließ sich von ihr kraulen wie sonst nicht einmal von mir. Er ist generell sehr zutraulich, was Menschen angeht, aber dieses Verhalten war einzigartig. Er blieb neben ihr, folgte ihr und begrüßte sie an jedem weiteren Tag.

Ich suchte die alten Schnappschüsse aus meinem Handy: Emil in der Salatschüssel auf der Waage; Emil auf Birgits Arm; Birgit auf dem Sofa, Emil quer über ihrer Brust liegend, die vier Beinchen ganz entspannt von sich gestreckt. Emils erste Lebenstage waren eine Zeit voller Zuneigung und Wärme gewesen. Nicht nur wir erinnerten uns also daran.

Die Versorgung der vielen Lämmer und kranken Tiere während des Winters hatte mich ziemlich erschöpft. Aber sobald es wärmer und der Wald und die Weiden grün wurden und das Backsteinrot sich kräftig vom strahlend blauen Himmel abhob, wirkte alles wieder wie aus dem Bilderbuch. Die Hühner hatte ich inzwischen aus ihrem Gehege in die völlige Freiheit entlassen; über das Hühnerforum im Internet hatte ich einen Hahn dazugenommen, der sonst hätte geschlachtet werden müssen, weil er den Nachbarn »zu laut« war. Er hieß Torsten und, nun, er war tatsächlich sehr laut. Ein paar Tage später sprachen mich Christian und seine Mutter an, dass ich ja wohl einen kräftigen neuen Hahn hätte. Ich erschrak und fragte, ob er sie störte. Nein, sie hatten es als Kompliment gemeint.

Torsten hatte ein schwarzes Gefieder, einen goldenen Umhang und einen prächtigen roten Kamm, glänzte gewissermaßen in den deutschen Landesfarben. Und er versuchte all die Dinge zu tun, die man von Hähnen erwartet, also zum Beispiel seine Hennen zu führen. Die aber hatten wohl schon zu lange ohne Hahn gelebt. Sie dachten jedenfalls gar nicht daran, hinter Torsten herzulaufen, sondern gingen, wohin sie wollten, und weil Torsten sie nicht alleine lassen wollte, musste er wohl oder übel hinterher. Ständig sah man die Hühner kreuz und quer über den Hof oder durch den Garten laufen, und hinterher zuckelte der arme Torsten. Die Hennen entdeckten einen Misthaufen, aber als Torsten sie eingeholt hatte, waren seine Damen schon wieder weg. Also stand er allein auf dem Mist, nicht triumphierend, wie es seine Rolle vorsah, sondern eher etwas ratlos suchend. »Was macht er allein auf dem Misthaufen?«, fragte ich Peter. »Er muss da rauf, weil er sie sonst nicht wiederfindet«, meinte Peter. Tatsächlich eilte Torsten, sobald er die Seinen ausgespäht hatte, wieder von dem Haufen herunter und ihnen hinterher.

Wegen ihrer Flöt- und Trillerlaute nannte ich die Hennen gern »die kleinen Flöten«; es waren wunderschöne Geräusche, vor allem, wenn ich im Garten saß und rundherum in der abklingenden Mittagshitze alles still und zufrieden war. Dann erklang von den geheimen Schattenplätzen der Hühner dieses leise, feine Trillern. In mehreren Fachbüchern habe ich gelesen, dass es angeblich dreißig verschiedene Hühnerlaute gibt, das klingt erst mal nach einer ganzen Menge. Tatsächlich sind die Töne bei dieser Unterteilung aber nur grob nach einzelnen Funktionen zusammengefasst: Glucke ruft Küken, Küken antwortet, Hahn hat Wurm gefunden. Aber auch innerhalb dieser Gruppen gibt es noch feine Unterschiede – bisher allerdings ist es mir nicht gelungen herauszufinden, worin zum Beispiel der Unterschied zwischen dem hohen Singen und dem nicht ganz so hohen Trillern besteht.

Hühner vertragen Kälte ganz gut, nicht aber Hitze; an Sommertagen suchten sie entweder ihre Verstecke zwischen den Brennnesseln, den Wald oder die Nordseite der Kartoffelscheune auf. Darüber hinaus hatten sie auch Geheimplätze, die ich nie fand. Dann war sogar Torsten, der sonst tags und übrigens auch nachts eifrig krähte, verstummt und verriet den Aufenthaltsort seiner Truppe nicht. Wenn ich eine Schüssel Futter holte und laut »Pock Pock Pock« rief, woraufhin die Hühner sonst immer aus allen Himmelsrichtungen herbeiflatterten, regte sich nichts. Ich suchte sie im Wald, hinter der Scheune, umrundete den Schafstall. Als die Hühner zum ersten Mal verschwunden waren, machte ich den halben Hof verrückt: Ob sie der Fuchs geschnappt hatte? Zwei Stunden später waren sie alle wieder da, als wäre nichts gewesen. Torsten krähte, die Hennen scharrten; ich konnte nicht erkennen, wo sie gewesen waren, kein Huhn verriet sich durch Spuren im Gefieder oder schlammige Füße.

Im Juli reiften die Samenstände einer bestimmten Sorte niedrigen Grases, das vor allem in der Mittelspur des Waldwegs wuchs und das ich vorher noch nie beachtet hatte. Die Hühner waren verrückt nach diesen Grassamen, sie folgten seiner Spur in den Wald hinein. Aber doch nicht *so* weit …? Ich habe nie herausgefunden, wo sie in den Zeiten ihres lautlosen Verschwindens gewesen sind.

Gegen Ende des Sommers schlugen Freunde aus einem Nachbardorf für ein paar Tage im Wald ihre Zelte auf. Unter einer großen, sternförmigen Plane mit einer Öffnung in der Mitte brannte ununterbrochen das Lagerfeuer. Tagsüber faulenzten Erwachsene und Kinder in Hängematten, brieten Paella, übten Bogenschießen, kokelten herum. Abends fläzte man sich auf Decken und Isomatten ums Feuer, mit Schokolade, Chips und Whiskey.

Jeden Abend machte ich mich, sobald es dunkel wurde, mit einer Taschenlampe auf den Weg zu meiner »Kneipe« im Wald. Einmal trippelte Maggie, die mich auch tagsüber auf Spaziergängen gern begleitet, mehrere hundert Meter neben mir her, bis fast zum Camp. Einer der Hunde dort schlug an, Maggie blieb stehen und schaute mir hinterher. Als ich gegen Mitternacht einmal nachsah, war sie nicht mehr in der Nähe; vermutlich war ihr langweilig geworden. Um vier Uhr morgens aber, als ich mich auf den Heimweg machte, gesättigt von vielen Stunden Lagerfeuergespräch, hörte ich aus dem Gebüsch neben den Zelten ein vertrautes Maunzen; ich richtete die Taschenlampe dorthin und sah ein phosphorgrünes Augenpaar. Irgendwann musste sie zurückgekommen sein, hatte sich ins Laub gesetzt und auf mich gewartet. Mit hoch erhobenem Schwanz begleitete sie mich heim.

Es ist erstaunlich, wie viel man sich erzählt, vom Leben und von beruflichen Plänen und Krisen, wenn der städtische Alltag zurücktritt, man einfach nur in ein Feuer blickt und in der Ferne schnaubende Pferde oder gelegentlich eine Rotte Wildschweine hört. Tagsüber zeigt man einander aus Stolz, oder auch der Einfachheit halber, die glatte Fassade des eigenen Lebens. Bei Dunkelheit und Lagerfeuer bringt man die anderen Seiten zur Sprache: Wie schwierig es für zwei selbstbewusste, eigensinnige Erwachsene ist, täglich Kompromisse zu finden, und wie fordernd es ist, Kinder aufzuziehen. Wie stark einen der berufliche Ehrgeiz antreibt, wie oft man von sich enttäuscht ist, und wie streng man gegen sich selbst ist, auch wenn man das sich gesetzte Soll so halbwegs erfüllt hat. Wie viel schöner die Vision war, die man früher einmal von seinem »späteren« Leben hatte, und wie viel nüchterner dieses spätere Leben aussieht, wenn man es dann lebt.

Es wäre leicht, diese Seite zu verschweigen. In diesem Buch einfach nur die Sonne scheinen zu lassen und von Lämmern zu erzählen, die über Wiesen springen. Doch es wäre nicht ganz ehrlich. Es gab auch eine Zeit, in der plötzlich alles in Frage gestellt schien und mich eine Art Krise ereilte. Obwohl sie erst in meinem zweiten Herbst ausbrach, bahnte sie sich schon im Frühjahr an, nämlich in jener intensiven Zeit, als ich meine ganze Kraft in die Aufzucht der Lämmer steckte. Schon da fragte ich mich hin und wieder: Wozu? Was mache ich eigentlich hier?

Das erste Jahr hatte ich wie in einem nicht enden wollenden Urlaub gelebt, wie in einer großen Verliebtheit; hatte Schafe gestreichelt und war Wald- und Feldwege abspaziert; hatte den Anblick jedes Rehs, jeder Blume, jeder Wolke zelebriert. Außerdem hatte ich viel gearbeitet, hatte gemeinsam mit einem aus Ägypten stammenden Arabisten ein Buch über moderne Interpretationen des Korans geschrieben. Das Buch erschien, brachte wenig Geld ein und, weil es ein Gemeinschaftswerk war, noch weniger Lesungen. Mein Konto blieb leer. Ich fragte mich, ob ich mich zu sehr der Ferienstimmung hingegeben, zu ausgiebig Saltkrokan und Bullerbü »gespielt« hatte. Durch taunasses Gras stapfen, Lämmer aufziehen, Kindheitsträume leben, das konnte doch nicht der alleinige Sinn meines Erwachsenenlebens sein? Ich merkte, dass mich dieses Leben veränderte; und obwohl ich diese Veränderung teils sogar schätzte, jagte sie mir einigen Schrecken ein. »Das Leben« – mitsamt seiner unzähligen Ereignisse, die ich nicht steuern konnte – ergriff von mir Besitz. Dutzende Wesen, die ich liebte und die auf mich angewiesen waren, forderten meine Aufmerksamkeit. Vorher hatte ich immer relativ selbstbestimmt gelebt. Von Krankheiten und unabwendbaren Schicksalsschlägen abgesehen, hatte ich volle Kontrolle über meinen Alltag gehabt. Wollte ich arbeiten, arbeitete ich; auch wenn schönstes Wetter war, ging ich notfalls nur zum Einkaufen außer Haus. Umgekehrt *musste* ich mich nie, wenn es draußen kalt war, draußen aufhalten. Die Hausarbeit war auf ein Minimum beschränkt; der Rest der Zeit gehörte mir.

Hier draußen konnte ich nicht mehr alleine planen. Wenn der kleine Bock Pünktchen sich die Wange aufriss, fragte er vorher nicht, ob das mit meinen Terminen vereinbar war. Wenn Jana mit Drillingen und einer Euterentzündung da stand, hatten wir eben ein krankes Schaf und hungrige Drillinge. Wenn sich die Ratten von unten durch den Hühnerstall genagt hatten, dann durfte ich nicht warten, bis sie das Hühnerfutter aufgefressen und sich unendlich vermehrt hatten. Ich musste *jetzt* den Hühnerstall ausräumen, Metallbleche zurechtklopfen und den Boden damit auslegen. Wenn der Tierarzt sagte, meine Schafe hätten Würmer, musste ich die ganze Herde entwurmen, ohne Rücksicht auf mein Konto oder auf die Deadlines, die ich als Journalistin einhalten muss.

Und all das hatte natürlich auch sein Gutes. Als ich noch in Frankfurt lebte, hatte ich etwas Angst davor gehabt, als allein lebender Mensch würde ich auf Dauer sonderlich und unflexibel werden; nun, sonderlich bin ich vielleicht auch jetzt, aber meine Flexibilität wurde hier gefordert und gefördert. Ich lernte Situationen zu meistern, in denen ich am liebsten alles hingeschmissen hätte; ich kann Gitter umwuchten, die ich früher nicht mal hätte anheben können; ich pferche vierzig Schafe nacheinander ein, packe sie mir und flöße ihnen Medikamente ein. – Als sich eines der Lämmer einmal an der Milch seiner Mutter verschluckte und minutenlang Schaum hustete, rief ich eine Tierärztin im Notdienst an. Sie fragte, ob ich ein bestimmtes Antibiotikum im Haus hätte, und sagte, ich solle fünf Tage lang zwei Milliliter spritzen. Erst als ich auflegte, fiel mir auf: Früher hatte ich in der Arztpraxis bei Spritzen wegschauen müssen, jetzt bin ich jemand, der Antibiotika und frische Nadeln in seiner Hausapotheke hat. Ich bin stärker und gelenkiger geworden, in körperlicher wie in seelischer Hinsicht. Als ich hierherzog, hatte ich mich dem Leben ausgesetzt, so wie mein schönes neues Zuhause ständig von der Natur umlagert war, von Brennnesseln, die die Terrasse aufbrachen, von Ameisen, die das Wohnzimmer für ihre Hochzeitsfeierlichkeiten nutzten, und von Spinnen, die die Türklinke mit ihren Netzen einwebten, nur während man gerade mal einkaufen war. Ich hatte mich diesem Leben ausgesetzt, und es hatte nach mir gegriffen, an mir gezerrt und gezogen, und ich hatte reagieren und Probleme lösen und viel arbeiten und in ungewollte Richtungen wachsen müssen.

Aber das ist eben die positive Sicht auf jene Dinge. Es gibt andere Tage, an denen bin ich über diese Probleme, dieses Arbeiten und Wachsen nicht eben glücklich. In jenem Herbst empfand ich all diese Aufgaben als Überlastung. Warum?, fragte ich mich. In der Stadt war es doch auch ganz okay. Wieso habe ich mir so viele zusätzliche Probleme aufgehalst – vielleicht halten sie mich auf Dauer von meiner eigentlichen Arbeit ab? Was mache ich dann?

Verstärkt wurde dieses Gefühl der Unsicherheit und Erschöpfung noch dadurch, dass ich in jenem Jahr so wenig verdiente. Ich hatte mit der Arbeit an einem Roman begonnen, der, wenn überhaupt, erst dann Geld einbringen würde, wenn ein Verlag das Manuskript akzeptierte. Einen Stall voller Tiere, ein Konto ohne Einkünfte, ein unfertiges Manuskript und ein Landhaus ganz weit draußen – das war ein bisschen viel auf einmal. Oder eben doch zu wenig. Ich fühlte mich irgendwie »abgehängt«. Wenn ich nach Berlin fuhr, zu einer Veranstaltung oder zu Freunden, hatte ich den Eindruck, alles Leben finde dort statt. Einige dieser Freunde sind ebenfalls freiberufliche Printjournalisten und verdienen daher auch nicht viel, doch immerhin trafen sie einander bei Lesungen oder in Kneipen. Sie wurden vielleicht nicht üppig bezahlt, doch immerhin von anderen *gesehen*.

Ich rief eine alte Freundin an, die jetzt im Ausland lebte, und sie sagte: »Mich überrascht das nicht, wenn du auch mal ein Tief hast. Du lebst allein, ohne feste Arbeit, ohne Partner, in einer Gegend, in der du vorher niemanden kanntest. Es ist nicht gerade ein einfaches Leben, das du dir da ausgesucht hast.« Und so war es: Die Kehrseite des Muts, oder der Tollkühnheit, die eingangs alle so bewundert hatten, hatte mich eingeholt.

Nachdem ich hier aufs Land gezogen war, hatte mir ein Freund ein Buch mit dem Titel *Eine Farm in den grünen Bergen* geschenkt: Die Erinnerungen von Alice Herdan-Zuckmayer an die Jahre, die sie und ihr Mann im amerikanischen Exil verbrachten. Anfangs hatten sie in New York gelebt und ab 1941 eine Farm im dünn besiedelten und damals kaum ans Telefon- und Stromnetz angeschlossenen, ländlichen Vermont gepachtet. Unterstützt von zahlreichen Broschüren des United States Department of Agriculture lernten die Zuckmayers dort Gänse, Hühner, Enten, Schweine und Ziegen zu halten, errichteten Ställe, pflegten wunde Beine und Flügel und bauten sogar das Futter für ihre Tiere selbst an. Während dieser Jahre schrieb Carl Zuckmayer an diversen Prosa- und Theaterstücken, darunter *Des Teufels General*, das im Dezember 1946 uraufgeführt wurde; aber in den fünf Jahren davor sorgte die Farmarbeit für den Unterhalt.

Die Farm in den grünen Bergen steht seither Seite an Seite mit Lindgrens *Kerstin und ich* in meiner Hausbibliothek, als Trost, Begleitung und Inspiration; unendlich lustig und begeisternd schreibt Alice Herdan-Zuckmayer darin von den speziesübergreifenden Balz- und Brutgewohnheiten des Geflügels, den Angriffen der Wanderratten, den Besuchen eigen-

sinniger Vermonter Nachbarn, den Schneemassen, der Wasser-
leitung im Winter, mickrigen Ziegen, die vierundsiebzig Hektar Weideland hatten und doch nach einer Stunde lieber auf
den Hof zurückkehrten, um dort ihr Unwesen zu treiben.
Das Feuer im Ofen musste rund um die Uhr erhalten werden,
Löcher in den Stallwänden vernagelt, Entenfüße geschient und
Küken mit Futter versorgt werden. Die Tochter fragte einmal,
als sie zu Besuch kam: »Wird es jemals noch in unserem Leben eine Zeit geben, (…) wo ihr nicht mehr die Küche gepflastert habt mit diesen fürchterlichen Listen, nach denen ihr ein-
teilt, plant und arbeitet, ohne Aussicht, die Arbeit je bewältigen
zu können, ohne Hoffnung, damit je zu Ende zu kommen?«
Es seien die härtesten, aber auch die schönsten Jahre ihres Lebens gewesen, schreibt Herdan-Zuckmayer.

Nun kann man in vielem das freiwillige Landleben einer
ehemaligen Städterin wie mir nicht mit jenem Leben im Exil
vergleichen. Von den Umständen der Flucht und dem Kriegs-
ausbruch mal ganz abgesehen, hatten die Zuckmayers nicht
nur Tiere zu versorgen, sondern auch Felder zu bewirtschaf-
ten. Fließend Wasser, Elektrizität und überhaupt der Kontakt
zur Außenwelt waren im Winter keine Selbstverständlichkeit.
Trotzdem fühlte ich mich oft an die Vermonter Erzählungen
erinnert. Auch Alice Herdan-Zuckmayer hatte mit dem uner-
warteten Eigensinn der Tiere, insbesondere des Geflügels, Bekanntschaft gemacht. In jeder Gruppe Hühner oder Gänse gibt
es anscheinend ein paar Querköpfe, die nicht fressen, was es
zu fressen gibt, die nicht die Pflanzen verschonen, die man behalten möchte, und die überall Nester anlegen außer dort, wo
sie brüten sollen.

Ebenso diese nie abreißende Kette von Reparaturen, Tier-
krankheiten und Arbeiten … Wie die Zuckmayers hatte auch

ich in der Küche ein Whiteboard mit To-Do-Listen, die schließlich – obwohl ich mir jedes Mal fest vornehme, niemanden damit zu behelligen – auch den Alltag der Gäste bestimmen: Zu zweit kann man besser Zäune ziehen, Schafe entwurmen, ausmisten oder große Kisten über die Wiese tragen.

Ich weiß nicht, ob die Zuckmayers den Kauf ihrer Farm in den Bergen je bereuten. Als Exilanten hatten sie ohnehin kaum eine andere Wahl. Später kehrten sie nach Europa zurück, lebten in der Schweiz, versuchten anfangs, auch die Farm in Vermont mehrere Monate pro Jahr zu bewohnen, und gaben sie Ende der Fünfzigerjahre schließlich doch auf. »Ein jegliches hat seine Zeit«, zitiert Herdan-Zuckmayer abschließend aus dem Alten Testament, »und alles Vornehmen unter dem Himmel hat seine Stunde.« Ich kann mir nicht vorstellen, dass ihre fünf Jahre als Landwirte ohne Episoden von Einsamkeit und Heimweh vergangen sind, ohne Existenzängste und ohne die Angst, der Anschluss an das – in Carl Zuckmayers Fall vor allem – schriftstellerische Leben würde verloren gehen. Oft dachte ich an die Zuckmayers, wenn auch ich den Stall rattendicht zu machen versuchte, wenn ich mich bei Einbruch der Dunkelheit in den Schlamm kniete, um einen verletzten Fuß zu untersuchen, oder wenn ich einer schwerkranken Ziege eine Spritze geben musste und das Tier schrie so gellend, dass es einem durch Mark und Bein ging. Die Zuckmayers waren immerhin zu zweit, dachte ich dann, ich aber kämpfte mit allem allein … Nicht ganz allein natürlich, ich hatte viele Helfer. Trotzdem trug ich die Hauptverantwortung für so viele Lebewesen, und ich musste alles zu unserem gemeinsamen Besten organisieren.

In dieser krisenhaften Zeit, die in meinem zweiten, an sich wunderschönen Sommer in meiner neuen Umgebung begann, erkannte ich aber auch Fehler, die ich schon seit vielen Jahren und immer wieder begangen hatte und die eigentlich nichts mit dem Landleben zu tun hatten. Sondern nur mit mir. Fehler, die mir jetzt vielleicht stärker auffielen, oder – man kann es auch positiv ausdrücken – die ich endlich einsah. Gerade weil in meiner Umgebung eigentlich alles so war, wie ich es mir wünschte, stach das, mit dem ich mich selbst unglücklich machte, umso deutlicher hervor. Es waren keine dramatischen Sachen, sondern meist ziemliche Trivialitäten. Ich bemerkte zum Beispiel, wie viele Gelegenheiten zur Geselligkeit ich oft ausließ. Es ist schön, wenn man sich gut mit sich selbst beschäftigen kann – ich leide nie unter abendlicher Langweile, brauche nur wenige Partys, kann stundenlang den Abendhimmel angucken und spiele Würfelspiele notfalls allein. Aber diese Fähigkeit zum Alleinsein kann eben auch zur Eigenbrötlerei verführen. Während sich andere am Riemen reißen und zwingen müssen, zu arbeiten oder zu lesen und an einem schönen Abend nicht auszugehen, muss ich mich umgekehrt anschubsen und mir sagen, dass das Leben nicht nur aus Arbeiten, Lesen und Zuhausesitzen besteht.

Einige Wochen dauerte diese Zeit der Schwermut, des Grübelns und Zweifelns, nur unterbrochen von etwas Arbeit und gelegentlichen Gesprächen mit wenigen guten Freunden. Dann lichtete sich der Nebel wieder, ich kann nicht einmal genau sagen, woran es lag. Vielleicht habe ich wirklich etwas dazugelernt, mein Verhalten in manchen Dingen korrigiert. Vielleicht habe ich etwas intensiv durchlebt, was in milderer Form schon länger in mir brütete. Und vielleicht ist einfach die erste Freude über mein neues Leben auf diese schmerzhafte Weise in etwas anderes übergegangen, in ein stabileres Zuhause-Gefühl.

Von Anfang an habe ich mich außerordentlich wohl gefühlt in und mit meinem neuen Haus, doch in jenem Herbst fiel mir die Kehrseite auf: Dieselbe Freiheit, die mir erlaubt hatte, dieses Haus auszusuchen und nicht eins in der Nähe der Nordsee, oder bei Kiel, oder im Umkreis von Berlin, gab dem Ganzen auch etwas Beliebiges. Genauso leicht, wie ich hergezogen war, könnte ich wieder wegziehen. Außer meinem Wunsch, hier zu wohnen, gab es nichts, was mich an diesen Wohnort band.

Es kann auf Dauer anstrengend sein, die Geborgenheit eines Zuhauses aus sich selbst heraus zu erzeugen und immer wieder neu zu bestärken. Was war an den schlechten Tagen – in jener Woche, in der es regnete und regnete und mir die Decke auf den Kopf fiel: Hätte ich da nicht lieber in einem sonnigeren Teil der Welt gewohnt? Oder was, wenn einem die vielen Aufgaben über den Kopf zu wachsen drohen? Hört man da nicht die Stimme, die höhnisch ruft: Das hast du dir alles selbst eingebrockt! Man schaut sich um in dieser selbst gewählten Umgebung und findet, außer dem eigenen eisernen Willen, keinen Halt. Genau das aber ist sehr ermüdend: Immer wieder eisern zu sein. Mir waren hier so viele Verpflichtungen, vor allem gegenüber den Tieren, entstanden. Sie zu akzeptieren – einzusehen, dass genau dies nun mein Leben war, in Gummistiefeln, nicht nur zur Deko, sondern als tägliche Pflicht – das war Teil meiner Aufgabe dieses dunklen Spätsommers und Herbstes.

Auch zu den Menschen vor Ort hatte ich Bindungen entwickelt. Als die Eigenbrötlerin, die ich nun einmal bin, hatte ich nicht so viel Austausch und Umgang mit ihnen, wie ich mir im Grunde wünschte. Trotzdem wusste ich immer: Dieses Dorf war voller sympathischer, hilfsbereiter und interessanter Leute. Das war keine Selbstverständlichkeit.

Auf einer meiner Fahrten von Berlin nach Hause, damals fuhr ich wie stets mit dem Auto über Prenzlauer Berg auf die Autobahn, schaute ich auf kleine Dörfer mit ihren Scheunen und Kirchtürmen und überlegte, wie es wäre, dort einen kleinen Hof zu haben. Mein ganzes Zeug einzupacken, meine Vermieter um ein paar der Schafe zu bitten, umzuziehen in die Nähe der Stadt, in der die meisten meiner Freunde lebten. Der Gedanke gefiel mir, ich hatte ihn während meines gesamten Berlinaufenthalts gewälzt. Und je mehr ich mich dieser Fantasie hingab, je schöner ich mir dieses Bild ausmalte, desto mehr freute ich mich auf ein neues mögliches Zuhause in der Nähe von Berlin.

Dann passierte ich die einstige ost-westdeutsche Grenze, das Niedersachsen-Schild tauchte auf, ich fuhr von der Autobahn ab und beim malerischen Lauenburg über die Elbe. Durch kleine niedersächsische Dörfer, an einer alten Mühle vorbei, dem Puff mit dem komischen roten Signalschild, dem buddhistischen Zentrum und dem Mevlana-Grill. Kam an Lüneburg vorbei, sah den Wasserturm und die Spitze von St. Michaelis, fuhr über Land, durchs Nachbardorf und schließlich über unsere Dorfstraße.

Ich dachte an Katharina, Charlotte und Dörtes Blitzbesuche; an den Spaß, den wir beim letzten Doppelkopfturnier in der Gaststätte hatten; an unser Dorffest, bei dem wir unterm Sternenhimmel getanzt hatten bis nachts um drei, an das Lagerfeuer im Wald, an unsere zähen Versuche, die Pferdeweiden Stück für Stück vom giftigen Johanniskreuzkraut zu befreien; an meine Vermieterin, die nach dem Schneesturm aus dem Fenster geschaut und gewartet hatte, ob ich wohl wieder heil nach Hause gefunden hatte; an Dorle, die mir einmal, als es mir nicht gut ging, ein Stück Lieblingskuchen und manch anderes Mal Blumensträuße auf den Wohnzimmertisch gestellt hatte, während ich spazieren war; an Peter, der mir eine Bank gefertigt hatte aus drei Stücken eines dicken Baumstamms, damit ich abends am Waldrand sitzen konnte.

Die Nähe zu Berlin könnte mir diese Menschen nicht ersetzen, in keinem anderen Dorf würde ich sie wiederfinden. Es war nicht mehr beliebig, wo ich wohnte, denn ich hatte Wurzeln geschlagen. Mit großer Erleichterung stellte ich fest, dass die Frage, ob dies mein Zuhause oder nur eine vorübergehende Bleibe war, längst entschieden war.

Bevor der nächste Winter anbrechen würde, hatte ich noch ein ganz praktisches Problem zu lösen. Die Schafherde war derartig angewachsen – von dreizehn auf dreiundvierzig Tiere –, dass die Winterfütterung nicht wie bisher zu schaffen war. Im Vorjahr hatte ich improvisiert, den Tieren einmal die Woche einen Strohballen unter das Vordach stellen lassen, den Mutterschafen im Stall kleine Heuballen gefüttert und im Übrigen auf das restliche Gras auf den Weiden vertraut. Dreiundvierzig Schafe jedoch waren so nicht satt zu kriegen. Weil die kleinen Ballen auf Dauer unbezahlbar waren, brauchte ich einen neuen Lieferanten, der große Heuballen liefern konnte, und damit alle Tiere gleichzeitig fressen konnten, musste ich im Stall eine viele Meter lange Raufe bauen.

»Der Stall ist eigentlich Hilals Hobbyraum«, hatte meine Vermieterin einmal Gästen erzählt. Das sei aber ein sehr großer Hobbyraum, sagte einer der Besucher. »Sie hat ja auch ein großes Hobby«, antwortete sie.

Ich nehme an, hätte ich mich nicht so in die Schafe verliebt, hätten mein Vermieter und seine Tochter einige an Freunde verschenkt. So aber hatten sie in ihrer Gutmütigkeit längst vor meinem Hang, Tiere zu »sammeln«, kapituliert. Einmal fragte ich Christian, ob ich ein weiteres Schaf aufnehmen dürfe; er antwortete: »Eins noch. Ab dann sollten wir ein Agreement treffen: für jedes weitere Schaf, das kommt, muss ein Schaf gehen.« Diese Regel diente letztlich meinem eigenen Schutz. Was die bisherigen Schafe anging, würde ich mich aber von keinem einzigen trennen wollen und können: Das eine hatte ich unter einer Buche gefunden und seiner Mutter hinterhergetragen, das andere war grundlos zutraulich, jenes hatte ich sogar zur Welt kommen sehen … Auch wenn sie streng genommen nicht mir gehörten, waren sie doch so etwas wie Freunde, Familie gar; ich nenne sie die »Lieblinge« und rufe sie mit diesem Kollektivnamen auch von der Weide. (Erst vor kurzem ist mir bewusst geworden, dass man solche Rufe von der Weide bis zur Dorfstraße hört.)

Ich fragte also meinen Vermieter, ob ich eine Raufe bauen dürfe, und er stimmte zu. Zum Glück gab es in einem Nachbarort einen jener Handwerker, die schlicht alles können. Seine Familie hatte früher Schafe gehalten, und so verbrachten wir erst einmal Stunden im Stall, um zu planen, wie und wo genau man die Raufe am besten hinbauen sollte. Auch die kleineren Schafe sollten sie bequem erreichen können, gleichzeitig durfte sie nicht so niedrig sein, dass die größeren mit den Füßen hineinstapften. Vorne sollte sie eine kleine Schütte besitzen, so dass ich bei Bedarf Kraftfutter oder trockenes Brot zugeben konnte, und die Abstände zwischen den Gitterstäben mussten exakt so sein, dass gerade mal ein Maul, nicht aber das gesamte Tier hindurchpasste. Weil meine Schafe in Größe und Behornung aber unterschiedlich sind, war das mit den idealen Abständen so eine Sache: An einem Spalt, der für ein Kamerunschaf optimal war, konnte Jakob mit seinen vier Hörnern scheitern; machte man die Abstände aber auch nur fünf Zentimeter zu groß, würden in Nullkommanix die Ziegen hindurchschlüpfen.

All unsere diesbezüglichen Pläne und Berechnungen waren solide, aber gegen die Raffinesse der Herde und insbesondere einiger ihrer Mitglieder kamen wir nicht an. Die Ziegen zweckentfremdeten später die Schütte, indem sie hinaufsprangen und von dort allen anderen gegenüber ihren Platz an der Raufe verteidigten. Die Schafe wiederum zogen vergnügt ganze Büschel durch die Gitter und verschlabberten das kostbare Heu überall, sodass es schließlich als Einstreu diente, und sie bohrten ihre weichen Schnauzen so lange zwischen die Gitter, bis richtige Buchten entstanden. Ständig muss ich die Gitter auf potentielle Durchschlüpfe kontrollieren.

All dies nicht ahnend, stellten wir fröhlich weiter unsere Überlegungen an und notierten, welches Material wir brauchten. Christian überließ uns mehrere Baugitter und einen großen Stapel alter Bretter; und nachdem mich der Handwerker zig Mal zum Baumarkt geschickt hatte mit einer Liste der sonderbarsten Zusatzteile, deren Namen niemand kannte und deren Funktion ich – ungefähr so, wie ich sie verstanden hatte – den Angestellten des Baumarkts beschrieb, präsentierte er mir eines späten Abends im Stall eine wunderbare, gut zwanzig Meter lange Raufe. Ein weiteres Stück von vier Metern konnte man beiseite klappen, um im hinteren Teil des Stalls neue Heu- und Strohvorräte aufzunehmen. Eine Tür mit Riegel erlaubte mir, direkt neben dem Stalleingang hinter die Raufe zu dem Heulager zu treten. Die Raufe selbst war so schräg, dass das Heu gut herunterrutschte, aber auch so breit, dass sie einiges fassen konnte, und von einer Höhe, die für mich zum Arbeiten angenehm war.

Ich war glücklich. Grenzenlos erleichtert. Unglaublich, wie perfekt alles geworden war, obwohl es doch in der Hauptsache aus alten Materialresten gefertigt war. Ich konnte kaum abwarten, bis es Winter wurde.

In einer anderen Ecke des Stalls sollte der Handwerker noch einen neuen, größeren Hühnerstall bauen. Der andere kam bei zehn Hühnern an seine Grenzen, Geflügel hat nämlich einen ungleich intensiveren Stoffwechsel als wir Menschen, und die kleinen Körper dampfen eine Menge Feuchtigkeit aus. In den oberen Ecken ihres Häuschens begann sich das Holz bereits gräulich zu färben. Inzwischen hatte ich mich entschlossen, auch den nächsten Schwung »Resthühner« aufzunehmen; der Angestellte der Hühneranlage hatte mir gesagt, es könnten drei, aber auch zwanzig Hühner werden. Zum ersten Mal fragte ich Christian *nicht*, ob ich bestimmte Materialien haben könne, sondern nahm an, die großen Kartoffelkisten aus Metall, die hinter der Scheune standen, würden nicht mehr gebraucht. Worin ich irrte. Als dann die Kartoffelernte doppelt so groß ausfiel wie in früheren Jahren und die Kartoffelbauern die Kisten suchten, hatte ich sie peinlicherweise bereits verbaut.

Die Kisten maßen mehr als zwei Meter in der Länge und jeweils einen in Höhe und Breite. Pro Stück waren sie gut zwei Zentner schwer, weil alle Seitenwände aus schweren Metallgittern bestanden. Im Winter könnte ich sie mit Planen oder Kartoffelsäcken zuhängen, für das Dach wurden Metallbleche verwendet. Auf diese Weise würde der Stall fuchs- und marderfest und, anders als mein voriges Holzhäuschen, rattensicher – glaubten wir.

Zum Bau dieses Stalls kam dem Handwerker und mir ein Kollege aus Berlin zur Hilfe, den ich bis dahin noch gar nicht richtig kannte; nur aus beruflichen Gründen hatten wir zwei Mal miteinander telefoniert. Ich hatte vom Landleben erzählt, und er, Florian, der ebenfalls mit dem Gedanken spielte, aufs Land zu ziehen, erklärte, er wolle bei mir eine Art »Praktikum« machen. Ich sagte ihm, dass es von mir leider noch nicht viel zu lernen gab, ich lernte ja selbst noch, aber Arbeit gebe es genug. Eines windigen Freitagnachmittags holte ich ihn, eine stattliche Menge unförmiger Stofftaschen, die sein Gepäck darstellten, und seine Gitarre am Bahnhof ab.

Ich muss gestehen: Ich hatte die Dynamik, die sich beim Zusammentreffen zweier einander unbekannter, gesunder Männer entwickelt, wenn sie sich vor eine gemeinsame physische Aufgabe gestellt sehen, unterschätzt. Um die Rücken der beiden war mir an dem gesamten Wochenende bang. Die beiden schoben Kisten und trugen und hievten sie übereinander, mit einer Lässigkeit, die Herkules gut zu Gesicht gestanden hätte. Wenn ich vorschlug, es doch etwas sanfter, und technischer, also etwa mit Hebel oder mit weiteren Helfern aus dem Dorf anzugehen, erntete ich verächtliche Blicke. Die beiden waren offenbar so stark, sie konnten mit Kisten geradezu jonglieren! Erst nach einiger Zeit akzeptierten sie eine kleine Sackkarre, weigerten sich aber entschieden, meinen Vorschlag, noch zwei Männer dazuzuholen, anzunehmen. – Florian sagte später, dass ich das doch hätte verstehen müssen, dass zwei Männer einander erst einmal zeigen müssen, was sie draufhaben. Wahrscheinlich hatte ich dafür einfach schon zu viel Zeit unter Feministinnen verbracht. – Ich erklärte meine (offensichtliche) Überflüssigkeit bei diesem Bauvorhaben und verzog mich in die Küche, so viel wusste ich aus den Zeiten geschlechtsspezifischer Arbeitsteilung noch. Verstohlen musterte ich sie später, wie sie auf den Küchenstühlen saßen, und sah zu meiner Erleichterung, dass die Wirbelsäulen anscheinend noch nicht durchgebrochen waren.

Sie bauten den Stall in einem Mordstempo. Setzten Kiste auf Kiste, verkleideten Ritzen und Löcher, beschwerten die Dachbleche mit Steinen; am nächsten Tag brachten sie noch mehrere Meter lange Sitzstangen und mehrere Legenester an. In derselben Zeit bastelte ich draußen ein mickriges, windschiefes

Gehege für die ersten Tage, um die Hühner ans neue Revier zu gewöhnen – während drinnen mit Zimmermannsbleistift und Wasserwaage ein professionelles neues Hühner-Heim entstand. Ich kam mir vor wie ein Kind, das in sein Spielzeugtelefon spricht, während die Eltern in einem multimedialen High-Tech-Büro arbeiten.

Noch wohnten die Hühner in ihrem alten Gartenhäuschen aus Holz; mit dem Umsiedeln wollte ich warten, bis die nächste Generation dazukam, und dann alle zusammen zwei Tage im neuen Stall einsperren. Die ersten gemeinsamen Tage würden ohnehin stressig werden, wegen des Ausbaldowerns der neuen Hackordnung. Ich ging zur Hühneranlage, um den dortigen Angestellten zu fragen, wann sie mit dem Abtransport der Hühner beginnen würden, und konnte mir schon mal ein Bild von den bereits ziemlich ausgepowerten Tieren machen, von denen ein paar bald bei mir wohnen würden. Am liebsten hätte ich sie alle übernommen, oder zumindest dieses und jenes und das dort drüben … Man überlegt bei jedem, das man ansieht, ob es später wohl zu den »Resthühnern« findet oder nicht, und bis heute komme ich mir immer ein wenig wie eine Verräterin vor, wenn ich diese Hühneranlage besuche. Ich weiß, was ihnen Schreckliches bevorsteht, sie selbst ahnen nichts.

Auch wenn ich vor vielen Jahren schon aufgehört hatte, Eier in der Küche zu verwenden, hätte ich mit den Eiern meiner eigenen Hühner vermutlich wieder anfangen können. Tatsächlich nahm ich anfangs auch ein, zwei Mal im Jahr Eier zum Backen, backe und koche sonst aber eifrei. Die meisten Eier verschenke ich an Nachbarn oder koche sie Gästen zum Frühstück. Man versichert mir oft, dass es besonders leckere Eier seien (und angeblich schaue ich dann so zufrieden, als hätte ich sie selbst gelegt).

Seit meinem vierzehnten Lebensjahr bin ich Vegetarierin. Als Studentin hatte ich zum ersten Mal versucht, vegan, also auch ohne andere tierische Produkte, zu leben, konnte damals aber ohnehin gerade mal drei Gerichte kochen (Miracoli, Tiefkühlpizza und Käsetoast) und wusste schlicht nicht, was ich sonst essen sollte. Später versuchte ich es noch einmal, empfand es aber als zu großen Verzicht. Ich wollte keine Asketin werden, ich wollte mich auch nicht zu weit von dem entfernen, was meine Mitmenschen, Freunde und Nachbarn für richtig hielten, im Alltag praktizierten, bei gemeinsamen Zusammenkünften aßen.

Schon früher allerdings hatte ich gewusst, dass der Konsum von Milchprodukten immer bedeutete, dass es, statistisch gesehen, zu jeder Milchkuh ein männliches Kalb gegeben hatte, das geschlachtet worden war; ebenso wie auf jede Legehenne ein männliches Küken kommt. Ich war allerdings immer der Meinung gewesen, dies seien doch keine prinzipiellen Einwände gegen das Milchtrinken: Man *könnte* ja Bauernhöfe einrichten, wo die männlichen Kälber am Leben bleiben durften. Man *könnte* sie auf so viel Weidefläche halten, dass ihr Leben tatsächlich artgerecht ist.

Seitdem ich selbst auf dem Land wohnte und grundsätzlich mehr über Tiere wusste, auch in der Landwirtschaft, hatten sich meine Ansichten geändert. Dieses »könnte« war schlicht und einfach hypothetisch, hatte nichts mit unserer heutigen oder einer auch nur halbwegs wahrscheinlichen künftigen Realität zu tun. In den Achtzigerjahren hatten viele Menschen auf konventionelle Haarshampoos verzichtet, weil sie Tierversuche für Kosmetika ablehnten. Auch sie waren nicht grundsätzlich gegen Shampoo gewesen, wollten aber *solche* Shampoos, mit solchen moralischen Kosten, nicht kaufen. Im Grunde befand ich mich mit Milch, Käse, Quark und Joghurt in einer ähnlichen Situation. Egal, was sich von Joghurt allgemein sagen ließ, es gab in den Supermärkten und Läden keinen, dessen Herstellung ich für ethisch vertretbar hielt. Und man braucht Milchprodukte ja nicht unbedingt.

Überhaupt braucht der menschliche Körper nicht unbedingt tierische Eiweiße. Als meine Familie und ich damals Vegetarier wurden – ich kam eines Tages mit der Entscheidung nach Hause, und meine Eltern hatten nichts dagegen, sondern schlossen sich mir sogar an –, beschwor uns der Hausarzt, doch wenigstens *ein bisschen* Fleisch im Monat zu essen, wir würden sonst quasi nicht überleben. »Wenn es so unverzichtbar wäre, würde *ein bisschen* doch wohl auch nicht helfen«, argumentierte meine Mutter; sie hielt die ganze Unverzichtbarkeitsidee schon damals für einen PR-Schachzug der Fleischindustrie.

Heute würde kein Arzt mehr sagen, dass Vegetarismus ungesund ist, im Gegenteil. Geschichten über darbende Veganer kursieren allerdings immer noch. Doch ich hatte die unwürdigen Bilder der Bio-Legehennen, der »glücklichen« Schweine, der vereinzelt in Plastikboxen stehenden Kälber zu deutlich vor Augen. Jedes Mal, wenn mir der neue Landwirtschaftskatalog zuging, bewies mir der Anblick der diversen Gerätschaften, dass der Mensch seinen Mitgeschöpfen praktisch alles zumutet, was Profit verspricht. Ich wollte einen neuen Versuch starten, vegan zu leben.

Als Studentin hatte ich viel geraucht und mir das Rauchen dann mit Anfang dreißig abgewöhnt, und zwar mit der Allen-Carr-Methode. Die ist immerhin eine Trademark, deswegen hoffe ich, dass ich sie nicht zu sehr entstelle; aber als einen Hauptgedanken hatte ich verstanden, man solle im Nichtrauchen nicht vor allem einen Verlust sehen, sondern einen Gewinn. Sich also nicht täglich auf die Schulter klopfen, wie gut man diese schreckliche Entbehrung bereits durchgehalten habe, sondern sich andere, positive Akzente setzen. In der Anfangszeit des Nichtrauchens hatte ich dies zum Beispiel mit ausgedehnten Mittagspausen außerhalb unserer Zeitungsredaktion gemacht, statt in der Kantine den Kollegen bei ihrer Zigarette zuzusehen.

Meinen Einstieg in den Veganismus wollte ich ähnlich angehen: Nicht mit dem Weglassen anfangen, sondern mit dem Dazu-Gewinnen. Statt beispielsweise beim Kochen einfach den Käse wegzulassen, lernte ich erst einmal, andere, vegane Gerichte kochen, die ich in Restaurants oder bei Freunden immer besonders gern mochte, »obwohl« sie vegan waren. Zum Beispiel liebte ich schon immer indisches, thailändisches und vietnamesisches Essen. Ich will nicht behaupten, dass ich auch nur halbwegs authentisch indisch oder thailändisch kochen kann, aber ein paar einfache Gerichte waren für den Anfang genug. Ich überlegte, was ich zum Frühstück an veganen Dingen außer vegetarischen Aufstrichen und Pasten mochte, und merkte, dass es einiges gab, zu dessen Zubereitung ich bisher nur zu faul gewesen war: Avokadocreme, englische Baked Beans oder gebratene Champignons. Bei einem veganen Internetversand bestellte ich mir einen Riesenkarton verschiedenster Würste und Sojakäse und probierte einfach alles durch.

Ich ersetzte Butter durch Margarine, Sahne, Milch und Joghurt durch entsprechende Sojaprodukte, die es heute in jedem Supermarkt zu kaufen gibt, durchsuchte die Schokoladenregale nach Sorten ohne Milch und fand im Tiefkühlregal schwedisches Soja-Vanille- und Schoko-Eis. Je mehr Milchprodukte ich weglierelations., desto besser. Und wenn es mich einmal nach Käse oder Joghurt gelüstete, nahm ich mir vor, dann würde ich mir einfach welchen kaufen.

Wenn es nicht hundertprozentig klappte, machte das nichts: Es ging mir nicht darum, mich in Selbstdisziplin zu üben, sondern vor allem um eine Form des Konsumboykotts. Die meisten Argumente, die gegen das Fleischessen sprechen, sprechen ja tatsächlich auch gegen den Konsum tierischer Produkte überhaupt; und so ist das, was mir im Teenageralter der Vegetarismus bedeutete, für viele heutige junge Menschen der Veganismus. Auch sie verstehen die vegane Lebensweise nicht als rein private Haltung, sondern als politische Entscheidung, und bei vielen ist sie nicht nur tier-ethisch, sondern auch menschenpolitisch motiviert: Die Herstellung von Fleisch und Milchprodukten verbraucht so viele Ressourcen, dass damit niemals die gesamte Weltbevölkerung ernährt werden könnte, selbst wenn irgendwann ganz Brasilien abgeholzt und in Anbauflächen für Rinderfutter umgewandelt worden ist.

Sonderbarerweise kaufen übrigens die meisten ökologiebewussten Fleischesser, die ich kenne, zwar Ökogemüse, nicht aber Ökomilch oder gar -fleisch. Es sei zu teuer, meinen sie – obwohl sie selbst bei anderer Gelegenheit treffend bemerken, dass ein halber Euro für einen Liter Milch dessen wahrem Wert nicht entsprechen kann. Und obwohl in dem Ökofleisch ja bereits das Vielfache des Ökogemüses »enthalten« ist, das sie sonst kaufen. Wer ein Kilo konventionell gewonnenes Fleisch kauft, kauft damit ungefähr zehn Kilo konventionell erzeugtes Getreide oder Soja gleich mit (und setzt noch eine Menge Antibiotika und sonstige Medikamente mit drauf). Mit dem Griff in die normale Fleischtheke subventioniert man nicht nur die Tierquälerei, sondern auch den konventionellen Landbau, der oft Raubbau an Pflanzenwelt und Menschen auf diesem und anderen Kontinenten ist.

Im Laufe von ungefähr zwei Monaten war ich vegan geworden, ohne dass es einen Tag gab, an dem ich beschlossen hätte: Ab heute ernähre ich mich ausschließlich vegan. Es war ein schleichender Übergang, der mir umso leichter fiel, weil ich mich nicht gleich überfordert hatte. Wenn ich bei anderen zu Besuch oder auf Reisen bin, ernähre ich mich vegetarisch; in vielen Fällen würde es sonst zu kompliziert. Und auch wenn Gäste zu mir kommen, halte ich Quark oder Frischkäse bereit – nicht jeder isst gern Pilze zum Frühstück. (Allerdings vermeide ich den Kauf von Hartkäse, weil seine Herstellung viel Milch braucht.) Bei meinen ersten Besuchern hatte ich ein wenig Angst, sie könnten die Versorgung etwas dürftig finden, auch wenn ich sie selbst gar nicht so empfand. Man versicherte mir aber mehrmals, dass dem keineswegs so sei, vielmehr beschweren sich einige Freundinnen sogar, sie würden bei mir regelrecht gemästet.

Natürlich ist die Palette meiner Zutaten etwas enger geworden, doch dafür lernt man mit den anderen besser umzugehen. Als Vegetarier zum Beispiel gewöhnt man sich an, alles mit Käse zu überbacken oder zu »würzen«; das ist allerdings reine Fantasielosigkeit. Abwechslungsreicher ist es, mehr Kräuter und Gewürze zu Hilfe zu nehmen, Gemüse neu zu kombinieren oder durch die Zugabe von Früchten oder Nüssen ein Gericht zu variieren. Nachdem ich einen Essay über Veganismus in einer überregionalen Tageszeitung veröffentlicht hatte, erhielt ich viele Anrufe, und es kam sogar eine Kollegin vorbei, die für eine Gourmetzeitung an einer Reportage über Veganer schrieb. Sie entwarf ein äußerst charmantes (also zutreffendes) Bild meiner Schafe, kommentierte, dass mein Auto aussähe, als transportiere man Schafe oder Hühner damit, attestierte mir, nicht furchtbar dogmatisch zu sein, und bezeichnete gar meine Haselnussmuffins als die »definitiv besten« und mein Ingwer-Orangenparfait als »sagenhaft«. – Was wiederum mehr charmant als zutreffend war.

Kurz und gut, ich fuhrwerkte so begeistert in meiner veganen Küche herum, dass ich rund wurde wie eine Kugel, obwohl ich vorher auch nicht gerade schlank gewesen war. Dabei empfehlen manche Models Veganismus als Diät! Ich nehme an, ob diese »Diät« wirkt, kommt ganz darauf an, wie gern man kocht und isst. Ich, eine erklärte Diätfeindin, die es schrecklich findet, wenn sich Leute mit Kalorientabellen selbst kasteien, statt zu genießen, schränkte zum ersten Mal in meinem Leben meine Essgewohnheiten zugunsten der »Figur« ein. Schweren Herzens. Dünn wollte ich nicht werden, nur ein bisschen weniger dick. Nach einem Jahr hatte ich, aus ganz anderen Gründen, einen Termin bei meiner Hausärztin. Erwartungsgemäß hielt sie den Veganismus für eine potentiell gefährliche Idee. Sie ordnete Bluttests an, quer durchs Programm. Zwei Tage später rief sie an und sagte, alles sei optimal, auch das Cholesterin, mit dem ich früher einmal (trotz Vegetarismus) Probleme gehabt hatte. Sogar die Eisenwerte stimmten, die selbst bei Fleisch essenden Frauen oft niedrig sind. »Sie dürfen weiterleben«, sagte sie.

Viele Leute handhaben es offenbar andersherum: Sie schränken sich ein, um bestimmte Kleidergrößen zu halten, und empfinden Vegetarimus oder Veganismus als schrecklichen Verzicht. Dabei stehen bei beiden Formen von bewusster Ernährung doch jeweils ganz andere Dinge auf dem Spiel. Beim Veganismus geht es um viel mehr als ums Jung-, Schlank- oder Gesunderhalten des Körpers; es geht darum, eine bestimmte Art industrieller Produktionsprozesse nicht unterstützen zu wollen, die das Letzte aus den Tieren presst. Dies betrifft alle für den Menschen »verwertbaren« Tierarten: Wenn man an Massentierhaltung und Misshandlung denkt, sollte man sich nicht nur auf Fleisch im engeren Sinne konzentrieren. Süßwasserfische werden noch viel gnadenloser, auf noch engerem Raum gezüchtet als Landwirbeltiere; Hummer werden wochenlang mit zusammengebundenen Scheren transportiert und dann qualvoll zu Tode gekocht; Bienen dürfen nicht mehr frei ausschwärmen, man tötet die Drohnen und befruchtet die Königinnen unterm Mikroskop, damit ja kein Volk verloren geht. Den Honig und das wertvolle Propolis nimmt man ihnen, gibt ihnen Zuckersirup und wundert sich dann, wenn die Honigbiene inzwischen für zig Krankheiten anfällig ist.

In moralphilosophischer Hinsicht bin ich mir zwar nicht sicher, ob sämtliche Tiere sozusagen auf derselben Stufe stehen, vom Rind bis zur Biene. Aber ich denke doch, dass der »Speziezismus«-Vorwurf der Tierrechtler an sich richtig ist: Auch Tiere haben Rechte gegenüber uns Menschen, selbst wenn sie keine Subjekte, sondern nur Objekte der Moral sind. Wir können dem Löwen nicht vorwerfen, dass er die Antilope reißt; das heißt allerdings nicht, dass wir den Löwen nach Belieben töten dürfen.

Natürlich gibt es Unterschiede zwischen Menschen und Tieren, nicht nur biologischer, sondern auch sozialer Art. Das menschliche Kind zum Beispiel, anfangs nicht viel intelligenter als die Neugeborenen anderer Spezies, ist ein Lebewesen, das wir in die menschliche Gemeinschaft hineinwachsen lassen; eines, dessen Leben nur in menschlicher Gesellschaft erfüllt sein kann. Auf dieser Tatsache (also nicht auf die reine Genstruktur) eine spezielle Verbundenheit des Menschen gegenüber dem Menschen, eventuell gar eine Bevorzugung des Menschen gegenüber anderen Spezies zu begründen, ist nicht abwegig. Aber abwegig sind viele Versuche, eine absolute Hierarchie aufrechterhalten zu wollen, nach der der Mensch per se in allem gegenüber dem Tier zu privilegieren ist. Nach der jedes noch so geringe menschliche Interesse angeblich rechtfertigt, dass ein Tier dafür leidet oder gar stirbt.

Gerade was das Töten von Tieren angeht, hat die akademische Moralphilosophie allerdings eine Menge – in meinen Augen haarsträubender – Argumente entwickelt. Viele argumentieren, man dürfe Tiere zwar nicht quälen, töten dürfe man sie aber schon. Das entspricht ungefähr unserem Alltagsempfinden, nach dem Tierquälerei verboten ist und Fleischessen nicht. Wenn man aber genau nachfragt, kommt dieses Alltagsempfinden leicht ins Schleudern: Ist der Tod nicht ein schlimmeres Übel als zumindest die vorübergehende Qual? Ist nicht das Prinzip »Du sollst nicht töten« ein viel grundlegenderes Moralprinzip als die anderen, die wir ebenfalls für essentiell halten: nicht stehlen, nicht lügen? Wieso finden es viele Menschen, die nach dem Besuch eines Lokals niemals einen Regenschirm aus dem Ständer klauen würden, völlig in Ordnung, dort ein Tier zu essen – haben sie ihm damit doch *alles* gestohlen. Oder nicht?

Die philosophische Tierethik hat sich dieser Fragen angenommen und Antworten entwickelt, die in meinen Augen bloße Rechtfertigungsmanöver sind. Das am häufigsten vorgebrachte Argument lautet, grob gesagt, dass Tiere nichts von ihrer Zukunft wissen; deswegen bedeute ihnen der Tod auch nichts. – Mich erinnert das immer an die Ausflüchte zweier Bekannter, damals Zivildienstleistender, die unter der Matratze einer alten Oma einen Haufen Geldscheine fanden und sie an sich nahmen. Die Oma war senil und wusste gar nichts mehr von dem Geld – folglich konnte sie nicht merken, dass ihr etwas fehlt.

Was ist denn das für ein Argument?! Dass viele Tiere nicht »wissen«, dass es ein Morgen gibt, dass sie keine Pläne wie wir machen – »Am Sonntag mieten wir ein Boot und fahren auf dem See« –, heißt nicht, dass ihnen das Leben nichts bedeutet. Unter anderem ist das Leben Bedingung dafür, dass sie weiterhin Subjekte positiver wie negativer Empfindungen sind. Wenn es grausam ist, sie in einem kleinen Käfig einzusperren, ist es mindestens ebenso grausam, sie auszulöschen, weil ihnen dann erst recht Luft und Licht, Spiel und Kampf mit anderen, Futtersuche und Freiheit fehlt! Und wer einräumt, dass Tiere Freude empfinden können und ihre Nahrung und Bewegung genießen, der muss auch davon ausgehen, dass ihnen das Leben selbst etwas wert ist: weil das Lebendigsein die Voraussetzung für Freuden und überhaupt alle subjektiven Erfahrungen ist.

Die vermeidbare Tötung eines Tiers, und seine Gefangennahme, sind in meinen Augen dann nicht in Ordnung, wenn wir es ihm gegenüber – angenommen, wir hätten eine gemeinsame Sprache – nicht rechtfertigen könnten. Dieser Gedanke ist nicht im Sinne der Diskurstheorie oder moderner Vertragstheorien gemeint, sondern rein fiktiv. Ich meine nur, dass man, wenn man die Ansprüche von Tieren grundsätzlich ernst zu nehmen gewillt ist, der Kuh, der man das Kalb wegnimmt, dem vier Monate alten Osterlamm vorm Schlachten und den Labormäusen in sterilen kleinen Boxen im Grunde nicht mehr ohne

Scham in die Augen sehen kann. Wir alle muten Mitmenschen und auch Tieren, der Welt insgesamt einiges zu, das lässt sich leider nicht vermeiden. Es gibt aber Einschränkungen, Qualen und Opfer, die so groß sind, dass man sie anderen, auch Tieren, nicht zumuten oder abverlangen kann.

Sind aber Tiere nicht genau dazu da?, werden manche einwenden. Ist das nicht einfach die Natur? Alles Leben konsumiert anderes Leben. So wie die Tiere andere Tiere reißen, dürfen auch wir uns aus dem Tierreich bedienen. Milch, Eier und Honig von ihnen nehmen dürfen wir erst recht. Dieses Argument krankt natürlich daran, dass nichts, was der Mensch tut, einfach »Natur« ist. Wir sind immer natürliche *und* kulturelle Wesen, und allein dass wir darüber nachdenken können, was menschliche Natur sein könnte, zeigt, dass sie immer eine vermittelte ist. Plötzlich, im Zusammenhang mit dem Fleischkonsum, bezeichnen wir Menschen uns als Naturwesen, wo wir doch in geheizten Häusern wohnen, bei der Arbeit qua Tastatur mit dem Rest der digitalen Welt verbunden sind, unser Laufprogramm auf einer Art Fließband abwickeln und beim ersten Tropfen Regen einen Schirm aufspannen, um uns und unsere Kleidung zu schützen (die keine andere Tierart besitzt).

Für unsere »natürliche« Nahrung Fleisch werden Tiere künstlich befruchtet und so hochgradig verzüchtet, dass sie allein oft nicht lebensfähig wären; in ihren Ställen ist vom genetisch veränderten Futter über die Antibiotikazusätze bis hin zum Betonboden alles technisch manipuliert. Statt sie selbst zur Strecke zu bringen, lässt man sie von hochspezialisierten Unternehmen von Land zu Land fahren, in Fabriken an Fließbänder hängen und schlachten. Erst am Ende der Kühlkette begegnet der Konsument (nicht: das Raubtier) seiner »Beute«, die zwischen Styropor und Cellophan abgepackt ist. Schließlich kocht er sie – wiederum anders als alle anderen Tiere – auf Gas- und Elektroherden und würzt sie mit Zutaten, die in diesem Umfang erst durch Globalisierung verfügbar wurden. Was, bitte, ist an solchem Fleischkonsum »Natur«?

Dennoch finde ich die Ansicht, dass wir Menschen die Tiere natürlicherweise nutzen dürfen, aus einer bestimmten Perspektive heraus plausibel, auch wenn ich sie nicht teile. Zumindest hat sie mir ein gedanklicher Umweg über die Religion in Teilen nachvollziehbar gemacht. Wenn wir diesem Gedanken folgen, den wir heute natürlich eher evolutionsbiologisch denn schöpfungsgeschichtlich verbrämen, stoßen wir bald auf das alte Wort vom biblischen Gott, der zu den Menschen spricht: »Machet euch die Erde untertan.« Doch dieses Wort, genau betrachtet, ist nicht so eindeutig, wie es sowohl Anhänger als auch Kritiker gerne meinen. Dem Alten Testament nach ist die heutige Welt der Fleischesser Ergebnis einer Fehlentwicklung, läuft Gottes ursprünglichem Plan zuwider, von Ihm nur gebilligt aus einer Art Resignation. Im Garten Eden erlaubte Er Adam und Eva nur, (fast alle) Früchte zu essen. Das oft angeführte Zitat aus der ersten Schöpfungsgeschichte lautet zwar, »herrscht über die Fische des Meeres, über die Vögel des Himmels und über alle Tiere, die sich auf dem Lande regen« (Buch Genesis 1, 28). Direkt danach geht es aber weiter: »Dann sprach Gott: Hiermit übergebe ich euch alle Pflanzen auf der ganzen Erde, die Samen tragen, und alle Bäume mit samenhaltigen Früchten. Sie sollen euch zur Nahrung dienen.« Vom Jagen und Fischen ist hier nicht die Rede. Erst an späterer Stelle, als Gott von der Entwicklung des Menschen so enttäuscht ist, dass er am liebsten alle atmenden Lebewesen vernichten würde, lässt er sich durch Noahs Opfergaben zur Milde bewegen; von nun an gestattet er den Fleischverzehr und verkündet: »Furcht und Schrecken vor euch soll sich auf alle Tiere der Erde legen« (Buch Genesis 9, 2–3). Wo immer eine Tierart seither dem Menschen begegnete, haben Furcht und Schrecken dies auch auftragsgemäß getan.

In dieser jüdisch-christlichen Tradition, die wir so gerne für das Bild der Vorherrschaft des Menschen über die Tiere verantwortlich machen, wird diese Vorherrschaft also zwar tatsächlich legitimiert. Doch orientiert sie sich am Vorbild eines gütigen, eines friedliebenden Gottes, nicht an dem eines Despoten. Und erst als Gott an den Menschen fast verzweifelt, gibt er ihnen alle anderen Erdbewohner zu Benutzung und Missbrauch frei.

Auch der Koran, der sich selbst als jüngstes Glied in derselben Offenbarungstradition begreift, versteht den Menschen als Statthalter Gottes auf Erden und mahnt gleichzeitig: »Keine Tiere gibt es auf Erden und keinen Vogel, der mit seinen Schwingen fliegt, die nicht Völker sind wie ihr« (Sure 6, Vers 38). Der Prophet Mohammed verbot seinen Anhängern, Tiere vor dem Schlachten Angst spüren zu lassen, sie unnötig dursten zu lassen oder sie am Hals zu brandmarken; und als Mohammed an einem Markt vorbeikam und junge Männer sah, die es sich während ihrer Pause auf den Rücken ihrer Kamele bequem machten, ermahnte er sie: »Behandelt die Rücken eurer Tiere nicht als Podest, denn Gott hat sie euch nur überlassen, damit ihr an Orte reisen könnt, die ansonsten schwer zu erreichen wären.« Wir Menschen dürfen die Tiere benutzen, wo wir sie brauchen, so lässt sich Mohammeds Ausspruch umformulieren. Offenbar nicht, weil wir vor ihnen ausgezeichnet wären – sondern weil wir ihnen in einem relevanten Punkt ähnlich, nämlich bedürftige Lebewesen, sind. Es ist uns kein Vorwurf zu machen, wenn wir auf Kamelen durch die Wüste reisen, weil es auf Menschenbeinen eben nicht geht.

Wenn ich mir den Gedanken, dass Tiere zum Verzehr und zur Nutzung für uns »da« sind, auf diesem Umweg über das religiöse Verständnis verdeutliche, dann kann ich ihn nachvollziehen. Er entspricht einem grundlegenden Zuhausefühlen des Menschen in einer Welt, die wie auf seine Bedürfnisse zugeschnitten ist. (Auch wenn es evolutionsbiologisch korrekt natürlich umgekehrt heißen muss, dass sich unsere Bedürfnisse der Welt angepasst haben.) In dieser Welt kann der Mensch aus dem Vollen schöpfen; sie bietet ihm, was er zum Leben braucht und was er sich daher legitimerweise nimmt. Er fühlt sich von der Erde versorgt, in ihr behaust. »Die Erde ist die Heimat der Menschen, und sie ist eine wunderbare Heimat«, schrieb Astrid Lindgren.

Doch das ländliche Småland, in dem ihre Eltern lebten und arbeiteten, bezeichnete Lindgren selbst als »entschwunden«. Von den Verhältnissen der modernen Massentierhaltung aufgeschreckt, setzte sie sich mit ihrem Essay »Meine Kuh will auch Spaß haben« vehement für eine fairere Tierhaltung ein. Innerhalb weniger als einer Menschenlebenspanne hatte sich etwas, das wie ein natürliches menschliches Verhalten wirkte, in eine barbarische Industrie verkehrt.

Unser Fleisch-, Milch- und Eierkonsum entspricht nicht mehr dem eines Steinzeitmenschen oder des Nomaden in einer asiatischen Steppe oder einer mittelalterlichen Bäuerin oder nahöstlicher Ziegenhirten, die sich ein wenig von dem nahmen, was die Tiere gaben und was sie selbst benötigten. Heute nehmen wir ihnen *alles*. Wir haben die Tiere bereits so gezüchtet, dass sie allein nicht lebensfähig sind, und wir halten sie wie einen Cyborg, der uns Organtransplantate liefern soll. Das ist keine Landwirtschaft mehr, das ist Industrie mit Tieren. Das bisschen Leben, das wir noch nicht selbst herstellen können, ist auf kleinsten Raum zwischen den Maschinen zurechtgestutzt.

Die grausame und kompromisslose Empirie industrieller Tieraufzucht- und Schlachtanstalten entkoppelt die Frage nach der Berechtigung zum Fleisch-, Milch- und Eierverzehr hier und jetzt von den grundsätzlichen Fragen nach der Nutzung von Tieren und ihrer Tötung. Jemand kann durchaus der Meinung sein, der Mensch dürfe andere Tiere benutzen, verzehren und zu diesem Zweck töten – grundsätzlich. Und wird doch, wenn er sich mit den Situationen in unseren Aufzuchtanstalten, Ställen und Schlachtereien vertraut gemacht hat, sagen: So geht es nicht! Nicht auf diese schonungslose Weise.

Und vielleicht geht es auch nie wieder. Wenn man anhand der Mengen Eier, Fleisch und Milch, die in Deutschland jedes Jahr verzehrt werden, versucht, die Menge an landwirtschaftlicher Fläche zu bestimmen, die wir für eine artgerechte Tierhaltung bräuchten, wird einem schwindlig. Wenn wir Wasser, Fläche und Kubikmeter Erdatmosphäre dazuzählen, deren Erzeugnisse wir aus anderen Ländern importieren und an »unsere« Tiere verfüttern, geht die Rechnung erst recht nicht auf. Dafür sind wir weltweit zu viele Menschen; und in den Industrieländern leben wir viel zu luxuriös. Viele Menschen halten das tägliche Frühstücksei, die Milch und die Hühnerbrust für selbstverständlich – wohingegen sie tatsächlich, wenn man an all die dafür verbrauchten Ressourcen denkt, Luxus sind.

Dass die Welt wunderbare Heimat des Menschen sei, schrieb Lindgren 1954; es sind die Worte Katis an ihren neugeborenen

Sohn. Bereits damals lag ein »trotz allem« in diesem Satz, dem nämlich andere vorausgehen: »Gewiss, das Leben kann auch schwer sein, das will ich dir nicht verhehlen … Es kommen vielleicht Stunden, da du den Wunsch hast, nicht mehr zu leben … Und doch sage ich dir, mein Kind: Die Erde ist die Heimat der Menschen, und sie ist eine wunderbare Heimat.«

Die Zeit paradiesischer Eintracht ist offenbar vorüber. Weder uns noch den Tieren können wir sämtliche Schmerzen, Krankheit und Tod ersparen. Allerdings müssen wir sie uns und ihnen auch nicht zur Hölle machen. Wenn wir wollen, so hoffe ich, könnte eine neue Zeit kommen, in der die Erde dem Menschen und seinen einstigen »Nutztieren« wieder eine wunderbare Heimat ist.

VOM SPASS, LEBENDIGES ZU FÜTTERN

An vielen Tagen – im Sommer, wenn die ganze Herde im Schatten einiger Buchen lagert, oder auch im Winter, wenn alles Geäst voll Raureif ist und kleine Schneehäubchen sogar Jakobs vier Hörner schmücken – wirkt mein kleiner Hof wie ein Idyll. Es steckt viel Arbeit darin und auch viel Liebe, aber obwohl ich mich freue, wenn Gäste das Idyll genießen, vergesse ich nie: Das Paradies ist dies nicht. Enge, mutwillige Quälerei und Schlachtung kann ich meinen Tieren ersparen, doch Krankheit und Tod kontrolliere ich nicht.

Man begegnet dem Tod nicht oft, wenn man noch halbwegs jung und gesund ist und im Schutz einer menschlichen Gesellschaft mit zahlreichen Sicherheitsvorrichtungen und medizinischen Einrichtungen lebt. Der Tod kommt einem wie eine Ausnahme vor, wie ein Ausrutscher, der dem sonstigen, ungestörten Ablauf des Lebens dazwischenpfuscht. Und auch hier draußen war ich zunächst einfach etwas verwirrt, wenn solche Ausrutscher passierten wie eines Tages mit dem Ganter Ferdinand.

Seitdem die Gänse sich mit den Schafen heillos zerstritten hatten, wohnten sie in meinem Garten: Esmi, der mit dem kranken Fuß, und der bissige Ferdi. Den ganzen Winter über lebten sie mehr oder weniger auf meiner Terrasse. Abends zogen sie sich in die Nische direkt vor meiner Terrassentür zurück und begannen, sollte ich es wagen, im Wohnzimmer das Licht anzumachen, mit den Schnäbeln gegen die Scheiben zu tocken. Besonders Ferdi war hierin unermüdlich. Wann immer ich aufstand und ihnen durchs Glas eine Strafpredigt halten wollte, sah ich sein weißes Gesicht und die wachsamen, stahlblauen Augen. Wenn ich allerdings selbst auf die Terrasse wollte oder den Garten betrat, kamen beide zischend und die Flügel aufplusternd angeflitzt. Es war nicht nett, und die Berge ihres Outputs verunstalteten die Terrasse; trotzdem hatte ich mich während des abendlichen Lesens und Fernsehschauens irgendwie an das beständige Tocken im Hintergrund gewöhnt.

Doch eines Morgens im März, als ich den beiden frisches Wasser bringen wollte, kam nur Esmi, um mich zu vertreiben. Ich schaute mich um, konnte mir nicht vorstellen, dass Ferdi nach all den Jahren des Lebens im Freien etwas zugestoßen war. Ich fand seinen Rumpf in der Nähe des Waldes. Der Fuchs hatte ihn getötet und aus dem Garten geschleift; man sah noch die Federn und die Spuren. Der Hals war abgebissen, der Leib von innen ausgeweidet. So böse Ferdinand sich immer verhalten hatte – er war der noch aggressivere der beiden –, es war grauenhaft, ihn so zu sehen. Er war eine richtige Persönlichkeit gewesen, jetzt würden mich diese blauen Augen nie mehr schräg durch die Wohnzimmertür oder durchs Küchenfenster ansehen.

Möglichst rasch musste ich nun für den verwitweten Esmi einen neuen Partner finden. Die letzten Jahre hatte er ja schwul gelebt; da er früher aber eine Familie gehabt hatte, nahm ich an, mit einer weiblichen Gans würde er grundsätzlich besser zurechtkommen. Gerade hatte die Brutzeit begonnen, ich telefonierte halb Deutschland nach einer »überzähligen« Gans ab und war schon kurz davor, zu einem Züchter nach Ostfriesland zu fahren. Da meldete sich ein Gänsezüchter aus der Nähe, er habe eine Gans, die zu wenige Eier lege, er wolle sie schlachten. Es war eine weiße, sehr schlanke, sehr langhalsige Gans mit dem Namen Gisela.

Gisela veränderte Esmi völlig – und damit auch mein Leben im Garten. Sie hatte einen zivilisierenden Einfluss auf ihn. Sie spazierte vorneweg, er folgte ihr mit stolzem, kavaliershaftem Ausdruck, als trüge er ihr die Handtasche nach. Aus dem bissigen Paar wurden gesittete Mitbewohner, und Freunde, die mich besuchen kamen, verstanden plötzlich die Welt nicht mehr. Die jetzigen Gänse sahen farblich aus wie Esmi und Ferdi – grau und weiß –, wirkten sonst aber wie ausgetauscht. Wie eine andere Tierart fast! Sie wurden so zahm, dass sie mir aus der Hand fraßen; sie zischten und bissen nicht mehr und ließen sich, wenn ich weg war, von Nachbarn anstandslos zu ihrem Häuschen führen. Wenn ich im Liegestuhl auf der Wiese lag, weideten sie unter dem Fußteil hindurch. Manchmal lag ich in der Hängematte und wurde von Hühnern umlagert, die im Schatten ruhten, und von den beiden Gänsen, den Kopf zum Schlafen unter die Flügel gesteckt.

Schon als ich Gisela zum ersten Mal zu Esmi setzte, gingen die beiden freundlich miteinander um. Sie reagierten keineswegs aggressiv, schienen sich sogar über die Gesellschaft zu freuen. Nach zwei Tagen watschelten sie einträchtig nebeneinander her wie ein Paar. Anders als der Hahn Torsten, der an den Hennen allabendlich seine, aber offenbar nicht ihre Vorstellung von Sex praktizierte, wurde Esmi von Gisela als Liebhaber gewünscht. Ich war dabei, als sie sich zum ersten Mal miteinander paarten. Sie standen neben ihrer Badeschüssel und zupften am Gras herum. Dann begann Gisela, mit dem Schnabel an Esmis Hals zu zupfen. Ich befürchtete schon, sie würden jetzt doch aggressiv werden; Esmi aber erwiderte ihre Geste seinerseits mit Zupfen, so wie nämlich der Ganter seine Gans vor der Paarung im Nacken hält, bestieg sie und stieß danach das typische Trompeten aus. Einen seiner Watschelfüße beließ er dabei – ganz Jäger mit Trophäe – auf Giselas Rücken. Ich musste sehr an mich halten, um nicht laut zu lachen, denn die brav daniederliegende Gisela sah trotz dieser vermeintlich so dominanten Geste höchst zufrieden aus.

Die beiden übernachteten nun im einstigen Hühnerstall; sobald es dämmerte und die Hühner im neuen Stall verschwanden, trieb ich Esmi und Gisela in den alten. Anfangs noch etwas unwillig, hatte sich der freiheitsgewohnte Esmi nach wenigen Tagen schon an den Stall gewöhnt. Die beiden wussten, was bevorstand, wenn ich abends die Runde machte, und watschelten eifrig, ein bisschen wie Kinder mit schlechtem Gewissen, weil sie länger draußen gespielt haben, als es die Mutter erlaubt hat, vor mir her in Richtung Gänsestall. Dabei drehten sie hin und wieder ihre unglaublichen Hälse ein wenig zur Seite und schauten mich aus einem Auge prüfend an.

Für die Schlafenszeit dachten sich die Gänse schließlich ein eigenes Ritual aus. Ich hatte ihnen, um eventuell einmal länger ausschlafen zu können, ohne dass sie zu lange ohne ihr geliebtes Wasser blieben, eine kleine Voliere an den Stall gebaut. Darin stand ein Eimer; über ein Loch in der Stallwand und eine Art Aufgang an der Seite konnten sie selbstständig vom Stall in die gegen Fuchs und Marder gesicherte Voliere und wieder zurück.

Morgens funktionierte das überhaupt nicht. Ich hatte mir das so vorgestellt, dass die Gänse, wenn ich einmal länger ausschlafen wollte, friedlich zu ihrem Eimer watscheln und etwas trinken würden, geduldig der Dinge und vor allem meiner Person harrend. Das taten sie nicht. Wenn ich die Schlafgrenze überschritt, watschelte Esmi in die Voliere – dabei trampelte er so laut über seine Kunststoffleiter, dass ich manchmal schon davon wach wurde –, stellte sich an das Gitter und fing an zu trompeten. Mein Schlafzimmerfenster liegt leider genau oberhalb des Stalls.

Abends aber, wenn sie »übern großen Onkel«, wie meine Mutter sagte, also mit nach innen gestellten Füßen und gelegentlichen Verstolperungen, bei denen sie sich selbst mit dem einen auf den anderen Watschelfuß traten, in ihr Häuschen geeilt waren, polterten sie auf der anderen Seite wieder hinaus und in die Voliere. Behäbig schritten sie zu ihrem Eimer, wobei sie mich keine Sekunde aus dem Auge ließen. (Ich wurde das Gefühl nicht los, das Ritual erfordere meine Anwesenheit.) Wieder wie Kinder, die den unvermeidlichen Moment des Lichtausmachens mit Argumenten aufschieben, gegen die kein Erwachsener etwas einwenden kann, nahmen sie jeder aus dem Eimer noch zehn, zwölf Schlucke. Tauchten ihre kleinen, etwas pausbackigen Köpfe abwechselnd ein, reckten den Hals nach oben und ließen das Wasser hinunterrollen. Danach schlenderten sie betont langsam in ihren Stall zurück.

Dennoch konnte Esmi seinen Ferdi nicht einfach so vergessen. In den ersten zwei Wochen nach dessen Tod ließ Esmi mehrmals täglich laute Rufe ertönen, brach durch die kleinsten Löcher im Zaun, watschelte flink um den Schafstall zu der Stelle am Teich, wo er und Ferdi im Winter davor gelagert hatten. Obwohl er sich inzwischen mit Gisela zusammengetan hatte, vermisste er den alten Gefährten und suchte ihn. Und auch mir stand noch lange dieses Gesicht vor Augen, der stahlblaue Blick; und dann der Anblick des ausgeweideten Tiers.

Ich hatte noch viele weitere Verluste zu beklagen. Eines Tages starb meine Katze Nana; sie war schon seit vielen Jahren herzkrank gewesen. Ich war dankbar dafür, dass sie noch einige Zeit im Freien verbringen konnte, zwischen dem Gras, auf dem

Gartenmäuerchen, die Augen halb geschlossen, das Gesicht blinzelnd der Sonne entgegengestreckt. Sie starb ohne erkennbare Leiden, am Tag zuvor hatte sie mich noch beim Holunderbeerenpflücken begleitet; am nächsten lag sie wie völlig entspannt im Gras. Statt sie an irgendein Krematorium abzugeben, konnte ich sie im eigenen Garten, unter der Linde, begraben; so war es, als wäre ein Teil von ihr weiterhin bei uns.

Dann raubte mir der Habicht mehrere Hühner, darunter meine geliebte Gwendoline, ein zahmes, breites, prächtiges Huhn. Haufen von Federn deuteten auf ihr Schicksal hin, sonstige Überreste konnte ich nicht finden. Mein Verhältnis zu den Hühnern ist nicht mit dem zu meinen Katzen oder den Schafen zu vergleichen, es ist nicht ganz so persönlich; trotzdem brauchte ich eine gute Woche, bis ich wieder gerne in den Garten ging. Immer, wenn sich die »kleinen Flöten« versammelten, hatte ich bisher nach meiner Gwendoline Ausschau gehalten; nun fehlte sie.

Die zähe Contessa, eben noch große Abenteurerin, zog sich eines Tages plötzlich zurück. Es begann ein dreiwöchiges Siechen mit Tierarztbesuchen und Antibiotika; schließlich saß sie nur noch auf dem Boden eines Käfigs und atmete schwer. Ein Freund, der mit seinen Kindern zum Mittagessen da war, machte ihrem Leiden mit dem Spaten ein rasches und, glaube ich, fast schmerzfreies Ende. Ich hatte bereits den Tierarzt zur Euthanasie bestellt, aber der war zu einem Notfall nach dem anderen unterwegs.

Ich schwor mir, ich würde den zukünftigen Hühnern keine Namen mehr geben. Was ich natürlich nicht lange durchgehalten habe. Irgendwie mogeln sie sich dann doch immer wieder in mein Herz und erhalten eigene, zu ihren besonderen Eigenschaften passende Namen. Gleichzeitig ist die alljährliche

Aufnahme und Pflege neuer »Resthühner« die schwerste Aufgabe für mich. Immer im Oktober, November ist es so weit. Sicher, ich freue mich über jedes Tier, das ich aufnehmen kann, aber bereits sie aus der Legefarm abzuholen ist kein Vergnügen. Beim letzten Mal fand ich zwei fast nackte Tiere in die schmale Ritze unter einer schweren Kiste gedrängt. In der Panik der Nacht hatten sie sich dorthin verkrochen und dort ausgeharrt – auf was wartend? Kamen sie allein nicht mehr heraus? Ich kaufte weitere Wärmelampen und Platten, habe inzwischen den halben Hühnerstall mit großen Käfigen ausgestattet, die meine Krankenstation bilden. Diese ausgemergelten Hühner wieder gesundzubekommen und ihr Immunsystem halbwegs zu stabilisieren ist ein Kampf, der sich über den ganzen Winter hinzieht. Mit zahlreichen von ihnen bin ich – alle Überlegungen bezüglich der Tierarztkosten längst ignorierend – zur Vogelklinik nach Hannover gefahren. Habe verletzte Kloaken gepflegt, Aufbaumittel verabreicht, Lungenentzündungen und Pilzerkrankungen behandeln lassen. Manchmal auch Heilungen erlebt, an die schon niemand mehr glauben mochte. Und so wachsen einem die Tiere ans Herz, man freut sich, wenn man ihnen noch einige Monate oder gar einen ganzen Sommer schenken konnte, und weint umso bitterer, wenn es eines Tages dann doch unvermeidlich zu Ende geht.

Meinem zahmen Hahn Torsten starben drei Zehen ab, ich brachte ihn in die Vogelklinik, wo sie ihm amputiert werden sollten. Es sah nach einer Routinesache aus, doch dann füllten sich während der Operation Torstens Lungen mit Blut, er starb noch auf dem Tisch. Eine merklich schockierte Tierärztin rief mich an und begann das Gespräch mit dem verhassten Satz: »Ich habe leider schlechte Nachrichten für Sie.« Mit diesem Satz bekommt man eine Frist von drei Sekunden, innerhalb derer man sich zu wappnen versucht für das, was kommt. Wie oft ich diesen Satz inzwischen gehört habe! Wie oft ich den Tierarzt mit seiner Euthanasiespritze rufen musste, wie oft ich abends durch den Garten ging und ein geliebtes Huhn daliegen sah, steif, die Füßchen in die Luft.

Nein, der Tod ist eben kein Ausrutscher, sondern ein hartnäckiger Begleiter des Lebens. Mir geht es dann so wie damals nach dem Fund des vermeintlichen Reiherjungen, ich bin so bedrückt, dass ich mich frage, ob das Landleben auf Dauer auszuhalten ist. Aber gälte das dann nicht für das Leben überhaupt? Der Preis dafür, sich am Leben dieser schönen und zutraulichen Tiere zu erfreuen, ist der, dass es sich bei ihrem Tod jedes Mal anfühlt, als hätte einem jemand eine Eisenklammer um die Brust gelegt. In manchen Zeiten, wenn der Tod wieder einmal besonders oft und schonungslos zugegriffen hat, sehe ich aus dem Fenster auf meine Tiere und sehe in ihnen weniger das Leben als den bevorstehenden Tod. Die meisten Katzen- und Hundebesitzer sagen daher auch nach dem Tod des geliebten Tiers, sie würden sich nie wieder eines anschaffen. Manche halten es sogar ein paar Monate durch. Dann fehlen ihnen Wärme und Nähe, sie verlieben sich neu. Dies bleibt für mich das größte Rätsel, und eine immer wieder neu zu bewältigende Aufgabe: zu akzeptieren, dass großer Schmerz folgen kann; aus Angst vor dem Schmerz nicht schon um die Freude einen großen Bogen zu machen; dem Tod nicht zu erlauben, mit seinem brutalen Dazwischenfahren all das in den Hintergrund zu drängen, was weniger spektakulär und alltäglich an Schönheit um uns ist.

Der Winter ist die härteste Zeit für die Tiere und mich. Die kahlen Hühner frieren, die Gänse zerpflügen mit ihren Schnäbeln den Schnee und finden kein Gras mehr. Den Schafen macht die Kälte nichts aus, aber auch ihre Weiden geben kaum mehr Futter her, und sie schauen noch hie und da sehnsüchtig über die einst so brüchigen Zäune, bevor sie sich mit der Heufütterung zufriedengeben und den gesamten Winter über ihren Stall so gut wie nicht mehr verlassen. Um sie dort, nachdem wegen des Frosts die Außenleitung abgestellt ist, mit Wasser zu versorgen, habe ich mir inzwischen eine etwas sonderlich aussehende, doch tragfähige Leitung zwischen Wohnhaus und Stall gebastelt. Zunächst hatte ich auf Anraten eines Installateurs ein Seil mit einem Schlauch daran vom im ersten Stock befindlichen Badezimmerfenster bis hinüber zum Schafstall gespannt; den ersten Frost überstand die Konstruktion gut. Dann kamen Minustemperaturen bis zehn Grad. Das Wasser gefror in den durchhängenden Abschnitten der Schlauchkonstruktion. Mit Dutzend Metern Verlängerungskabel, einem Wasserkocher und einem Föhn stellte ich mich auf ein Leiterchen und taute die eingefrorenen Stücke auf. Die Schafe beäugten mich dabei sehr interessiert, sprangen aber entsetzt davon, wenn sich das Eis löste und das Wasser wieder zu sprudeln begann. Zwei Mal musste ich sogar den ganzen Schlauch ins Haus schleppen und in der Badewanne auftauen, danach wurden mir die Manöver zu blöd. Ich kaufte im Baumarkt dünne Plastikrohre, steckte sie ineinander und befestigte sie in vier Metern Höhe an einer Leine, die zum Stall führte, während Dörte die Leiter hielt. Diese grauen Rohre, von Gebäude zu Gebäude baumelnd, mit unzähligen Schleifen an einer Schnur befestigt, schmücken mein Ensemble nicht besonders, doch ich freue mich über ihren Anblick wie jeder, der einer drohenden Plage entronnen ist. Jedes Mal sehe ich in ihnen all die Eimer voll Wasser, die ich bei minus zehn Grad *nicht* zum Stall hinüberschleppen muss. Wenn sie nur mit Heu gefüttert werden, trinken dreiundvierzig Schafe und Ziegen viel.

Die Heuraufe im Stall ist seit ihrer Errichtung verlässlich und in Betrieb. Morgens und abends füttere ich im Winter die Schafe, ich habe einmal ausgerechnet, dass ich dazu achtzig Kilo Heu täglich bewege. Fast schon eine rituelle Handlung ist jeden Spätherbst das Anbrechen des ersten, vom Elbdeichschäfer Stefan gelieferten Ballens; um die Schnüre der Ballen durchzuschneiden, habe ich mir eigens ein Klappmesser gekauft, das erste meines Lebens – ich empfand es als weiteren Aufstieg, nicht mehr nur Besitzerin gülleresistenter Stiefel, sondern auch eines Klappmessers zu sein. Den Ballen entströmt ein Geruch, als stünde man mitten auf einer frisch gemähten Wiese. Ich befülle die Raufe, öffne die Stalltüren und rufe die Schafe herein. Eins nach dem anderen, angeführt von Jana und einigen älteren Schafen, traben sie mit wackelnden Ohren und hoffnungsvollem Blick um die Ecke, nähern sich der Raufe und zupfen am Heu. Die jüngeren Schafe, immer noch etwas ängstlicher, wenn sie mich sehen, trippeln vorwärts und rückwärts und quetschen sich seitlich an mir vorbei. Nach wenigen Minuten haben sie sich alle an der Raufe aufgebaut, fressen parallel mit leicht erhobenen Köpfen; dem aufgeregten Mähen des Anfangs (»Hier bin ich – wo bist du?«) weicht Stille und dann ein leises, kontinuierliches Malmen aus vierzig Mäulern.

Wie einst das Gefühl, das ich hatte, als ich die zwei Lämmer unterm Arm aus dem Wald trug, ist auch dieses Geräusch für mich unglaublich beruhigend und irgendwie vertraut. Biologisch gesehen ist es wohl Unfug zu denken, dass in unseren Körpern oder Genen der Rest früherer Lebensweisen gespeichert sind; es gibt kein kollektives Gedächtnis, in dem Erinnerungen an die Zeiten, in denen Mensch und Tier unter einem

Dach lebten, ruhen. Dies muss ich mir selbst immer wieder einschärfen – denn *etwas* wird dennoch in einem wach. Eine Saite wird angeschlagen. Es gibt die Geborgenheit des Stalles und die Zufriedenheit satter Tiere, um die man sich kümmert, die einen im übertragenen Sinne satt zu machen scheinen.

Im November, einer eher trostlosen, dunklen, nassen Zeit im Jahr, besteht der Höhepunkt des Tages für mich oft darin, nachmittags gegen fünf die Schafe zu füttern. Durch die Gitter der Raufe getrennt, lassen mich auch die scheueren Schafe nah an sich heran. Mit fast versonnenem Blick stehen sie auf der anderen Seite und mampfen, füllen den Stall mit ihrer warmen, ruhigen Ausstrahlung. Es ist eine Atmosphäre wie Weihnachten, jeden Tag. So wie ich während der Lämmeraufzucht Freunde zum Fläschchengeben mitgenommen habe, lade ich jetzt manchmal zur Abendfütterung ein. Wir stellen uns hinter die Stäbe der Raufe, verhalten uns ruhig und überlassen uns ganz dem Knistern des Heus, dem Malmen der Schafe, dem gelegentlichen Rascheln, wenn eins der Schafe sich umentschieden hat und an eine andere Stelle geht, das dortige Schaf wegschubst, das wiederum ein anderes vertreibt. Inzwischen habe ich auch verstanden, wieso sich Schafe von Futter mit vermeintlich so geringem Nährstoffgehalt ernähren können, also Gras, Heu oder sogar Stroh: In ihren Wiederkäuermägen lebt eine Vielzahl darauf spezialisierter Bakterien; diese verwerten das Gras und wandeln einen großen Teil zu Eiweiß um. Dann beginnt das Wiederkäuen. Mehr als ein Pfund sozusagen im eigenen Körperinneren hergestelltes Eiweiß kauen Schafe im zweiten Durchgang; sie haben in ihren Mägen richtiggehende Labors.

Weil dieses bakterielle Gleichgewicht sehr empfindlich ist, tut man Wiederkäuern auch keinen Gefallen damit, wenn man ihnen stärker nährstoffhaltiges Futter in größeren Portionen gibt; zu viel Brot auf einmal bringt sie unter Umständen sogar um. Die Schafe selbst hingegen, die die biologischen Einzelheiten ja nicht kennen, sind scharf auf alles, das Kalorien in konzentrierter Form enthält. Wie viele Stunden müssten sie grasen, um entsprechend viele Nährstoffe anzusammeln! Im Vergleich zu Gras schmeckt Brot sicher unglaublich sättigend.

Immer wieder überraschend finde ich es, wie und warum manche Schafe eher zahm werden als andere; sie sind auch völlig unterschiedlich, wenn es um das Erlernen ihrer Namen geht. Manche Tiere kommen auf Zuruf. Der einst so kleine, heute stattliche, schwarz schimmernde Hammel Pünktchen zum Beispiel weiß aufgrund vieler kleiner Bestechungen mit Pellets, dass er mit dem Ruf »Pünktchen!« gemeint ist. Christopher – der erste kleine Bock, den Katharina mir schenkte – hat seinen Namen allein durch Zuruf gelernt. Er war scheu und kam lange nicht in meine Nähe, aber immer, wenn er an mir vorbeilief, schaute ich ihn an und rief seinen Namen. Mehrere Wochen, vielleicht drei Monate lang. Schließlich begann er darauf zu reagieren. Wenn ich später die Herde mit etwas trockenem Brot anlockte und es mir gelang, ihm ein Stückchen zuzuwerfen, rief ich ihn wieder. Ab da war es ein Kinderspiel; weil Christopher nach wie vor eher klein ist, sich die großen Schafe aber oft in die erste Reihe drängeln, stellt er seine Vorderbeine auf die Hinterteile der Großen, reckt sich vor, wenn ich seinen Namen rufe, und nimmt seine Portion entgegen.

Trotzdem erinnere ich mich genau, dass er seinen Namen »erkannte«, bevor die Verbindung mit dem Futter da war. Jakob wiederum kannte von Anfang an seinen Namen, sein Sohn Jonas dagegen, das verschmusteste Schaf der Herde, das auf mich zutrabt, sich neben mich legt und es für eine gute Idee hält, direkt neben meinem Gesicht wiederzukäuen – Jonas hat seinen Namen nie gelernt.

Von den Schafen ist bisher Gott sei Dank noch keines gestorben, aber auch sie, so zäh sie sind, leiden bisweilen an Krankheiten. Zum Beispiel bin ich heilfroh, dass Pünktchen so zahm ist, dass ich ihn leicht einfangen kann, weil er seit seiner Adoleszenz keine Gelegenheit auslässt, sich zu verletzen. Einmal hatte er einen zwei Zentimeter langen Riss am Maul, später eine Risswunde auf der Wange; im Alter von einem Jahr schlitzte ihm eine der Ziegen die Hoden auf, sodass das Fleisch leuchtend rosa hervorquoll. Ich habe den halben Stall abgesucht, um eventuell einen hervorspringenden Draht oder Nagel zu finden; ich fürchte aber, Pünktchen wird immer wieder etwas finden, woran er sich verletzen kann. »Sportlich« nennt der Tierarzt Jens ihn immer. »Dein Pünktchen ist ein sportlicher Typ.«

Die Gesichtswunden wurden genäht, der Hoden getackert; dieses Mal – anders als bei Joyleins Augenproblem – konnte ich das Tier selbst festhalten, während Jens arbeitete. Aber ganz so stark, wie ich selbst meinte, waren meine Nerven nicht. »Fällt dir eigentlich auf, dass du bei jedem Tacker aufstöhnst?«, fragte Jens lachend, »während dein Bock hier still sitzt wie eine Eins?«

Josh wiederum hatte einmal eine bakterielle Entzündung am Auge, die die Linse trüb wie Milchglas werden ließ. Jens gab mir eine Salbe, die ich vier bis fünf Mal am Tag auftragen sollte, und zum Glück verstand Josh sofort den Sinn der Unternehmung. Ohne dass ich ihn mit Futter lockte, rannte er mir jedes Mal, wenn ich mit der Salbe auf die Weide kam, entgegen und hielt still, während ich ihm die Salbe ins Auge gab. Dies tat er nicht nur bei mir: Als ich anderthalb Tage weg musste, bat ich eine Nachbarin, die Pflege für die Tiere zu übernehmen. Zwecks Wiedererkennung sprühte ich Josh einen blauen Fleck auf die Stirn – was unnötig war, denn auch zur Nachbarin kam er freiwillig.

Es sah beeindruckend aus, wenn er losgaloppierte, denn von dem einst schwächlichen Lamm ist nichts mehr zu sehen. Josh ist der bei weitem Größte der drei Geschwister, rund wie eine Tonne mit fünf Pullovern. Wenn so ein Schaf auf einen zurennt, denkt man immer, sie werfen einen um, dann bleiben sie doch gerade noch rechtzeitig stehen. Bloß nahm Joshs Kooperationsfreude leider in dem Maße ab, in dem es seinem Auge besser ging. Hatte er sich am Anfang auch ohne Futtergabe behandeln lassen, verlangte er nun zuerst eine Bestechung. Ich erinnerte mich an eine Haustiersendung, in der ein Tierarzt versuchte, einer humpelnden Kuh Antibiotika zu spritzen. Die Kuh versuchte auszubüchsen. Er habe schlechte Chancen, erklärte der Tierarzt: »Wenn ich ein Schmerzmittel spritze, wirkt das schnell, da versteht die Kuh den Zusammenhang. Wie ein Antibiotikum wirkt, versteht sie natürlich nicht und denkt, lass mich in Ruhe mit der Spritze, ich hab mit meinem schlimmen Fuß schon Probleme genug!«

Lange Zeit musste ich auch Jana und Joylein regelmäßig behandeln, ihnen Hinterteil und Schwänze sauberhalten, desinfizieren und pflegen. Janas Schwanz war ab einer bestimmten Stelle gelähmt, und Joylein kann mit seiner defekten Harnröhre nicht richtig Wasser lassen. Um sie anzulocken, gab ich eine Handvoll Pellets in einen kleinen Eimer. Ich packte mir Haushaltsschere, einen Tiegel Zinksalbe, eine Dose desinfizierendes Blauspray und Latexhandschuhe und öffnete das Tor zu einem kleinen Pferch. Ich rief Jana und Joylein, und egal wo sie waren, sie lösten sich aus der Menge, rasten mit wild propellernden Schwänzen auf mich zu und drängelten sich an allen anderen Schafen vorbei. Dabei überraschte mich immer wieder nicht nur, wie gut sie selbst die Zeichen deuteten, sondern auch dass der Rest der Herde sie verstand. Die anderen wissen sehr wohl, dass ich Pellets in dem Eimer habe, sie suchen nachher den Boden nach Resten ab, haben aber oft genug die Erfahrung gemacht, dass diese Pellets nicht für sie bestimmt sind. Darum rennen, wenn ich Janas und Joyleins Namen rufe, nur die beiden Gerufenen herbei.

Trotz aller Pflege entzündeten sich die Stellen immer wieder, sodass ich schließlich in der Klinik für kleine Klauentiere in Hannover anrief und um Rat fragte. Man sagte mir, man würde sie dort unter einer Inhalationsnarkose, die ein normaler Tierarzt nicht mal eben im Stall machen kann, operieren. Ich rief zig Pferdetransportunternehmen an und fand eines, das auch meine Schafe transportieren würde. Ein sehr geduldiger Mann mit einem großen Anhänger kam, und nach vielleicht einer halben Stunde schweißtreibenden Herumscheuchens hatten wir die höchst unwilligen Tiere in den Transporter bugsiert. Nach Hannover fuhren wir gut zwei Stunden. Ich saß völlig verkrampft auf dem Beifahrersitz, bis der Mann plötzlich sagte: »Keine Sorge, die sind noch drin.« Anscheinend unterscheiden sich Schaf- und Pferdebesitzer nicht wesentlich.

Jana und Joylein blieben zwei Wochen in Hannover, bis die Wunden völlig abgeheilt waren, und währenddessen war ich einmal in der Nähe und konnte sie besuchen. Sie mähten lauthals, als sie meine Stimme hörten, drängelten sich an die Einfassung ihrer Bucht und klopften vor Aufregung mit den Vorderfüßen auf den Boden. In den benachbarten Buchten standen einzelne Schafe und Ziegen, manche mit Lämmern; die Tierärzte versuchten sogar, mir einige davon aufzuschwatzen. Ihre Besitzer hatten sie in krankem Zustand vorbeigebracht und, weil sie die Behandlung nicht bezahlen wollten, der Klinik überschrieben. Die Tierärzte pflegen solche Tiere gesund und müssen sie irgendwann, wenn sie kein Zuhause für sie finden, doch schlachten lassen. Auch ich konnte leider keins mitnehmen. Aber sollte ich doch irgendwann einmal mehr Platz haben, will ich nachfragen, ob es wieder heimatlose Schafe abzugeben gibt.

Im letzten Winter, als von November bis Mitte April Schnee lag, die Temperaturen häufig bis minus 16 Grad abfiel und ich mehrmals am Tag die oft mehrere Zentimeter dicke Eisschicht auf den Tränken sämtlicher Tiere mit dem Spaten zerstoßen musste, habe ich erneut an die Zuckmayers gedacht. An ihr schönes und gleichzeitig hartes Leben. Ich stellte mir vor, wie viele Mühen sie durchgestanden hatten, um nicht zu verzweifeln, wenn sie nachts das Feuer im Ofen in Gang halten mussten oder der Schneepflug erst nach Tagen den Weg zu ihrem Bauernhof fand.

Es gibt Ähnlichkeiten zwischen unseren Lebensweisen, und doch treffen mich die Härten der Natur ungleich weniger. Insbesondere meine Tierhaltung ist ja solch ein Privileg! Auch die Zuckmayers liebten ihre Tiere so, dass sie das Schlachten nicht leichten Herzens über sich brachten; über ihre Schweine schrieb Zuckmayer nur einen Absatz: »Sie waren kleine, rosige Tiere, säuberlich und fröhlich. Es waren wohl die allernützlichsten Tiere unter unsern nützlichen, aber es machte keinen Spaß, dreimal täglich etwas Lebendiges zu füttern und dies nur zu dem Zweck, um es nach bemessener Zeit als Schinken hängen zu haben, ins Fass einzupökeln und im Tiefkühler aufzubewahren.« Für Ziegen, Hühner, Enten und Gänse galt bei den Zuckmayers die Regel: Sobald ein Tier einen Namen erhalten hatte, war es für die Verwertung tabu.

Diese Konflikte habe ich nicht. Ich darf meine Tiere so liebgewinnen, wie ich möchte, sie so gut behandeln, wie ich es für richtig halte.

Ein Freund von mir besucht täglich Schafe auf den Elbdeichen, fotografiert sie und erzählt von ihnen. Idyllisch für den Spaziergänger anzusehen, haben sie zwar viel Freiheit, aber doch nicht einmal alles, was ein Schaf eigentlich benötigt. Keine Mineralstoffe, kein Salz, nach dem Schafe und Ziegen gieren; im Sommer keinerlei Schatten und nicht einmal Wasser, das sie gefahrlos erreichen können. Sie müssen sich dafür in die abschüssigen Kanäle hinunterwagen, hin und wieder bleibt ein Schaf im Schlamm stecken und ertrinkt bei der nächsten Flut, die auch das Wasser in der Elbe steigen lässt. Mehr als ein Lamm hat dieser Freund nicht ohne Gefahr für sich selbst aus den Kanälen gezogen; für manches, das zwar noch lebte, dessen Lunge aber bereits Schlamm eingesogen hatte, war es da schon zu spät. Der Besitzer jener Elbdeich-Schafe erklärt, es sei zu teuer, Wagen mit Wasser auf die Weide zu stellen. Er sagt, der örtliche Naturschutzverein, der die steilen Gräben angelegt habe, habe gegen die Vereinbarung verstoßen und sei schuld.

Zu teuer – der ökonomische Imperativ gilt bei meinem kleinen Gnadenhof nicht, auch wenn ich dann an allem anderen sparen muss. Dafür kann ich meinen Schafen zum Glück immer Zugang zu Mineralleckmasse und Salz bieten (was manchmal zu kleineren Katastrophen führte, denn die Mineralien werden in Eimern mit Henkeln geliefert, und wenn sich ein Bock mit seinen Hörnern in einem Henkel verfängt und damit losrennt, geraten alle in Panik); in der Sommerhitze lagern sie unter Bäumen, und am Stall haben sie Wannen mit Wasser. Anders als die Elbdeichschafe werden meine jedes Jahr gegen Moderhinke geimpft; Hinken und Knien auf abgeschubberten Knien gibt es hier nicht.

In einer spontanen Aktion haben Christian und seine Tochter vor einiger Zeit noch drei Zwergziegen, die sich im Nachbarort wegen ständigen Überspringens der Zäune unbeliebt gemacht hatten, vor der Schlachtung gerettet. Seitdem tyrannisieren sie mit ihrer Frechheit und ihren spitzen Hörnern unsere Schafe und machen sich, zumindest bei mir, durch Überspringen der hiesigen Zäune unbeliebt. Abgesehen von diesen Notfällen war mit dem Kastrieren des Vierhornbocks Jakob kurz vor dem ersten Jahreswechsel dem stetigen Anwachsen der Herde ein Ende gesetzt. Als die jungen Böcke älter wurden, pferchte ich sie häufiger ein als sonst, überprüfte, ob sich ihre Hoden bereits entwickelt hatten, rief gegebenenfalls den Tierarzt mit seiner großen Kastrationszange herbei und überprüfte nachher, ob die Hoden ordnungsgemäß schrumpften (nach dem Abklemmen entwickeln sie sich zurück).

Das letzte Lamm, das bei uns geboren wurde, ein Mädchen, war noch einmal ein ganz besonderes Tier. Als einziges unserer Mischlingslämmer hat sie nicht nur auf der Stirn, sondern auch auf der Nase einen weißen Tupfer. Und als einziges Lamm lernte sie das Springen vor dem Gehen. »Früher oder später *muss* es einen Schritt machen«, sagte Katharina, die gekommen war, um sich das einen Tag alte Lamm anzusehen. Und wir blieben auf der Terrasse stehen, um es zu beobachten. Mitnichten! Das Lamm sprang auf allen vieren um die Mutter herum, wieder und wieder. Der englische Schriftsteller G. K. Chesterton, Urheber des Pater Brown, hat einmal davon geschrieben, wie Kinder beim Spielen eine Tätigkeit mit großer

Begeisterung schier endlos wiederholen können – bis der Erwachsene, den es zum Mitspielen auffordert, völlig erschöpft ist. Vielleicht lasse Gott die Sonne jeden Tag aus demselben Grund aufgehen, schlug Chesterton vor – nicht, weil dies den Naturgesetzen folge, sondern weil es ihm solche Freude bereite? An diesen Satz musste ich denken, als ich dieses springende Lamm sah, und ich nannte es Jamina Roo. Jamina ist das hebräische Wort für Segen; und Roo heißt das kleine Känguruh aus *Winnie Pooh*.

Auch die erwachsenen Tiere der Herde überkommt im Frühling und im Sommer an warmen, aber nicht zu heißen Abenden ein solcher Anfall größter Lebenslust. Ohne erkennbares Ziel galoppieren sie dann in großen Bögen über die Weide und wieder zurück, springen auf allen vieren, liefern sich kleine Kämpfe, Horn gegen Horn und Stirn an Stirn. Abwechselnd fordern sie einander zu weiteren Sprints auf. Einmal schwenkten sie dabei sogar auf mich zu, kamen vor mir zum Stehen, und Jakob machte einen kleinen einladenden Sprung; offenbar hatte er sich vorgestellt, ich würde vielleicht gerne mit der Herde über die Weide jagen.

Wenn sie dann abends genug gegrast und sich springend ausgetobt haben, ziehen sie sich unters Vordach zum Wiederkäuen zurück. Nie liegen sie dabei in Richtung des Stalls, sondern meist in Richtung der Sonne, der sie auch bei großer Hitze noch mit der Begeisterung von Mittelmeerreisenden mit leicht erhobenen Köpfen entgegensehen.

Abends, wenn ich mit meiner Schreibtischarbeit fertig bin, setze ich mich oft zu ihnen. Inzwischen ist die Herde so zahm, dass es keinen Aufruhr mehr gibt, wenn ich die Gitter aufschiebe. Geht man in die Hocke und setzt sich ruhig vor sie hin, kommen die Zahmsten von ihnen bald von alleine. Jonas lässt sich gerne Gesicht und Hals kraulen und hat sogar mehrmals meine Katze Maggie vertrieben, als diese über den Zaun sprang; da wachte der sonst so sanfte Jonas aus seiner Trance auf, setzte sich in Bewegung und ging mit gesenktem Kopf direkt zu der Katze hinüber, der nichts anderes übrig blieb, als sich wieder auf die andere Seite des Zauns zurückzuziehen. Jonas ist eben sehr eifersüchtig.

Kumpelchen, eine der Kamerunzwillinge, die ich anfangs geschenkt bekommen hatte, entdeckte nach zwei Jahren völligen Desinteresses, wozu die menschliche Hand gut sein kann. Mit offenen Augen und nach vorne gerecktem Körper lässt sie sich kraulen, am Kopf, am Hals, am liebsten am Bauch. Wenn man sie am Bauch berührt, wölbt sie einem ihren Körper entgegen. Joylein streift vorbei, überprüft aber leider nur den Futterbestand und ist an Zärtlichkeiten nicht interessiert, Emil grüßt lautstark und bleibt viel in meiner Nähe, obwohl auch er sich ungern anfassen lässt. Und viele Wochen stand auch Jakob stumm und bittend neben mir.

Seitdem er mich früher mehrfach angefallen hatte, mit seinen vier Hörnern, hatte ich mich nicht mehr getraut ihn zu streicheln. Streicheln mache den Bock bockig, heißt es; wenn man einen Bock verwöhne, erwarte er eine Sonderbehandlung und werde aggressiv, wenn er keine erhalte. Bevor ich mich also von Jakob umstoßen ließ, würde ich ihn lieber nicht kraulen. Eines Tages ließ ich dann doch alle Vorsicht sausen und merkte: Er lässt schier alles mit sich machen. Ich kratze ihn zwischen den Hörnern, kraule ihm beide Wangen, streiche ihm über die Schnauze, bis sich die Lippen verziehen und das Gesicht einen unnatürlichen Ausdruck bekommt. Sein Hals ist dabei meist gereckt, und die Augen sind genüsslich geschlossen; hin und wieder entschlüpft ihm ein Rülpser, grüner Atem weht einem ins Gesicht. Manchmal denke ich: Wenn er jetzt ruppig den Kopf bewegt, habe ich ein Auge weniger oder eine Gehirnerschütterung. Doch Jakob ist der Verschmusteste von allen; er kommt herbei, wenn ich ihn rufe, und selbst wenn ich ihn einmal zurückweise, bleibt er sanft wie ein Lamm.

Nach wie vor kommen Leute aus dem Dorf und Bekannte aus der Stadt zu mir, um sich die Schafe anzugucken. Aber die meisten verstehen doch anfangs diese eine Sache nicht. »Was *machst* du mit ihnen?«, fragen sie immer wieder. – »Ich füttere und pflege sie und genieße ihre Gesellschaft, sonst nichts.« – Ob man die aber nicht melken müsse? – Nein, die Leerung des Euters regelt die Natur von allein. Eine Frau konnte es gar nicht fassen: »Aber, aber«, begann sie, »dann werden die doch alt und müssen *sterben*?« Genau wie wir alle. – Ist etwa die Fahrt zum Schlachthaus eine Rettung vor dem Tod?

Es ist offenbar schwierig, sich an den Gedanken zu gewöhnen, dass Nutztiere auch »ungenutzt« bleiben können. Aber muss Leben etwas Bestimmtem zunutze sein? Vielen Menschen fällt es zunächst schwer sich vorzustellen, dass auch Tiere, wenn man sie lässt, einfach nur ihren eigenen Zwecken nachgehen, so alltäglich und meist unspektakulär wie wir. Sie müssen nicht gemolken oder zu Wurst verarbeitet werden, um irgendeine Bestimmung zu erfüllen. Tagein, tagaus auf die Weide und in den Stall, mit den Verwandten beisammen sein: Darin besteht das erfüllte Schafsleben, mehr braucht es nicht.

Wenn Freunde aus der Stadt zu Besuch kommen und sich zu einer Tasse Tee in die Küche oder einem Glas Pfefferminzlimonade auf die Terrasse setzen, ist ihre erste Bemerkung oft: »Hier ist es so still.« Es fällt ihnen angenehm auf, und deswegen will ich ihnen den Eindruck nicht zerstören. Ich selbst finde allerdings gar nicht, dass es auf dem Land an Geräuschen fehlt. Von dem Schlagen der Windräder oder dem Donnern der Bundeswehrpanzer bei entsprechender Windrichtung abgesehen, sind Wald und Wiesen ja dicht belebt, und selbst die kleinsten Tiere machen Laute. Wenn Rose, Borretsch oder Linde blühen, ergeht von früh bis spät ein dichtes Summen von den Bienen; ab und zu kommt eine schwergewichtige Hummel vorbeigebrummt.

Wildgänse landen mit lauten Platschern auf dem Teich hinter dem Schafstall, Enten streiten sich, und einmal fiel ich fast aus dem Liegestuhl, als der unterm Rosenbusch hausende Igel mitten am Tag vernehmlich zu husten anfing.

Mein graublauer Wyandotte-Hahn Puri wittert ständig Gefahr und meldet diese mit hysterischem Glucksen. Wenn die – meist nur eingebildete – Gefahr vorüber ist, spendiert er der Welt ein Kikeriki. Und so nervtötend wie in der Stadt eine Taube im Baum sitzt und einem wie ein endlos knurrender Magen die Nachmittagsruhe vergällt, so geht einem hier draußen irgendwann das beständige Rufen des Kuckucks auf die Nerven. Zunächst denkt man noch: Toll, es wird Frühling, da ist wieder der Kuckuck. Wenig später möchte man den Herrn oder die Dame gern im Wald aufsuchen und ihm oder ihr mitteilen, man habe die Botschaft vernommen, er oder sie möge bitte eine Pause einlegen.

An Sommerabenden erklingen die Schrecklaute der Rehböcke, ein dem Hundebellen ähnliches Geräusch, aus dem Wald. Wenn der Wind geht, wiegen sich die Äste der Buchen und Eichen in einem beständigen Rauschen. So wie früher Dorle dem Schlagen der Dreschmaschine zugehört hat, so liege ich heute in meinem Schlafzimmer und höre Herbst- und Winterstürmen zu; mein Fenster geht in Richtung Wald, und während draußen die Bäume rauschen, ächzen und manchmal auch stattliche Äste verlieren, weiß ich, dass ich in meinem Haus geborgen bin.

Wenn ich an den Anfang zurückdenke, weiß ich, dass ich auch damals angesichts dieser Naturberührung keinerlei Angst empfand. In vielen anderen Hinsichten bin ich jedoch erst durch den Umzug aufs Land gewachsen. Der Hypochonder in mir, und Leser von Apothekenrundschauen und Krankenkassen-Heftchen, fand, trotz objektiv gestiegener Gefahrenlage in Stall und Garten, keine Entfaltung. Vielleicht wusste er nicht, wie er die vielfältigen Tiererkrankungen, mit denen er nun Bekanntschaft machte, in menschliche Begriffe umsetzen sollte, und hat einfach kapituliert. Aus einer ziemlichen Stubenhockerin wurde ich jemand, den es jeden Tag, bei jedem Wetter, nach draußen zieht, wie ein Kind. Wenn ich nichts für die Tiere bauen oder umbauen muss, suche ich andere Vorwände, um rauszugehen; an Terrassentür und Haustür stehen jederzeit Gummistiefel bereit, ich schlüpfe hinein, umrunde das Haus, gehe kurz in den Wald, besichtige die Ställe, vielleicht ein Dutzend Mal am Tag.

Wenn ich am Schreibtisch arbeite, nutze ich jede Pause, um ins Freie zu treten. Das macht die Pausen auch ungleich erholsamer. Wenige Schritte von meinem Arbeitsplatz entfernt habe ich einen Ausblick, für den ich früher in den Urlaub fahren musste; bin ich drinnen meist alleine, begrüßen mich draußen sofort die Tiere. Ihre Zuneigung und ihr Angewiesensein umfangen mich.

Ich habe in diesem Buch mehrfach davon gesprochen, dass ich bei manchen meiner Tätigkeiten hier draußen den Eindruck habe, eine frühere Erinnerung tauche auf, eine lange nicht mehr angeschlagene Saite klinge in mir an. Ich kann nicht sagen, was das genau ist. Was es sicher nicht ist, weiß ich allerdings: Es ist kein simpler Weg zurück. Es gibt kein Zurück zur Natur, kein Zurück zu einem unbescholtenen Mensch-Sein. Wir können und wollen ja nicht einmal zu den Zeiten und Lebensweisen zurück, von denen Dorle sprach, und erst recht gibt es kein komplettes »Zurück zur Natur«. Schon Jean-Jacques Rousseau, der vermeintliche Naturverkärer, wusste das.

Ein natürlicher Mensch sein, wir wüssten gar nicht, was das ist. Wie weit sollten wir dafür in der Zeit zurückgehen – vielleicht bis vor die Erfindung der Antibiotika? Das hätte bereits dramatische Konsequenzen und ist zeitlich doch gar nicht so lange her. Zurück vor die Erfindung des Ackerbaus? Das wären dann gut 13 000 Jahre. Oder gar vor die Entdeckung des Feuermachens und all seiner Vorzüge? Wenn man die Vorstellung des Zurück genauer betrachtet, merkt man rasch, dass sich die Grenze zwischen dem »natürlichen« und dem »kulturellen« Menschen gar nicht exakt bestimmen lässt. Ganz abgesehen davon, dass es viel zu unkomfortabel wäre. Daher wollen diejenigen, die heute das »Zurück zur Natur« preisen, meist nur in eine Art Mittelalter mit wallenden Gewändern, aber bitte mit gefüllten Vorratskammern, egalitären Gesellschaftsstrukturen, einer Apotheke voll Schmerzmitteln und einem Telefon.

Als ich mich eines Tages den Brennnesseln näherte, um endlich »Spinat« aus ihnen zu gewinnen, und als ich erstmals für einen Salat die wohlschmeckenden jungen Blätter von der Linde schnitt, wurde mir klar, was für eine gewaltige Kulturleistung die Züchtung unserer Nutzpflanzen ist: Es ist so mühsam, an wilden Pflanzen die guten Blätter abzuschneiden, die Blüten und verholzten Teile stehen zu lassen. Ein Kopfsalat dagegen ist ein Meisterwerk menschlichen Gärtnerns, alle verwertbaren Teile liegen beim Ernten bereits in der Hand. Wenn in den letzten Jahrzehnten multinationale Pharmafirmen und Genetiklabors Hochleistungssorten entwickelt haben und ihre Patente der gesamten Welt aufdrängen, egal, welche Auswirkungen dies auf die dortige Menschen-, Tier- und Pflanzenwelt haben mag, haben sie eine einst positive Entwicklung in ihr Gegenteil verkehrt. Unzählige frühere Generationen von Menschen haben in jahrhunderte- oder jahrtausendelangen Zuchtleistungen Getreide-, Gemüse- und Obstarten entwickelt, die uns heutigen Bewohnern der Welt, und zwar der gesamten Welt, zugute kommen. In dem einen Kontinent hat man Kartoffeln, Bohnen und Mais, in einem anderen Weizen, Roggen, Hafer oder Reis gezüchtet; wenn ich meine Gänse und Hühner beobachte, wie sie mit unzähligen kleinen Kopfbewegungen die Samen aus den Gräsern picken, erfüllt mich das mit größtem Respekt und Dankbarkeit gegenüber jenen viel früheren Menschen, die ähnliche Mühen bei der Ernte aufbrachten und unermüdlich daran gearbeitet haben, die Sorten zu verbessern, damit sie und spätere Generationen es leichter haben.

Und auch jetzt geht es nicht zurück, sondern nur vorwärts. Unsere Entwicklung geht weiter. Das heißt nicht, dass wir der Art, wie wir derzeit Forschritt betreiben, hilflos ausgeliefert sind. Ich persönlich glaube zum Beispiel nicht an den Fortschritt im Sinne ständig fortschreitender Technologisierung, und vor allem glaube ich nicht an den Sinn und die Nachhaltigkeit beliebiger Bedürfnisproduktion. Ich empfinde es als Zumutung, wie die Industrie uns ständig neue Handys und Gadgets, Pralinen, Klamotten und Autos als begehrlich erscheinen lässt. – Obwohl der Autofan natürlich entgegnen könnte, er lese stattdessen nie ein Buch, und auch für Bücher würde Trinkwasser verbraucht und Wald abgeholzt.

Während viele Ökos heute das Wort »Verzicht« meiden, weil es einen so selbstbeschränkenden Klang hat und sich der Konsument angeblich nicht selbst beschränken will, finde ich es – solange die Konsumgüterindustrie und die Werbung so beliebig ausufern wie derzeit – nicht schlimm, sich in selbst gewählte Sphären des Verzichts hineinzubegeben. Das Leben auf dem Land ist für mich eine solche Sphäre vermeintlichen Verzichts. Man schließt freiwillig eine Tür und ermöglicht dafür einer anderen, sich zu öffnen. Es ist wie mit dem Veganismus: Der Verzicht auf tierische Produkte ist nicht nur Einschränkung; und er bringt auch nicht nur eine Gewissenserleichterung, wobei bereits deren Wert nicht zu unterschätzen ist. Er ermöglicht auch, sich anders zu den Tieren in Beziehung zu setzen. Ein Besucher der Mystikerin Rabia von Basra (gestorben 801) soll gekränkt gewesen sein, als die Gazellen vor ihm flohen, die sich von der Gastgeberin hatten streicheln lassen. »Was hast du gegessen?«, fragte sie. – Er habe Schmalz an den Fingern, gestand er. – »Da fragst du noch?«

Tiere erwidern die Achtsamkeit, die man ihnen zukommen lässt. Die Geräusche, der Konsum, die ausbeuterische Praxis, die man weglässt, schaffen Raum für etwas viel Schöneres und Wertvolleres. Und ähnlich erlebe ich auch das Eintauschen städtischer Geselligkeit für die größere Aufmerksamkeit und den individuellen Entfaltungsraum auf dem Land. In einem Dorf wie dem unseren, voller kulturinteressierter, herzlicher, fantasiebegabter und ökologisch gesonnener Leute, eröffnet sich ein unschätzbarer Gewinn.

Der gemeinsame Dorftanz unterm Sternenhimmel, der Weihnachtsgottesdienst mit Dorle an der zimbeltönenden Orgel, der spontane Nachtspaziergang im Glühwürmchenwald, das wechselseitige Bekochen während der alljährlichen »Speisereise«, die Keramikbrandöfen im Nachbardorf, bei denen man den Rauch schon aus weiter Entfernung riecht, das Einbringen der Kartoffelernte und Sortieren der Knollen direkt vor der Haustür, das Sammeln von Holunderbeeren in Begleitung einer geliebten alten Katze, das abendliche Beisammensein mit den Schafen im Stall, wenn draußen ein riesiges Unwetter mit Blitz und Donner niedergeht, das Rätseln, was Schafe eigentlich suchen, wenn sie während ihrer Mittagsruhe gelegentlich den Kopf aus dem Stall stecken und ihn nach links und rechts wenden wie auf dem Ausguck eines Segelschiffs, der tiefe Blick aus Gans Giselas stahlblauen Augen – ich glaube nicht, dass solche Dinge uns zurück zur Natur bringen. Aber sie berühren etwas, decken etwas auf, bringen etwas wieder in Bewegung, das eben auch Teil des menschlichen Wesens ist; dessen Entfaltung den meisten von uns wohltut, vermutlich sogar unersetzlich ist.

DANKSAGUNG

Dieses Buch ist aus Freude und Dankbarkeit entstanden, und darum möchte ich es all denen widmen, denen ich die Freuden meines Landlebens verdanke. Ich widme es also meinem wunderbaren Heimatdorf und seinen Bewohnern, die mich von Anfang an so herzlich aufgenommen und mir mit ihren Gesprächen und Ratschlägen, der Kraft ihrer Hände und Traktoren geholfen haben, rasch heimisch zu werden. Ich widme es meiner Tante Alma, die mich ermutigt hat, den Umzug zu wagen, meiner Freundin Anne und ihrer Familie, die diese Bleibe für mich gefunden haben, und der Familie meines Vermieters, die mir ihr schönes Haus und darüber hinaus Garten, Weiden, Stall (»Hobbyraum«) und Tiere anvertraut haben. Ich danke Dorle für ihre Wärme und Herzlichkeit und Dörte für Gartenarbeit, norddeutsche Gedichte und eine Mentalität zum gemeinsamen Pferdestehlen, Charlotte, Katharina und Pamela für Nahrung in jeder Form und Schaf-Notdienste zu allen Tages- und Nachtzeiten, und den beiden Schäfern Günter und Stefan, die mir so viele Dutzend Male halfen. Ich danke all meinen Tierärzten von Herzen: Jeanette und Dr. Jens Lange und ihrem Team, und Yvonne Renken, Dr. Alexander Koch, Dr. Thorsten Bräcklein und überhaupt der gesamten Tierklinik Oerzen, den Vogelspezialistinnen Dr. Ruth Kothe und Dr. Anja Petersen und der Klinik für kleine Klauentiere in Hannover. Ich danke Peter und Paul, und Tatjana und Wieslaw, dank derer Haus und Hof so schön geworden und geblieben sind. Antje und Philipp, Inka, die Josh mit mir von Hand geschoren hat, und Henrik, der sich von Joylein ein Veilchen verpassen ließ, ohne zu klagen. Dem Dorfverein für seine Fantasie, der Freiwilligen Feuerwehr für ihre Tatkraft, und Celia, Markus und Rosa für ihre Besuche in all den richtigen Momenten. Ganz herzlichen Dank auch allen, die immer wieder Interesse und Anteilnahme am Wohl meiner Tiere bekundet und mein Projekt, mit diesen Tieren zu leben, von anderswo unterstützt haben, insbesondere: meinen Eltern, der Porträtmalerin Helen, Bettina und Bettina, Birgit, Natascha und Isa, Marlies und Tita, den Schafsittern Robin und Florian. Manchmal wundere ich mich, wenn ich in Danksagungen lese, ohne die Mithilfe wie vieler Leute ein Buch angeblich »nicht hätte geschrieben werden« können. Das mit den Büchern geht ja gerade noch – aber das Leben! Das Leben.